MSE
MATHEMATICS
SCIENCE
ENGINEERING

TRAINING HOW TO THINK INVENTIVELY

창의와 혁신의 시크릿

트리즈

김은경 지음

한빛아카데미
Hanbit Academy, Inc.

지은이 **김은경** egkim@koreatech.ac.kr

약력 1984년 2월 숙명여자대학교 물리학과 이학사
1987년 2월 중앙대학교 대학원 전자계산학과 이학석사
1991년 2월 중앙대학교 대학원 전자계산학과 공학박사
1992년 3월 ~ 현재 한국기술교육대학교 컴퓨터공학부 교수
2001년 3월 ~ 2002년 2월 미국 애리조나주립대학교 방문연구원
2008년 3월 ~ 2009년 2월 충남테크노파크 자문교수

연구 분야 : 지능형 에이전트, 딥 러닝, 트리즈 등

인증 러시아 MATRIZ와 미국 AITRIZ의 3수준 인증 자격 보유

저서 『창의적 공학설계 : Training How To Think Creatively』(2013년, 한빛아카데미)

창의와 혁신의 시크릿, 트리즈

초판발행 2015년 7월 10일
5쇄발행 2023년 1월 6일

지은이 김은경 / **펴낸이** 전태호
펴낸곳 한빛아카데미(주) / **주소** 서울시 서대문구 연희로2길 62 한빛아카데미(주) 2층
전화 02-336-7197 / **팩스** 02-336-7199
등록 2013년 1월 14일 제2017-000063호 / **ISBN** 979-11-5664-190-2 93560

책임편집 박현진 / **기획** 고지연 / **편집** 고지연, 김희진 / **진행** 김평화
디자인 표지 강은영, 내지 여동일, 일러스트 이소연, 라미경, 삽화 윤병철 / **제작** 박성우, 김정우
영업 김태진, 김성삼, 이정훈, 임현기, 이성훈, 김주성 / **마케팅** 길진철, 김호철

이 책에 대한 의견이나 오탈자 및 잘못된 내용에 대한 수정 정보는 아래 이메일로 알려주십시오.
잘못된 책은 구입하신 서점에서 교환해 드립니다. 책값은 뒤표지에 표시되어 있습니다.
홈페이지 www.hanbit.co.kr / 이메일 question@hanbit.co.kr

MSE
MATHEMATICS
SCIENCE
ENGINEERING

기본을 튼튼히 다질 수 있는
한빛아카데미의 이공계 기본 교재 시리즈

MSE 시리즈로 전공의 초석을 다지자!

기본을 튼튼히 다질 수 있는 학습 구성

명쾌한 해답이 있는 콘텐츠

무엇을 왜 배우는지, 어떻게 풀고, 어디에 쓰는지를 알려줍니다.

핵심이 보이는 원리와 개념

명확한 정의와 논리적 전개로 핵심을 짚어줍니다.

개념을 다지는 예제

친절하고 상세한 풀이 과정을 보여줍니다.

응용력을 길러주는 연습문제

수준별/유형별 연습문제를 담았습니다.

지은이 머리말

발명을 할까, 커피나 한 잔 할까?

트리즈를 가르칠 때마다 매번 다음과 같은 모순에 직면하게 된다. 넓게 가르치면 학생들이 트리즈의 다양한 이론을 맛볼 수는 있으나, 어느 하나도 제대로 체화해서 활용하기 어렵고, 깊게 가르치면 부분적으로는 체화해서 활용할 수 있으나, 트리즈의 다양한 이론을 모두 배우기엔 시간이 부족하다.

이런 모순을 해결하기 위해서는 넓게 가르치면서도 제대로 체화해서 활용할 수 있는 방안을 모색하거나, 깊게 가르치면서도 트리즈의 다양한 이론을 배울 방안을 모색해야 한다. 필자는 수년간 트리즈를 가르친 경험을 바탕으로 후자에서 모순 극복의 해결안을 찾았다. 그것은 바로 깊게 가르치되 흥미를 유발하고 트리즈의 효과를 직접 맛보게 함으로써, 직접 가르치지 않은 나머지 부분은 학습자가 자발적으로 학습하게 하는 것이다.

최근 교육의 목적이 아는 것(knowing)에서 할 수 있는 것(doing)으로 변화했다. 이제 단순히 아는 것만으로는 아무런 소용이 없으며, 실제 활용할 수 있어야 비로소 배웠다고 할 수 있다. 트리즈도 마찬가지다. 많은 이론을 맛보는 수준의 학습이나 자격증만을 위한 학습은 큰 의미가 없으며, 트리즈를 배웠다면 배운 것을 제대로 문제 해결에 활용할 수 있어야 한다.

무엇이든 실무에 활용하기 위해서는 다양한 사례를 통한 깊이 있는 이해와 많은 연습이 필요하다. 그래서 이 책에서는 트리즈에서 가장 중요하고 활용도가 높은 몇 가지 이론과 방법을 자세히 소개하고, 다양한 사례와 실습과제를 제공하는 데 집중했다. 이 책에서 소개하는 몇 가지만이라도 제대로 이해하고 활용해 봄으로써 트리즈의 효과를 경험하게 된다면, 나머지는 독자 스스로 찾아서 학습하게 될 것이라 믿기 때문이다.

필자는 2007년에 처음 트리즈를 접한 이후 지금까지 나르부트(Alexander Th. Narbut) 박사와 스파코프스키(Shpakovsky) 박사, 유리(Yury Danilovsky) 박사, 바실리(Vasily) 선생님, 그리고 NFTM-TRIZ의 창시자인 지노프키나(Zinovkina Miloslav M.) 교수까지 다섯 명의 트리즈 마스터들과 교류하면서 직접 배웠으며, 교직자 대상의 세미나를 수차례 함께 개최하여 트리즈의 저변을 확대하고자 노력했다. 그리고 이런 경험을 통해서 축적한 트리즈 대가들의 노하우를 이 책에 담고자 노력하였다.

이 책을 통해서 많은 사람이 트리즈가 어렵다는 고정관점에서 탈피하여 트리즈의 효과에 관심을 갖게 됨으로써, 이 책에서 소개하지 못한 나머지 이론과 방법들은 직접 찾아서 학습하는 계기가 되기를 기대해 본다. 필자의 미숙함으로 인해 부족한 부분이 있으리라 우려되지만, 그런 부분은 독자 여러분의 조언으로 계속 보완해 나갈 수 있기를 바란다.

21세기는 누구나 인생의 강력한 도구가 필요한 시대다. 고정관념을 타파하고 심리적 타성에서 벗어날 수 있는 강력한 사고의 도구로써, 또 문제를 보다 창의적으로 해결할 수 있는 강력한 문제 해결 도구로써 트리즈가 더욱 효과적으로 활용되는 데 이 책이 일조할 수 있기를 기대해본다.

이 책의 학습법

장별 도입글을 통해서 학습내용을 파악하고, 제시된 학습목표를 통해서 학습 후 어떤 역량을 갖추어야 하는지 파악하기 바란다. 각 장의 마지막에 제시된 토론실습 문제는 반드시 팀원들과 토론해 보고, 실습과제는 개인별 또는 팀별로 반드시 직접 해결해볼 것을 권장한다. 창의적 문제 해결 역량은 이론적인 이해만으로는 절대 계발되지 않는다. 따라서 실습과제를 통해 이론을 실무에 활용할 수 있는 역량을 스스로 계발하는 것이 중요하다. 특히 스스로 새로운 문제를 인식한 다음 트리즈를 활용해서 직접 해결해보기 바라며, 이런 과정을 꾸준히 반복한다면 자연스럽게 발명과 혁신으로 이어질 것이라 확신한다.

감사의 글

이 책을 출판할 수 있도록 제안해주신 한빛아카데미의 고지연 팀장님께 감사드리며, 무한한 사랑으로 항상 따뜻한 울타리가 되어주시는 어머니께 깊은 사랑을 담아 이 책을 바친다.

지은이 김은경

미리보기

누구를 위한 책인가

이 책은 1, 2학년 대상의 창의적 공학설계 또는 트리즈를 활용한 공학설계 등과 같은 교과목 또는 트리즈 1, 2수준 인증 과정을 가르치고 배우는 사람을 대상으로 한다. 또한 창의적 발상 도구를 활용한 공학 교수법 개선에 관심이 있는 교수뿐만 아니라, 특히 발명에 관심이 있거나 자신의 업무에서 혁신이 필요한 개인에게 유용할 것이다.

이 책을 시작하려면

이 책은 크게 트리즈의 핵심 개념과 발명원리를 소개하는 부분과 문제 인식과 이상성, 기술적 모순 및 물리적 모순을 극복하는 방법을 소개하는 부분으로 구성되어 있다. 장별 도입글을 통해 학습내용을 파악하고, 제시된 학습목표를 통해서 학습 후 어떤 역량을 갖추어야 하는지 파악하기 바란다. 실습과제는 개인별 혹은 팀별로 반드시 직접 풀어볼 것을 권장한다.

이 책의 구성 요소

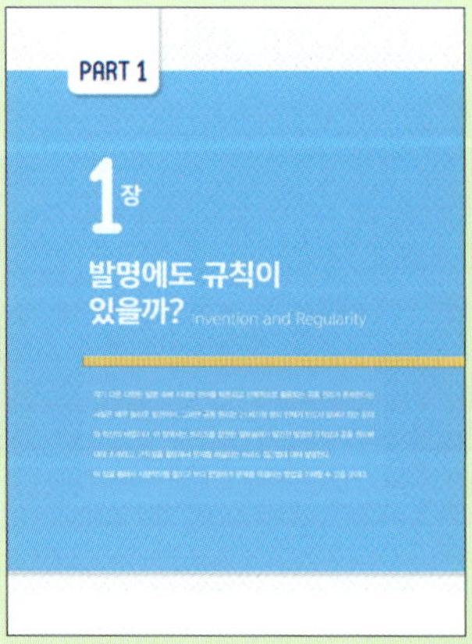
PART 1

1장

발명에도 규칙이 있을까? Invention and Regularity

도입글

각 장의 내용에 대한 맥락을 짐작할 수 있도록 해당 장의 학습내용과 필요성 등을 보여준다.

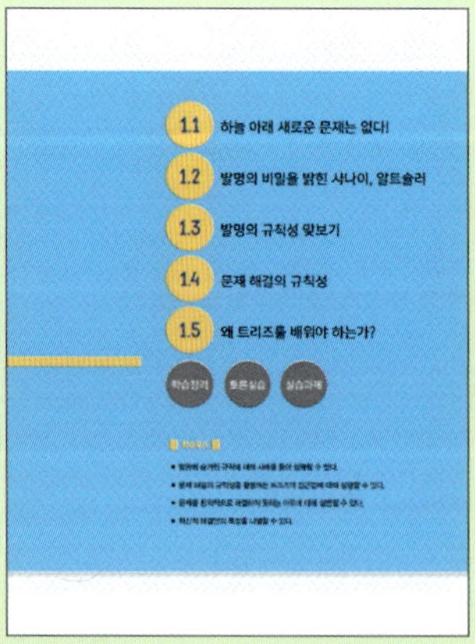
1.1 하늘 아래 새로운 문제는 없다!

1.2 발명의 비밀을 밝힌 사나이, 알트슐러

1.3 발명의 규칙성 맛보기

1.4 문제 해결의 규칙성

1.5 왜 트리즈를 배워야 하는가?

학습정리 토론실습 실습과제

학습목표

각 절을 학습하면서 구체적으로 어떤 역량을 갖추어야 하는지, 즉 무엇을 할 수 있어야 하는지를 제시한다.

여기서 잠깐

본문에 대한 보충 설명, 참고 내용 등을 보여준다. 본문 학습 중에 참고하면 많은 도움이 될 것이다.

이 책의 구성

❶ PART 1 트리즈와의 첫 만남(1 ~ 3장)

특허 분석을 통해 발견된 발명의 규칙성과 규칙성을 활용한 트리즈의 문제 해결 접근법에 대해 살펴보고, 트리즈의 모순 개념 및 다양한 모순 극복 사례를 소개한다. 또한 문제 해결에 사용된 핵심 원리인 40가지 발명원리 각각에 대해서도 살펴본다.

❷ PART 2 트리즈와 친해지기(4 ~ 7장)

문제란 무엇이며, 새로운 문제를 인식하는 방법과 시스템 사고를 통해서 문제를 인식하는 방법을 소개한다. 또한 이상적 시스템이 무엇이며, 이상성과 IFR 개념을 소개하고, IFR을 활용한 문제 해결 방법에 대해 살펴본다. 그리고 발명원리와 모순 행렬을 활용해서 기술적 모순을 극복하는 방법과 분리원리를 활용해서 물리적 모순을 극복하는 방법에 관해서도 소개할 것이다.

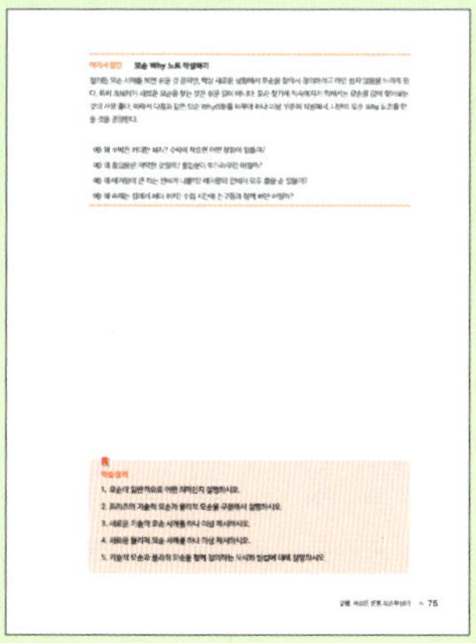

학습정리

해당 장이 끝날 때마다 핵심적인 내용을 질문한다. 독자들은 이에 대한 답을 구하면서 해당 장의 전체적인 내용을 이해했는지 점검할 수 있다.

토론실습

본문의 핵심적인 주제에 대해 팀원들과 토론해봄으로써 주요 개념을 보다 명확히 이해할 수 있다.

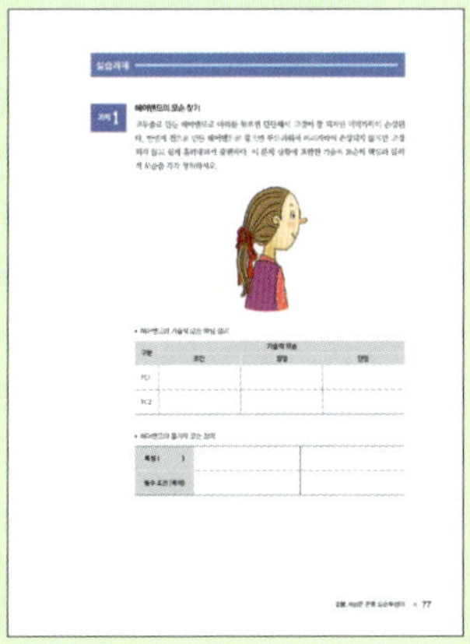

실습과제

각 절 단위로 본문의 내용을 제대로 이해했는지를 확인할 수 있도록 과제를 제시한다. 실습과제를 통해 학습한 내용을 실무에 활용할 수 있는 역량을 갖출 수 있다.

학습 로드맵

이 책에서 다룬 주제를 제대로 이해하는 데 필요한 선수 내용이 무엇이고, 각 주제가 어떤 연관성을 가졌는지를 보여준다. 화살표는 전체 내용을 이해하는 데 적합한 학습 순서를 제시한 것으로, 창의적 공학설계 등의 교과목에서 한 학기 과정으로 학습하는 경우 1장부터 7장 순으로 학습할 것을 권장한다.

모든 장의 내용은 기본적으로 1장에 대한 이해가 바탕이 되어야 하며, 2장의 모순 개념은 4장을 제외한 나머지 장의 내용을 학습하는 데 기초가 되는 내용이다. 4장은 일반적인 공학설계의 첫 단계인 문제 인식 단계에 해당하는 것이므로, 1장 또는 2장 학습 후 바로 학습해도 무관하지만, 트리즈에 대한 흥미 유발을 위해서 3장을 먼저 학습한 후 학습할 것을 권장한다.

강의 계획

표준 스케줄 표(강의용)

주	해당 장	주제
1	1장	**발명의 규칙성**에 대한 이해
2	1장	**문제 해결의 규칙성**에 대한 이해 및 **발명의 규칙** 찾기 연습
3	2장	**트리즈의 모순** 개념에 대한 이해
4	2장	**모순** 찾기 연습
5	3장	**발명원리**에 대한 이해
6	3장	**발명원리** 활용 연습
7	4장	**문제 인식**에 대한 이해 및 연습
8		**중간고사**
9	4장	**시스템 사고**에 대한 이해 및 연습
10	5장	**이상성과 IFR** 개념에 대한 이해
11	5장	**IFR을 활용한 문제 해결** 연습
12	6장	**발명원리를 활용한 기술적 모순을 극복하는 방법**에 대한 이해 및 연습
13	7장	**분리원리를 활용한 물리적 모순을 극복하는 방법**에 대한 이해
14	7장	**분리원리를 활용한 물리적 모순을 극복하는 방법**에 대한 연습
15		**기말고사**

표준 스케줄 표(트리즈 1, 2수준 인증 자격 준비용)

일	해당 장	주제
1	1, 2장	**발명의 규칙성**에 대한 이해 **문제 해결의 규칙성**에 대한 이해 **트리즈의 모순** 개념에 대한 이해
2	3, 4장	**발명원리**에 대한 이해 **발명원리** 활용 연습 **문제 인식**에 대한 이해 및 연습
3	4, 5장	**시스템 사고**에 대한 이해 및 연습 **이상성과 IFR** 개념에 대한 이해 **IFR을 활용한 문제 해결** 연습
4	6, 7장	**발명원리를 활용한 기술적 모순을 극복하는 방법**에 대한 이해 및 연습 **분리원리를 활용한 물리적 모순을 극복하는 방법**에 대한 이해 및 연습

* 인증 수준 및 일일 교육 시간에 따라 조정할 수 있다.

강의 보조 자료

강의 보조 자료

한빛아카데미 홈페이지에서 '교수회원'으로 가입하신 분은 인증 후 교수용 강의 보조 자료를 제공받을 수 있습니다. 한빛아카데미 홈페이지 상단의 〈교수전용공간〉 메뉴를 클릭하세요.

http://www.hanbit.co.kr/academy

실습과제 해답

본 도서는 대학 강의용 교재로 개발되었으므로 실습과제 해답은 제공하지 않습니다.

참고문헌

- 겐리흐 알트슐러 저, 박성균 역, 『창의성은 과학이다 : 트리즈, 발명문제 해결 이론』, 인터비전, 2006.
- 겐리흐 알트슐러 저, 박성균, 윤기섭, 최윤희 역, 『알트슐러의 40가지 발명 원리』, GS인터비전, 2012.
- 구와하라 마사히로 저, KMAC 역, 『TRIZ 아이디어 레시피』, KMAC, 2010.
- 김익철, 『지혜로움의 비밀』, MJ미디어, 2012.
- 김정선, 『ARIZ, 창조적 사고 훈련 알고리즘』, 마이구루, 2008.
- 김효준, 『생각의 창의성』, 지혜, 2004.
- 김효준, 『창의성의 또 다른 이름 트리즈』, 인피니티북스, 2009.
- 오경철, 안세훈, 『트리즈 마인드맵 : 생각이 열리는 나무』, 성안당, 2012.
- 정찬근, 정다혜, 이경원, 『창의적 문제해결 TRIZ 100배 활용하기 1, 2』, MJ미디어, 2010.
- Jack Hipple, 『The Ideal Result』, Springer Verlag, 2012.
- John Terninko, Alla Zusman, Boris Zlotin, 『Systematic Innovation : An Introduction to TRIZ』, SLP, 1998.
- Karen Gadd, 『TRIZ for Engineers : Enabling Inventive Problem Solving』, Wiley, 2011.
- Mark L. Fox, 『Da Vinci and the 40 Answers』, Wizard Academy Press, 2008.
- Michael A. Orloff, 『Inventive Thinking through TRIZ』 Second edition, Springer, 2006.
- Saurabh Kwatra, Yuri Salamatov, 『Trimming, Miniaturization and Ideality via Convolution Technique of TRIZ』, Springer, 2013.
- 구글(http://www.google.co.kr)

목차

PART 2 트리즈와 친해지기

CHAPTER 4 문제가 있어야 풀지!

CHAPTER 5 시스템이 사라졌네

CHAPTER 6 모순투성이 세상에서 살아남는 법, 하나

CHAPTER 7 모순투성이 세상에서 살아남는 법, 둘

부록 APPENDIX

PART 1
트리즈와의 첫 만남

1장 **발명에도 규칙이 있을까?**

2장 **세상은 온통 모순투성이**

3장 **발명가의 비밀 병기, 발명원리**

발명이란 이전에 없던 물건이나 방법 따위를 새로 생각해서 만들어 내는 것으로, 트리즈의 창시자인 알트슐러는 서로 무관해 보이는 발명에 일정한 규칙이 존재한다는 것을 발견했다. 이 파트에서는 알트슐러가 발견한 발명의 규칙이 무엇이며, 문제를 해결할 때 이 같은 규칙성을 어떻게 활용하는지 설명한다. 또한 발명문제에 포함된 모순이란 무엇이며, 모순을 해결하는 공통 원리에 해당하는 40가지 발명원리를 소개하였다.

이 파트를 통해서 발명의 규칙과 트리즈의 모순 개념을 이해하고, 발명원리를 이용해서 어떻게 창의적으로 문제를 해결하는지 이해할 수 있을 것이다.

PART 1

1장

발명에도 규칙이 있을까? Invention and Regularity

각기 다른 다양한 발명 속에 시대와 분야를 막론하고 반복적으로 활용되는 공통 원리가 존재한다는 사실은 매우 놀라운 발견이며, 그러한 공통 원리는 21세기형 창의 인재가 반드시 알아야 하는 창의와 혁신의 비법이다. 이 장에서는 트리즈를 창안한 알트슐러가 발견한 발명의 규칙성과 공통 원리에 대해 소개하고, 규칙성을 활용해서 문제를 해결하는 트리즈 접근법에 대해 설명한다.

이 장을 통해서 시행착오를 줄이고 보다 현명하게 문제를 해결하는 방법을 이해할 수 있을 것이다.

1.1 하늘 아래 새로운 문제는 없다!

1.2 발명의 비밀을 밝힌 사나이, 알트슐러

1.3 발명의 규칙성 맛보기

1.4 문제 해결의 규칙성

1.5 왜 트리즈를 배워야 하는가?

학습정리 토론실습 실습과제

학습목표

- 발명에 숨겨진 규칙에 대해 사례를 들어 설명할 수 있다.
- 문제 해결의 규칙성을 활용하는 트리즈의 접근법에 대해 설명할 수 있다.
- 문제를 창의적으로 해결하지 못하는 이유에 대해 설명할 수 있다.
- 혁신적 해결안의 특징을 나열할 수 있다.

1.1

하늘 아래 새로운 문제는 없다!

1.1.1 발명에 숨겨진 규칙

언뜻 봤을 때 서로 무관해 보이는 발명들도 자세히 들여다보면 유사한 규칙, 즉 근본적으로 동일한 원리를 사용한 경우가 많다. 다음 사례를 살펴보자.

사례 1 : 피망 꼭지 제거

유럽에서는 피망을 다양한 요리의 식재료로 활용하고 있는데, 1968년에 이미 피망 통조림을 만들 때 씨앗이 붙은 꼭지 부분을 쉽게 제거하는 방법이 특허로 출원되었다. 이 특허의 핵심은 피망을 밀폐된 용기 안에 넣고 용기 내부의 압력을 8기압까지 서서히 올린 다음 갑자기 압력을 낮추는 것으로, 그 과정에서 꼭지 부분이 수축되어 취약해지면서 꼭지가 몸통과 분리된다.

그림 1-1 피망 꼭지 제거 방법

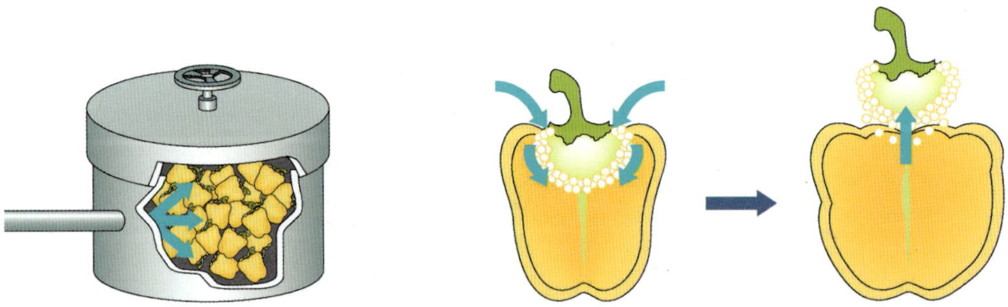

사례 2 : 삼나무 견과 껍질 제거

삼나무 견과cedar nuts는 잣과 비슷하게 생겼는데, 그 껍질을 일일이 손으로 벗기는 것은 매우 힘든 일이다. 1986년에 이 문제를 해결한, 삼나무 견과 껍질을 벗기는 방법이 특허로 출원되었다. 특허의 핵심은 밀폐 용기에 삼나무 견과를 넣고 껍질에 물을 약간 주입한 후, 가열해서 압력을 서서히 높이다가 갑자기 압력을 낮추는 것으로, 고압의 물이 껍질에 침투했다가 압력이 낮아지면서 팽창하여 껍질이 쉽게 분리되는 것이다.

그림 1-2 삼나무 견과 껍질 제거 방법

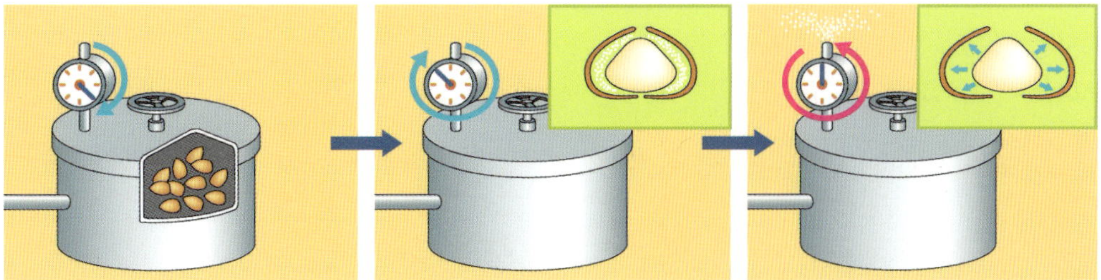

사례 3 : 해바라기 씨앗 껍질 제거

해바라기 씨앗 역시 껍질을 제거해야 먹을 수 있는데, 수작업으로 껍질을 제거하는 것은 매우 비효율적이다. 해바라기 씨앗의 껍질을 제거할 때도 씨앗을 밀폐 용기에 넣고 내부의 압력을 서서히 올린 다음, 재빨리 감압하는 방법을 사용한다.

그림 1-3 해바라기 씨앗 껍질 제거 방법

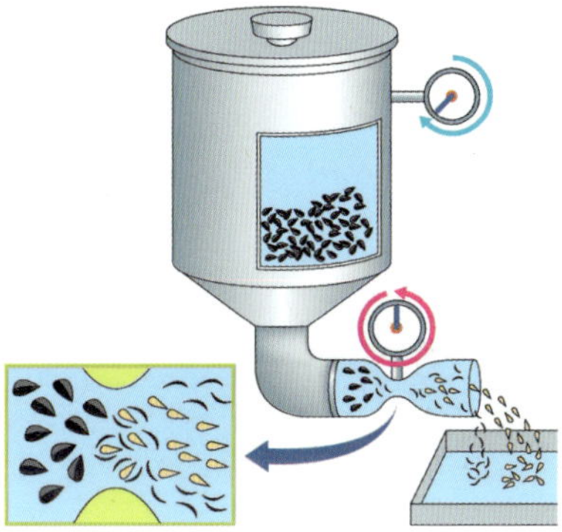

사례 4 : 필터 청소

황사 같은 미세 먼지를 제거하기 위해 펠트처럼 다공성 물질로 벽면이 코팅된 튜브 모양의 필터를 사용하는데, 공기가 튜브를 통과할 때 먼지 입자가 작은 구멍에 들어가게 되므로 필터를 청소하기가 쉽지 않다. 필터를 털거나 진공청소기를 사용해서는 다공성 물질 안에 들어간 미세한 먼지 입자를 완벽하게 제거하는 것이 불가능하다. 어떻게 해야 할까?

아마 앞의 세 가지 발명 사례에서 힌트를 얻을 수 있었을 것이다. 필터를 시스템에서 분리해서 밀봉한 다음, 압력을 5 또는 10기압 정도로 높였다가 재빨리 정상 기압으로 감압하면, 급격한 압력 변화로 인해 공기가 먼지를 작은 구멍 밖으로 밀어내게 된다. 그 결과 먼지 입자가 필터 표면으로 이동하게 되므로 쉽게 먼지를 제거할 수 있다.

그림 1-4 필터 청소 방법

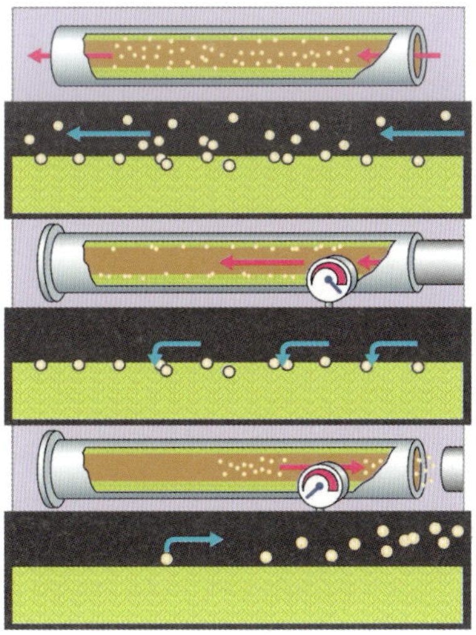

사례 5 : 크랙이 생긴 수정 분리

큰 수정crystal을 가공하다 보면 미세한 크랙crack이 생기는 경우가 있다. 이런 수정은 크랙 부분을 분리하여 작은 장식품이나 액세서리 제작에 활용하면 좋은데, 일단 크랙이 생긴 수정을 깨끗하게 분리하는 일이 매우 어렵다고 한다. 왜냐하면 크랙을 따라 수정을 분리하기 위해 도구를 사용하면 또 다른 크랙이 연쇄적으로 만들어지기 때문에, 일단 크랙이 생긴 수정은 가공할 수 없게 되는 것이다.

그렇다면 크랙이 생긴 수정을 작게 쪼개서 활용할 수 있는 방법은 없는 것일까? 다행히 수정을 가공하는 특허가 1995년에 출원되었다. 특허의 핵심은 크랙이 생긴 수정을 완벽하게 밀폐된, 벽이 두꺼운 용기에 넣고, 수천 기압까지 압력을 올렸다가 순간적으로 정상 기압으로 낮추는 것이다. 그러면 크랙 부분의 공기가 팽창해서 수정을 깨끗하게 분리시킨다.

그림 1-5 수정 분리 방법

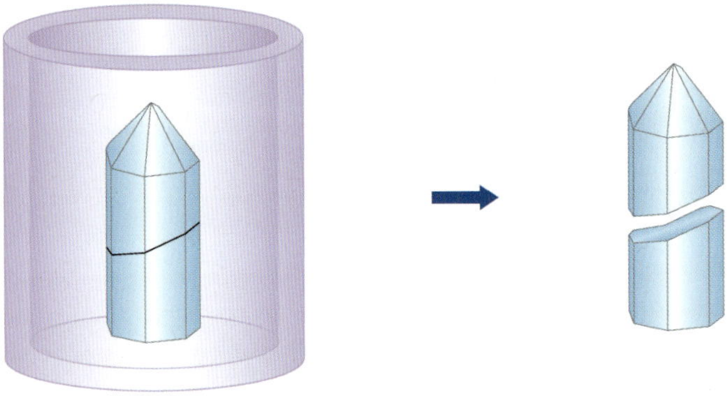

그런데 수정을 가공하는 이 특허는 새로운 것일까? 이 특허가 전혀 새롭게 느껴지지 않는 이유는 앞의 다른 네 가지 발명과 공통점이 있기 때문이다. 그 공통점은 바로 다음과 같다.

"밀폐된 용기 안에 분리할 대상을 넣고 서서히 압력을 올린 다음 순간적으로 압력을 낮추면, 대상을 분리할 수 있는 폭발력이 생긴다."

압력을 어느 정도 높여야 하는지는 대상에 따라 다르지만, 이 원리를 사용하면 작은 크릴새우의 껍질도 쉽게 벗길 수 있고, 설탕 덩어리를 가루로 만들 수도 있으며, 보호지로 단단히 봉합된 부품의 포장도 쉽게 제거할 수 있다.

이처럼 근본적으로 동일한 원리가 서로 다른 산업 분야의 문제를 해결하는 데 반복적으로 사용되어왔는데, 왜 수정의 미세 크랙을 가공하는 특허는 피망 가공 특허가 출원된 지 27년이나 지나서 출원된 것일까?

그것은 바로 문제 해결에도 규칙, 즉 공통 원리가 있다는 사실을 몰랐기 때문이다. 시대와 산업 분야를 막론하고 문제 해결에 반복적으로 사용되는 원리가 존재하는데, 이런 원리를 활용하기보다는 자신의 지식과 경험만을 이용해서 지금까지 하던 방식대로 문제를 해결하려고 했기 때문에 많은 시간과 노력을 허비한 것이다.

근본적으로 동일한 아이디어가 반복적으로
서로 다른 산업 분야에서 특허로 출원되었으며,
이는 근본적으로 동일한 해법(원리)이 사용된 것이다.

1.1.2 자전거와 함께 계단 오르기?

자전거는 친환경적이고 건강에도 좋은 이동 수단이지만, 계단을 오르거나 지하철을 타야 하는 상황에 부닥치면 매우 난감해진다.

앞에서 문제 해결에는 공통 원리가 있다고 했는데, 이 문제를 해결하는데 적용할 수 있는 원리는 무엇일까? 아무리 가벼운 자전거라 해도 한 사람이 들기엔 부피가 상당하다. 또, 지하철에서도 많은 자리를 차지하기 때문에 본의 아니게 다른 사람에게 불편을 줄 수 있다. 그렇다면 부피 문제를 해결하기 위해 다른 분야에서는 어떤 방법을 사용할까?

먼저 이런 풍경을 한번 상상해 보자. "오랜만에 시골에 계시는 할머니를 뵈러 가기 위해 어머니께서 할머니가 좋아하시는 밑반찬을 이것저것 준비해서 찬합에 담고 계신다."

반찬통 여러 개를 쉽게 포갤 수 있는 찬합이 없다면 어떻게 해야 할까? 아마 서로 다른 크기의 통에 밑반찬을 담은 다음에 다시 포장해야 하니까 많이 번거로울 것이다.

또 다른 예로서 슈퍼마켓에서 흔히 볼 수 있는 쇼핑카트를 포개어 보관할 수 없다면 얼마나 더 많은 공간이 필요하겠는가?

이처럼 서로 무관해 보이는 찬합과 쇼핑카트 보관 방법에 숨어있는 공통 원리는 바로 "제한된 공간을 효율적으로 활용하기 위해서 물체를 포개자"[1]는 것이다.

그렇다면 이 원리를 자전거에 적용하면 어떨까? 큰 자전거를 쉽게 들 수 있고, 또 지하철에서 다른 사람에게 불편을 주지 않으려면 부피를 줄여야 하는데, [그림 1-6]처럼 쉽게 접을 수 있는 접이식 자전거가 좋은 해결안이 될 수 있다. 자전거를 접는다는 것은 제한된 공간에 자전거 바퀴 등을 포갠 것으로, 큰 틀에서 찬합이나 쇼핑카트 보관과 동일한 원리를 활용한 것으로 볼 수 있다.

---

1 발명원리 7번 : 포개기 원리

그림 1-6 브롬턴(Brompton)의 접이식 소형 자전거[2]

여기서 잠깐

단짝 친구 네 명이 오랜만에 만났는데 갑자기 소낙비가 내린다. 비를 피할 곳도 마땅치 않은데, 우산은 하나 밖에 없다. 어떻게 하면 우산 하나를 네 명이 사이좋게 쓸 수 있을까?

우연히 인터넷에서 발견한 사진을 그림으로 옮겼다. 포개기 원리 복습 중?

아래쪽 친구들의 희생정신이 돋보인다.

포개기 원리를 적용한 또 다른 아이디어에는 어떤 것이 있을까? [그림 1-7]을 확인해 보자.

그림 1-7 포개기 원리를 적용한 아이디어들[3]

마트료시카

계량스푼

빅맥

---

2 〈출처〉 http://www.starbike.co.kr/star

3 〈출처〉 구글 검색(http://www.google.co.kr)

큰 인형 안에 작은 인형이 여러 개 포개져 있는 러시아의 전통 인형 마트료시카Matryoshka에 접이식 자전거를 발명할 수 있는 아이디어가 숨겨져 있다는 사실이 놀랍지 않은가? 다양한 크기의 스푼이 여러 개 포개져 있는 계량스푼에도, 심지어 빅맥에도 동일한 원리가 적용됐다니, 시대와 분야를 막론하고 공통 원리가 반복적으로 활용된다는 것의 의미를 조금은 이해할 수 있을 것이다.

1.1.3 무질서 속에 감춰진 규칙들

환경오염이 중요한 사회적 이슈가 되면서 나무 이쑤시개 대신 쉽게 분해되는 녹말 이쑤시개가 발명됐고, 최근에는 일회용 플라스틱 스푼 대신 옥수수 전분으로 만든 일회용 아이스크림 스푼도 등장했다. 또 내과 수술에 자주 사용되는 흡수성 봉합사는 대개 건강한 포유동물로부터 추출된 교질을 원료로 사용하는데, 조직의 치유 과정에서 서서히 녹아서 흡수된다. 서로 무관해 보이는 이들 제품에 공통으로 적용된 원리는 무엇일까?

그림 1-8 용도를 다하면 쉽게 사라지도록 만든 제품들[4]

녹말 이쑤시개

옥수수 전분 일회용 아이스크림 스푼

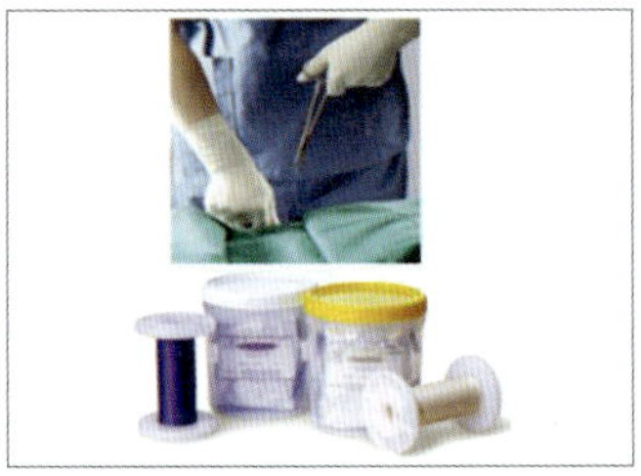

흡수성 봉합사

그것은 바로 '용도를 다하면 쉽게 사라지도록 만드는 것'[5]이다. 캡슐 약은 가루나 과립 형태의 약을 젤라틴 성분의 캡슐에 담은 것으로 몸에 들어가면 캡슐은 녹아서 사라진다. 만약 캡슐이 흡수되지 않는다면 인체에 치명적인 문제가 발생할 수 있다. 이처럼 계속 필요한 게 아닌 뭔가가 필요할 때, 바로 이 원리를 떠올리기 바란다.

한편 치과에서 치아를 뽑을 때는 발치할 치아 주변만 마취한다. 또 버스나 전철의 좌석 중에 일부를 노약자석으로 지정한다. 또한 병원 입원실의 이름표에서 환자 이름을 전부 노출하지 않고 일부를 가려서 개인의 프라이버시를 보호한다.

4 〈출처〉 구글 검색(http://www.google.co.kr)

5 발명원리 34번 : 폐기와 재생 원리

그림 1-9 전부 다가 아닌 일부분에만 적용한 아이디어들[6]

국소 마취 | 버스의 노약자석 | 입원실 이름표

국소 마취와 버스의 노약자석, 병원 입원실의 이름표에는 서로 무관해 보이지만 공통으로 적용된 원리가 있다. 그것은 바로 '전부 다가 아닌 일부분에만 적용하는 것'[7]이다. 뭔가를 전부 다 하기 어렵거나 부담스러울 때, 이 원리를 활용해보기 바란다.

---

6 〈출처〉 구글 검색(http://www.google.co.kr)

7 발명원리 3번 : 국소적 성질 원리

1.2

발명의 비밀을 밝힌 사나이, 알트슐러

1.2.1 트리즈의 태동

구 소비에트 연방의 타슈켄트에서 태어난 겐리히 알트슐러Genrich Altshuller, 1926 ~ 1998는 13살이라는 어린 나이에 스쿠버 다이빙 장비를 개선하는 아이디어로 특허를 취득했으며, 1946년 해군에 입대해서 특허 부서에 근무하게 되었다.

어느 날 선박 용접 부서의 요청의 의해 알트슐러가 어떤 문제를 해결해주게 되고, 3개월 후에는 잠수함에서 발생한 어떤 문제에 관여하게 된다. 이때 알트슐러는 잠수함 문제가 3개월 전에 해결했던 선박 용접 부서의 문제와 근본적으로 동일한 문제라는 것을 알게 되었고, 그 문제를 쉽게 해결하였다.

그런데 약 2개월 뒤 알트슐러는 다시 구축함 함포의 문제 해결에 참여하게 된다. 이때 알트슐러는 이 문제 또한 근본적으로 앞의 두 문제와 동일한 문제라는 것을 알게 되고, 이 문제도 쉽게 해결한다. 유사한 일이 반복되면서 알트슐러는 해군에서 유명해지고, 표창까지 받게 된다. 마침내 알트슐러는 다음과 같은 의문을 갖게 되었고, 그때부터 트리즈TRIZ에 대한 연구가 시작되었다.

"창의적인 문제 해결에 반복적으로 사용되는 공통 원리가 존재하지 않을까?"

자신의 실제 경험에서 출발한 이 같은 의문이 바로 트리즈가 탄생하게 된 출발점이다.

'TRIZ'란 '발명적 문제 해결 이론'이란 의미를 갖는 러시아어의 머리 문자인 'ТРИЗ'를 영어 알파벳으로 표기한 것으로, '트리즈'로 발음하며, 영어로는 'Theory of Inventive Problem Solving'의 의미를 갖는다.

ТРИЗ(Теория Решения Изобретатепьских Задач)

러시아어	Теория	Решения	Изобретатепьских	Задач
발음	째오리아 Teoriya	레셰니아 Resheniya	이조브레따쨀스키흐 Izobretatelskikh	자다취 Zadatch
의미	이론	해결	발명	문제

1.2.2 발명에도 수준이 있을까?

"창의적 문제 해결에는 어떤 공통 원리가 존재할까?"라는 의문을 해결하기 위해서 알트슐러는 구소련의 특허 약 20만 건을 수집해서 분석하기 시작했다. 그런데 20만 건의 특허를 모두 상세하게 분석하기에는 역부족이었으므로 우수한 특허만 구분할 필요가 있었다. 따라서 [표 1-1]과 같이 발명(특허)의 수준을 5가지로 구분했다.

표 1-1 발명의 수준 구분

수준	비율(%)	특징	시행착오적 접근 횟수
1	32	해당 분야에서 익숙한 방법을 이용한 해결책 (발명이라기보다는 약간의 확장이나 개선 수준)	1 ~ 10회
2	45	기존 시스템을 개선하거나 최적화시킴 (동일 산업 분야의 지식을 응용해서 얻은 해결책, 대개 절충안)	10 ~ 100회
3	18.7	기존 시스템의 획기적인 개선 (다른 산업 분야의 지식 또는 동일 산업 분야의 과학 지식을 활용한 해결책)	100 ~ 1,000회
4	4	신개념의 시스템 개발 (다른 산업 분야의 과학 지식을 응용한 해결책)	1,000 ~ 10,000회
5	0.3	새로운 과학 원리를 발견하거나 응용해서 얻은 해결책 (획기적인 신개념의 선구자적 발견)	10,000 ~ 100,000회

이 기준은 알트슐러가 단지 특허 분석을 위해서 자신만의 기준으로 분류한 것으로, 이 기준으로 모든 특허의 수준을 분류하기는 어렵다. 사실 모든 특허의 창의성이나 우수성을 분류하는 일반적인 기준을 정하는 게 쉬운 일이 아니며, 보다 정확한 분류를 위해서는 산업 분야별로 여러 가지 특성을 고려해서 판단 기준을 결정해야 할 것이다. 알트슐러의 기준에 따른 수준별 발명 사례를 소개하면 [표 1-2]와 같다.

표 1-2 발명의 수준별 사례

수준	사례
1	· 단열재 · 진동 흡수용 고무 패드 · 산소통의 강철 용기 뚜껑을 가벼운 플라스틱 뚜껑으로 교체
2	· 소화기가 부착된 용접기 · 속이 빈 도끼 손잡이 · 반진동(Anti-vibration)을 이용해서 진동을 상쇄시키는 장치
3	· 진동을 흡수하는 자석 쿠션(magnetic pillow) · 자화된 볼트와 너트 · 마우스
4	· 현미경 · 내연기관 · 컴퓨터
5	· X선, 페니실린 발견 · 트랜지스터, 레이저 발명 · 형상 기억 합금 발명

1, 2수준의 특허는 대개 약간의 개선안에 해당하는 것이고, 5수준은 플레밍의 페니실린 발견이나 퀴리 부인의 라듐 발견처럼 우연의 산물인 경우가 많으므로, 이들을 제외하고 누가 봐도 창의적이라고 인정할 수 있는 3, 4수준에 해당하는 특허는 약 20%에 해당한다. 따라서 알트슐러는 발명의 공통 원리를 찾기 위해 1946년부터 3, 4수준에 해당하는 약 4만 건의 특허를 분석했다. 트리즈를 활용했을 때 가장 효과적인 문제가 바로 3, 4수준에 해당하는 발명문제다. 발명문제 Inventive Problem란 하나 이상의 모순을 포함하는 문제인데, 3, 4수준의 특허는 바로 모순을 해결한 특허이다.

1.2.3 알트슐러의 위대한 업적

알트슐러 혼자서 1946년부터 1963년까지 구소련의 특허 가운데 3, 4수준에 해당하는 약 4만 건의 특허를 분석한 결과, 기술자들이 고민하는 문제의 99%는 이미 다른 산업 분야에서 해결된 문제라는 결론에 도달하게 된다. 즉 다른 산업 분야에서 근본적으로 동일한 문제가 이미 해결되었음에도 불구하고, 그에 대한 정보나 지식이 없기 때문에 많은 기술자들이 동일한 문제를 해결하기 위해 많은 시행착오를 겪게 된다는 것을 발견한 것이다.

이후 자신의 동료 및 제자들과 함께 전 세계 200만 건 이상의 특허를 분석했는데, 그 이후에도 역시 동일한 결론에 도달할 수 있었다. 즉 창의적 문제 해결에는 공통 원리가 존재한다는 규칙성 regularity을 확인했으며, 이런 규칙성을 정리한 것이 바로 40가지 발명원리 Inventive principles와 분리원리 Separation principles이다. 발명원리는 3장에서, 분리원리는 7장에서 자세히 설명한다.

그림 1-10 특허 분석을 통한 문제 해결의 규칙성 발견

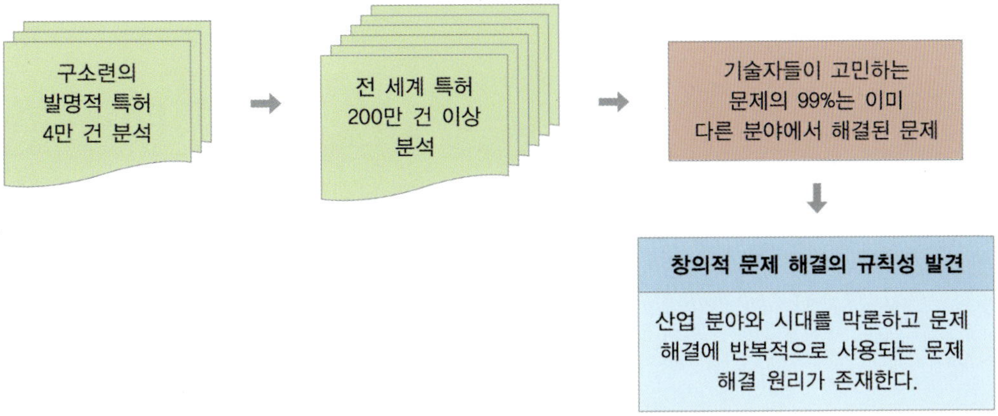

200만 건 이상의 전 세계 특허를 분석한 결과, 알트슐러는 마침내 다음과 같은 결론에 도달하게 된다.

"하늘 아래 새로운 문제는 없다!"

1946년부터 시작된 트리즈에 대한 연구는 초기에는 특허 분석에서 출발했으나, 이후 많은 기술 시스템의 발전 과정을 분석하고, 또 다양한 혁신 사례를 수집해서 분석했다. 그 결과 문제 해결의 공통 원리와 기술시스템 진화의 규칙성을 발견한 것이다. 또한 다른 산업 분야의 지식과 과학 효과를 활용해야 기술 혁신이 가능하다는 점이 확인되었으며, 그 결과 창의와 혁신의 공식이라고 할 수 있는 트리즈 이론이 확립된 것이다.

물론 트리즈라는 이론이 알트슐러 한 사람에 의해서 확립된 것은 아니다. 트리즈는 알트슐러뿐만 아니라 알트슐러의 많은 동료 및 학생들과 함께 이룬 성과이고, 알트슐러 사후 지금까지도 계속 발전하고 있다. 하지만 최초로 "발명의 공통 원리는 무엇일까?", "어떻게 하면 발명에 소요되는 시간을 단축할 수 있을까?"라는 화두를 던지고, 또 스스로 실천을 통해서 그 해법을 찾기 위해 평생을 바쳤다는 의미에서 트리즈 이론이 알트슐러의 업적이라고 해도 과함이 없을 것이다.

알트슐러의 위대한 업적을 요약하면 [표 1-3]과 같다.

표 1-3 알트슐러의 주요 업적

구분	내용
연구 방법	① 수백만 건의 특허 분석 ② 기술시스템의 발전 과정 분석 ③ 혁신 사례 연구 및 분석
주요 발견	① 문제 해결의 공통 원리 발견 시대와 산업 분야를 막론하고 문제 해결에 반복적으로 사용되는 원리가 존재함 ② 기술시스템 진화의 규칙성 발견 기술시스템도 예측 가능한 객관적인 법칙과 경향에 따라 진화, 발전함 ③ 기술 혁신의 특징 발견 기술 혁신은 다른 산업 분야의 지식과 과학 효과를 활용해야 가능함
연구 결과	트리즈 이론 확립

1.2.4 트리즈의 역사

트리즈에 대한 연구는 앞에서 소개한 바와 같이 1946년부터 시작되었는데, 알트슐러는 1956년에 처음으로 한 잡지에 트리즈에 대한 글을 기고했다. 1957년에는 트리즈에 관한 첫 번째 세미나가 개최되었으며, 1961년에 마침내 첫 번째 트리즈 서적인『G. S. Altshuller's School』이 출간되었다.

1990년부터 한동안 정치적, 경제적 이유로 인해 다소 주춤했으나, 1998년 알트슐러가 타계한 이후에도 트리즈에 관한 연구는 트리즈 마스터[8]들을 중심으로 지금까지 활발히 진행되고 있다. 알트슐러를 중심으로 발전한 고전적 트리즈의 역사를 요약하면 [표 1-4]와 같다.

표 1-4 트리즈의 역사

년도	특징
1946	트리즈 연구 시작
1956	트리즈에 관한 글을 잡지에 첫 기고 아리즈(ARIZ) 도입(ARIZ-56)
1957	트리즈에 관한 첫 번째 세미나 개최
1961	트리즈에 관한 첫 번째 서적『G.S. Altshuller's School』출간
1968	35가지 발명원리 발표 (25,000개 특허 분석 완료)

---

8 트리즈 마스터(TRIZ Master) : 알트슐러는 트리즈에 대한 이해 및 활용 수준을 1수준부터 5수준까지로 구분했는데, 트리즈 마스터는 5수준에 해당하는 트리즈 고수를 의미한다.

년도	특징
1969	물리적 과학 효과에 대한 연구 시작
1971	8가지 기술시스템 진화 법칙 발표 40가지 발명원리 발표(40,000개 특허 분석 완료) 아제르바이잔(Azerbaijan)의 바쿠(Baku)에 발명 및 창의성 연구소 창설
1973	물질-장(Vepol) 모델 연구 시작
1975	기술시스템 진화의 법칙 체계화 및 표준해(Standards)에 대한 연구 시작 <TRIZ-movement>라 칭한 트리즈 학교 시스템 형성 시작
1979	『Creativity as an exact science』라는 트리즈 서적 출간 트리즈 관련 정규 세미나 및 출판을 본격적으로 시작 18개의 물질-장 모델과 10개의 표준해 발표
1981	LSCP(Life Strategy of Creative Person)에 대한 연구 시작
1985	ARIZ-85C와 76가지 표준해 발표
1990	정치적, 경제적 이유로 인해 트리즈 학교 및 정규 세미나 크게 감소 <TRIZ-movement>의 발전 중단
1996	인터넷에 트리즈 등장
1998	알트슐러 타계
2003	러시아가 아닌 많은 다른 나라에서 새로운 트리즈 학교 시작

1.3

발명의 규칙성 맛보기

1.3.1 전부 다 필요한 건 아니야

홍삼 엑기스와 김치냉장고, 손가락 부분이 없는 헬스 장갑의 공통점은 무엇일까?

그림 1-11 필요한 것만 추출한 사례들[9]

홍삼 엑기스 | **김치냉장고** | **헬스 장갑**

그것은 바로 "꼭 필요한 것만 추출하자"[10]이다.

홍삼 엑기스는 홍삼을 농축해서 진액만 추출한 것이고, 김치냉장고는 일반 냉장고에서 김치 보관 기능만 추출한 것이다. 헬스 장갑은 불필요한 손가락 부분을 없애고 손바닥 부분만 두껍게 만든 것이다.

이처럼 전부 다 필요한 게 아닐 때는 그것이 무엇이든 꼭 필요한 부분이나 특성만 추출하면 새로운 발명이 된다는 것을 알 수 있다. 알게 모르게 추출이라는 원리를 활용해서 발명된 제품은 무궁무진하다. 바닷물에서 추출한 소금도 이 추출 원리를 적용한 좋은 예이다. 우리 주변에서 꼭 필요한 것만 추출한 사례를 한 번 찾아보자. 또 일상적으로 사용하는 물건 가운데 꼭 필요한 것만 남기면 더 편리한 것은 없는지 찾아보자.

---

9 〈출처〉 구글 검색(http://www.google.co.kr)

10 발명원리 2번 : 추출 원리

1.3.2 딱 맞게 하기 어렵네

브레인스토밍Brainstorming과 농작물 파종 방법, 그리고 생맥주 따르기의 공통점은 무엇일까?

그림 1-12 딱 맞게 하기 어려워 넉넉하게 한 사례들[11]

브레인스토밍 | **농작물 파종 방법** | **생맥주 따르기**

그것은 바로 "딱 맞게 하기 어려울 때 넉넉하게 하자"[12]이다.

브레인스토밍은 질보다 양이라는 조건 하에 가능한 많은 양의 아이디어를 도출하는 발상법이고, 농작물을 파종할 때는 씨앗이 제대로 발아하지 못하는 경우를 대비해서 넉넉하게 파종한다. 또 생맥주를 따를 때 적당한 양의 거품을 유지하면서 맥주잔에 딱 맞게 따르기가 어려운데, 그렇다고 적게 따르면 고객이 싫어할 테니까 대개는 조금 넘치게 따르게 된다.

이처럼 딱 맞게 하기 어려울 때는 대충 넉넉하게 해서 문제를 쉽게 해결할 수 있음을 알 수 있다. 이 밖에 넉넉한 조치를 통해서 문제를 해결한 사례에는 어떤 것이 있을까? 일상에서 또는 자연계에서 좋은 사례를 한번 찾아보자.

1.3.3 직접 하기 어려울 때

주방용 장갑과 멀티 어댑터, 그리고 결혼 정보회사의 공통점은 무엇일까?

그림 1-13 직접 하기 어려울 때 도움이 되는 사례들[13]

주방용 장갑 | **멀티 어댑터** | **결혼 정보회사**

---

11 〈출처〉 구글 검색(http://www.google.co.kr)

12 발명원리 16번 : 초과나 부족 조치 원리

13 〈출처〉 구글 검색(http://www.google.co.kr)

그것은 바로 "직접 하기 어려울 때 중간 매개체를 사용하자"[14]이다.

주방에서 뜨거운 냄비를 옮길 때 손으로 직접 냄비를 잡는 것은 위험하므로 주방용 장갑이라는 매개체를 사용한다. 또 해외여행에 가서 스마트폰을 충전하는 데 곤란을 겪지 않으려면 현지의 콘센트 전압과 모양에 맞는 멀티 어댑터를 사용해야 하는데, 이 또한 현지 콘센트와 스마트폰 충전기 사이에 중간 매개체를 사용해서 문제를 해결한 것이다. 결혼 정보회사도 직접 배우자를 찾지 못한 사람들이 도움을 받는 곳이므로 매개체를 활용한 결혼 문제 해결로 볼 수 있다.

이처럼 직접 하기 어려울 때는 중간 매개체를 이용해서 문제를 쉽게 해결할 수 있다. 따라서 우리 주변에서 직접 하기 어려운 게 무엇인지 관심을 가진다면, 새로운 발명이나 사업 아이템을 구상할 수 있을 것이다.

여기서 소개한 3가지 규칙 외에도 트리즈에는 40가지 발명원리와 4가지 분리원리 같은 발명의 규칙 즉 공통 원리가 있는데, 앞으로 하나씩 배우게 될 것이다.

---

14 발명원리 24번 : 매개체 원리

1.4

문제 해결의 규칙성

1.4.1 시행착오 최소화하기

앞의 여러 사례에서 보다시피 새로운 발명이나 문제 해결에는 공통된 규칙이 있다. 즉 시대나 분야를 막론하고 문제 해결에 반복적이고 공통적으로 사용된 원리가 존재한다는 것이다. 공통 원리를 알면 쉽게 해결할 수 있는 문제도 자신의 지식과 경험에만 의존해서 해결하려는 경우에는 대개 많은 시행착오를 겪게 되고, 다행히 해결책을 찾아도 이미 늦은 경우가 허다하다.

21세기는 속도의 시대이다. 단순히 해결책을 찾는 것이 중요한 것이 아니라, 남들보다 먼저 더 좋은 해결책을 찾는 것이 중요하다. 빠르게 돌아가는 세상이 우리를 기다려주지 않기 때문이다. 우리가 살고 있는 이 시대는 시행착오를 최소화하고 효율적으로 문제를 해결할 수 있는 능력을 요구한다. 그렇다면 과연 자신이 종사할 한 분야의 지식과 경험만을 획득하는 데 모든 시간과 노력을 투자해도 되는 것일까? 아니면 문제 해결의 공통 원리를 체득하는 데도 시간과 노력을 할애해야 하는 것일까? 현명한 결정을 통해서 불필요한 시행착오를 반복하는 일이 없길 바란다.

불필요한 시행착오 하기 있기, 없기?

내 문제의 99%는 어딘가에 이미 해결책이 존재한다!

문제 해결의 공통 원리를 활용해서 문제 해결의 실마리를 찾아보자!

1.4.2 규칙성을 활용하는 트리즈 접근법

트리즈는 문제 해결에 이용할 수 있는 많은 개념과 이론, 도구를 포함하고 있는데, 이것은 발명 문제를 해결하는 데 공통적으로 사용된 여러 가지 방법들을 일반화한 것이다. 그러므로 트리즈는 특정 문제의 해결안을 직접 제공하는 것이 아니라, 보다 효율적이고 체계적으로 특정 문제를 해결할 수 있도록 도와주는 역할을 한다. 따라서 트리즈를 활용해서 문제를 해결하기 위해서는 [그림 1-14]와 같은 접근 방식을 취한다.

그림 1-14 규칙성을 활용한 트리즈 문제 해결 접근법

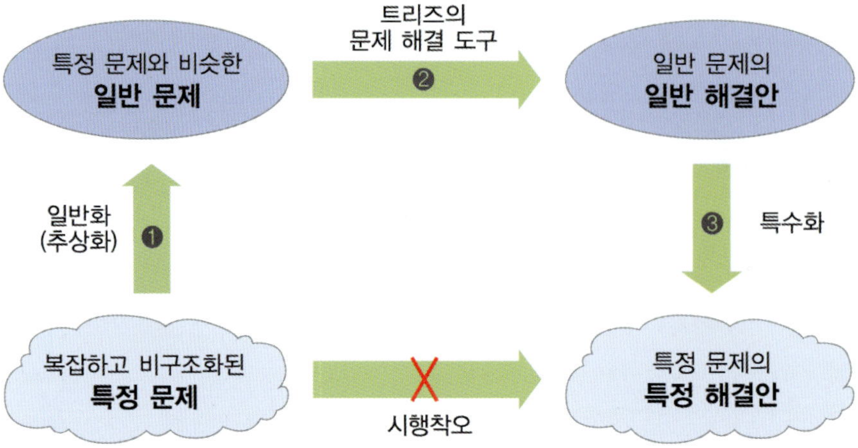

일반적으로 특정 문제가 주어지면 자신의 지식과 경험만을 활용해서 직접 해결하려고 시도하는데, 대개 많은 시행착오를 겪게 되어 시간과 노력을 낭비하게 된다. 반면 트리즈에서는 어떤 특정 문제가 인식되면, 이를 바로 해결하지 않고 [그림 1-14]에 표현했듯이 다음과 같이 3단계로 접근한다.

❶ 먼저 복잡하고 구조화되지 않은 특정 문제, 즉 현실 문제를 일반화, 즉 추상화(문제의 특징만 추출하는 것을 의미함)를 통해 일반 문제로 변환한다. 트리즈의 모순 분석과 물질-장 모델링 등을 통해서 문제를 일반화할 수 있다.

❷ 변환된 일반 문제의 유형에 따라 트리즈의 여러 가지 문제 해결 도구 가운데 하나를 선택해서 일반 해결안을 도출한다. 문제 해결 도구에는 발명원리와 분리원리, 표준해 등이 있다.

❸ 일반 해결안을 기초로 특정 문제의 특정 해결안을 도출한다. 이때 자신의 지식과 경험을 최대한 활용한다.

트리즈가 지원하는 것은 ❶, ❷단계이다. 특정 문제를 일반 문제로 변환하는 방법과 일반 해결안을 도출하는 방법에 대해서는 5장과 6장, 7장에서 자세히 설명한다.

트리즈의 문제 해결 접근법이 언뜻 보기에는 문제를 직접 해결하는 것보다 복잡해보이고, 특히 트리즈를 배워야 하는 부담도 있다. 하지만 좀 더 큰 틀에서 보면 문제 해결의 규칙성을 활용함으로써 최고의 해결안을 보다 효율적으로 획득할 수 있는 현명한 방법이다. 자신의 지식과 경험만으로 문제를 해결하려 하면 대개 많은 시행착오를 겪게 되고, 문제에 따라서는 아무리 많은 시간과 노력을 투자해도 좋은 해결안을 찾지 못하는 경우도 있다는 것을 명심하자.

트리즈의 온고지신(溫故知新) 정신을 배우자!

온 고 지 신

溫 故 知 新

옛 것을 익혀 새로운 것을 배운다.

트리즈의 문제 해결 접근법은 [그림 1-15]와 같이 이차 방정식을 푸는 방법과도 일맥상통한다.

그림 1-15 이차 방정식의 해법

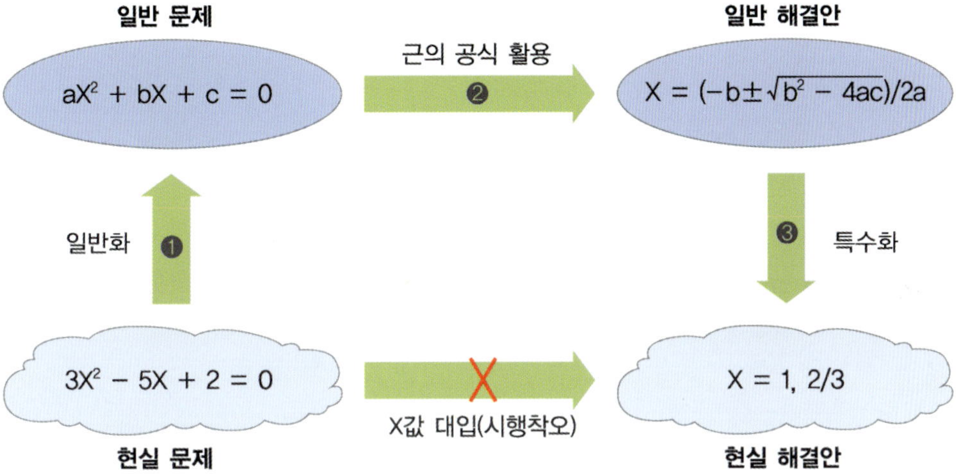

$3X^2 - 5X + 2 = 0$이라는 이차 방정식을 풀 때 X값을 하나씩 대입해서 푸는 사람은 아마 없을 것이다. 보통은 $aX^2 + bX + c = 0$이라는 일반적인 이차 방정식의 근의 공식을 떠올리고, a, b, c에 각각 3, −5, 2를 대입해서 X값을 구한다. 문제를 자신의 지식과 경험만으로 해결하는 것은 마치 근의 공식을 사용하지 않고 X값을 하나씩 대입해서 이차 방정식을 푸는 것과 마찬가지다. 도전과 실패를 두려워해서는 안 되지만, 불필요한 시행착오는 최소화해야 하지 않을까?

불필요한 시행착오를 근면과 성실로 미화하지 말자!

무조건 열심히!

우리는 트리즈를 배울 시간이 없어!
오로지 열심히 일하는 것 뿐이야!

현명하게!

룰루 랄라~
고맙다! 구형화 원리야!
(트리즈 발명원리 14번)

베르나르 베르베르

나는 매일 아침 8시부터 오전 내내 글을 쓴다. 열여섯 살 이후 매년 그랬다. 내게는 할당량이 있다. 하루에 열 페이지다. 오전 8시부터 12시 30분까지 글을 쓰고, 오후 1시에는 내게 새로운 자극과 정보를 줄 만한 사람을 만나 함께 점심을 먹는다. 그런 규칙적인 습관이 상상력을 지탱해주는 힘이라고 믿는다. **매일 규칙적인 시간에 새로운 아이디어를 찾도록 뇌를 훈련시켜 놓으면 정말로 그때쯤 기발한 생각이 나온다.** 뇌는 근육과 마찬가지로 쓰면 쓸수록 발달하는 기관이다.

1.5

왜 트리즈를 배워야 하는가?

1.5.1 무엇이 창의성을 방해하는가?

알트슐러는 "어떻게 하면 발명에 소요되는 시간을 단축할 수 있을까?"를 고민하면서 사람들이 문제를 창의적으로 해결하지 못하는 커다란 장애 요인이 있음을 알게 되었다. 이를 요약하면 [표 1-5]와 같다.

표 1-5 문제를 창의적으로 해결하지 못하는 장애 요인 4가지

장애 요인	설명
심리적 타성 (Psychological Inertia)	관습적이고 전통적인 사고가 혁신적인 아이디어 창출을 방해함
	대개 자신의 지식과 경험 안에서만 해결안을 찾으려함
잘못된 문제 설정 (Wrong Problem)	문제의 본질과 무관한 목표 설정
	표면에 쉽게 드러나는 문제를 공략함
	다양한 관점에서 문제를 검토하지 않음
지식 부족 (Lack of Knowledge)	많은 문제가 여러 분야의 다학제적 지식을 요구하지만, 개인이나 한 조직의 지식은 제한적임
	방대한 양의 전문 지식에 쉽게 접근할 수 있는 도구가 부족함
모순 회피 (Avoiding Contradiction)	문제에 숨겨진 모순을 찾지 못함
	모순 직면 시 회피하거나 타협하는 경향이 있음
	모순 상황이 발생하면 단편적인 절충안으로 해결하려는 경향이 있음

심리적 타성

1970년대 구소련에서 달 표면의 사진을 찍어 지구로 전송할 무인 우주선을 개발하면서 달 표면을 비추기 위해 우주선에 백열전구를 부착했는데, 모의실험에서 착륙 시 충격으로 전구가 파손되는 문제가 발생했다. 일반 백열전구 대신 탱크용 전구도 사용해 보고 방탄유리로 만든 전구도 사용해봤지만 파손 문제를 해결할 수 없었는데, 어떻게 이 문제를 해결한 것일까?

책임자인 바바킨Babakin 박사가 찾은 해결안은 의외로 매우 단순했다. 그는 "유리구bulb의 기능이 무엇인가?"라는 근본적인 질문을 했다. 유리구는 내부에 있는 필라멘트가 산소와 접촉해서 타버리지 않도록 진공 상태를 유지하기 위해서 필요한 것이다. 그러나 달 표면은 진공 상태이므로 굳

이 유리구가 없어도 전구의 작동에는 무리가 없었던 것이다. 연구팀은 이를 깨달음으로써 마침내 문제를 해결할 수 있었다.

그림 1-16 유리구가 없는 백열전구를 장착한 우주선

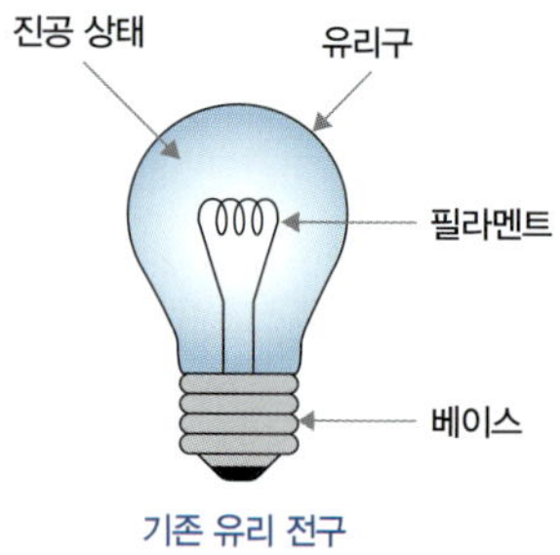

이 문제는 백열전구에는 반드시 유리구가 있어야 한다는 심리적 타성으로 인해 많은 시간과 노력을 낭비한 대표적 사례다. 바바킨 박사가 심리적 타성에서 벗어나 유리구의 기능에 집중하지 않았다면, 더 많은 시간을 낭비했을 수도 있었다.

잘못된 문제 설정

미국 나사(NASA)에서 100만 달러짜리 우주용 볼펜space pen을 만든 적이 있다. 미국과 소련 간의 우주 개발 경쟁이 치열하던 1960년대, 미국 우주 비행사들이 무중력 상태인 우주선에서 볼펜을 사용할 수 없어서 일상생활과 실험에 대한 기록을 남기지 못한 문제가 발생했다. 일반 볼펜은 중력에 의해 조금씩 흘러내린 잉크가 볼에 묻어나오는 구조인데, 무중력 상태인 우주 공간에서는 잉크가 흘러내리지 않으므로 글씨를 쓸 수 없었던 것이다. 나사는 곧 우주 공간에서 쓸 수 있는 볼펜 개발에 착수했고, 몇 개월간의 연구 끝에 100만 달러 이상의 예산을 들여 무중력 상태에서도 쓸 수 있는 우주용 볼펜을 개발했다.

그림 1-17 100만 달러를 투자해서 개발한 우주용 볼펜[15]

당시 소련의 우주 정거장에 미국 우주선이 도킹docking하는 행사가 있었는데, 미국의 우주 비행사가 소련의 우주 비행사에게 우주용 볼펜을 자랑하면서 "당신들은 어떤 걸 쓰죠?"라고 물었

---

15 〈출처〉 http://www.draplin.com/2012/12/now_shipping_field_notes_space_pen.html

다. 그때 소련의 우주 비행사는 이렇게 답했다. "우리는 그냥 연필을 씁니다."

아무리 똑똑한 사람도 잘못된 판단으로 시간과 노력, 엄청난 비용까지 낭비할 때가 있다. 문제의 본질이 '볼펜'이 아니라 '기록'이라는데 주목했다면, 100만 달러라는 엄청난 예산을 좀 더 유용하게 사용할 수 있지 않았을까?

여기서 잠깐 **나사(NASA)를 위한 변명**

나사의 우주용 볼펜 개발에 대해서는 다른 시각도 있다. 당시 미국 우주인도 연필을 사용했는데, 우주선 안에서의 연필 사용은 약간의 문제가 있었다. 무중력 상태에서 부러진 연필 촉이 여러 가지 장비들로 가득 찬 좁은 우주선 안에서 어디로 가서 어떤 문제를 일으킬지 알 수 없었던 것이다.

우주용 볼펜은 무중력 상태에서만이 아니라 물속에서도 사용 가능하고, 유리나 심지어 기름이 묻은 표면에도 필기가 가능하므로, 지금까지도 그 기술을 이용한 다양한 필기구가 판매되고 있다. 또 소련 우주인도 결국 연필을 버리고 우주용 볼펜을 사용한다고 하니, 우주용 볼펜 개발이 보는 관점에 따라서는 위험이 잠재된 연필을 사용하는 대신 문제를 근본적으로 해결하기 위한 투자였다고도 볼 수 있을 것이다.

지식 부족

다음 질문에 답해 보자.

"직접 접촉하지 않고
유리컵 안에 있는 물을 얻을 수 있는 방법은?"

몇 가지 아이디어가 떠오를 것이다. 빨대를 이용한다. 수건을 담가 흡수시킨다. 물을 끓여 생성된 수증기를 다시 응결시킨다. 또는 다소 무식한 방법이지만 컵을 넘어뜨릴 수도 있을 것이다. 이밖에 또 어떤 방법이 있을까? 놀랍게도 액체를 이동시키는 방법은 약 50가지가 있다고 한다. 우리가 알고 있는 지식이 얼마나 한정된 것인지 실감할 수 있다.

여기서 잠깐 **액체를 이동시키는 방법들** [16]

Absorption (흡수)
Acoustic Cavitation (음향 공동현상)
Acoustic Vibrations (음향 진동)
Archimedes' Principle (아르키메데스 원리)
Bernoulli's Theorem (베르누이의 정리)
Boiling/Evaporation (끓이기/증발)
Capillary Condensation (모세관 응축)
Capillary Evaporation (모세관 증발)
Capillary Pressure (모세관 압력)
Coanda Effect (코안다 효과)
Condensation (응축)
Coulomb's Law (쿨롱의 법칙)
Deformation (변형)
Dessication (탈수)
Electrocapillary Effect (전기모세관 효과)
Electrolysis (전기분해)
Electroosmosis (전기 삼투)
Electrophoresis (전기 이동)
Electrostatic Induction (정전기 유도)
Explosion (폭발)
Ferromagnetism (강자성)
Funnel Effect (터널 효과)
Gravity (중력)
Hydraulic Shock (유압 충격)
Inertia (관성)
Ionic Exchange (이온 교환)
Jet Flow (제트류)
Lorentz Forece (로렌츠 힘)
Magnetostriction (자기 변형)
Mechanocaloric Effect (기계열량 효과)
Osmosis (삼투)
Pascal Law (파스칼 법칙)
Pump (펌프)
Ranque Effect (랜큐 효과)
Resonance (공명)
Shock Wave (충격파)
Spiral (나선)
Super Thermal Conductivity (슈퍼 열전도)
Superfluidity (초유체)
Surface Tension (표면 장력)
Thermal Expansion (열 팽창)
Theomocapillary Effect (열모세관 효과)
Thermomechanical Effect (열기계적 효과)
Ultrasonic Capillary Effect (초음파 모세관 효과)
Ultrasonic Vibrations (초음파 진동)
Use of Form (거품 활용)
Weissenberg Effect (와이젠버그 효과)
Wetting (습윤)

모순 회피

20세기 중반, 적진에서 적의 정보를 수집해서 아군에게 전송하는 휴대용 안테나를 개발하려고 했다. 안테나는 아군 한 명이 쉽게 운반할 수 있도록 충분히 가벼워야 했다. 그런데 안테나 개발 과정에서 문제가 발생했다. 추운 겨울에 안테나에 쌓인 눈이 얼어붙어서, 얼음의 무게로 인해 안테나 기둥이 쉽게 부러지는 것이다. 한편, 안테나는 수평일 때 성능이 가장 좋다. 지금처럼 가벼우면서도 견고한 소재가 개발되었다면 쉽게 해결할 수 있었겠지만, 20세기 중반에 가장 쉽게 생각할 수 있는 해결안은 [그림 1-18]과 같은 해결안일 것이다.

---

16 〈출처〉 http://www.productioninspiration.com/

그림 1-18 안테나 기둥의 강도 보강 해결안

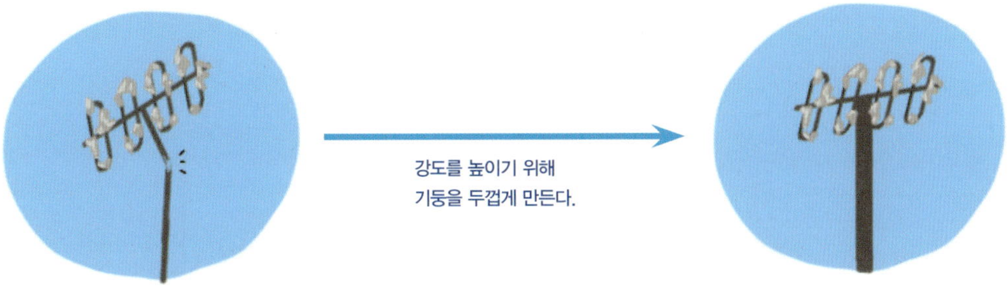

(a) 쉽게 부러지는 안테나 기둥 (b) 강도가 보강된 안테나 기둥

그런데 [그림 1-18]의 (b)와 같은 해결안은 또 다른 문제를 유발한다. 기둥의 강도가 보강되면 안테나 기둥은 쉽게 부러지지 않겠지만, 안테나 무게가 증가하여 한 명이 쉽게 운반하기 어렵게 되는 것이다. 강도를 좋게 하면 무게가 무거워지고, 반대로 무게를 가볍게 만들면 강도가 약해지는 상황이 발생한 것이다. 즉, 강도와 무게라는 두 가지 특성을 모두 만족시키는 것이 기술적으로 불가능한 상황이다. 트리즈에서는 이러한 상황, 즉 하나의 특성이 좋아지면, 다른 특성이 나빠지는 상황을 기술적 모순으로 정의한다.

그림 1-19 안테나 기둥의 기술적 모순

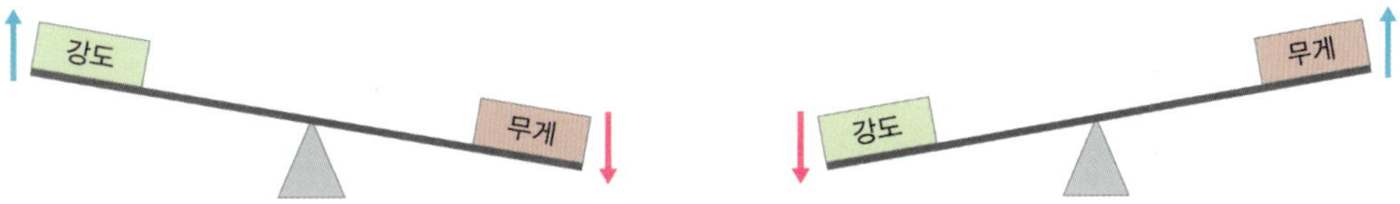

(a) 강도가 보강된 안테나 기둥 (b) 가벼운 안테나 기둥

이런 기술적 모순에 직면하게 되면, 사람들은 대개 모순을 궁극적으로 해결하기보다는 최적화를 통해서 절충안을 찾거나 모순을 회피하려는 경향이 있다. 즉 강도와 무게를 조금씩 양보해서 한 사람이 운반할 수 있으면서 강도도 좀 보강되도록 만드는 것이다. 하지만 이 같은 해결안은 안테나의 수명을 조금 늘이긴 하지만 문제를 근본적으로 해결하지 못한다. 또는 [그림 1-20]과 같이 안테나에 얼음이 적재되는 현상을 방지하는 방법을 찾거나, [그림 1-21]처럼 안테나의 얼음을 제거하는 방법을 찾아서 모순을 회피하려 한다.

그림 1-20 안테나의 얼음 적재 방지 방법들

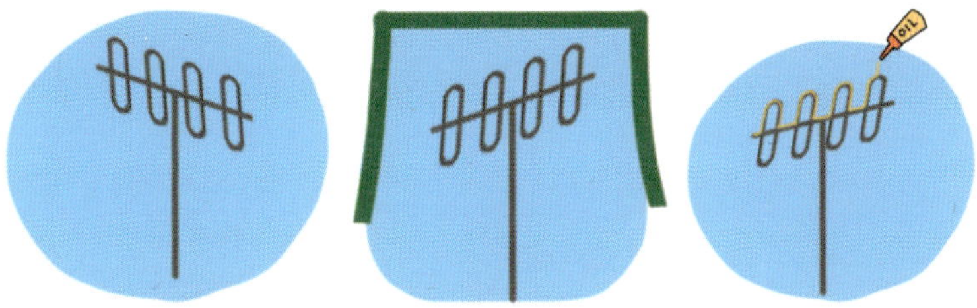

(a) 각도 변경 (b) 텐트 활용 (c) 기름 사용

그림 1-21 안테나의 얼음 제거 방법들

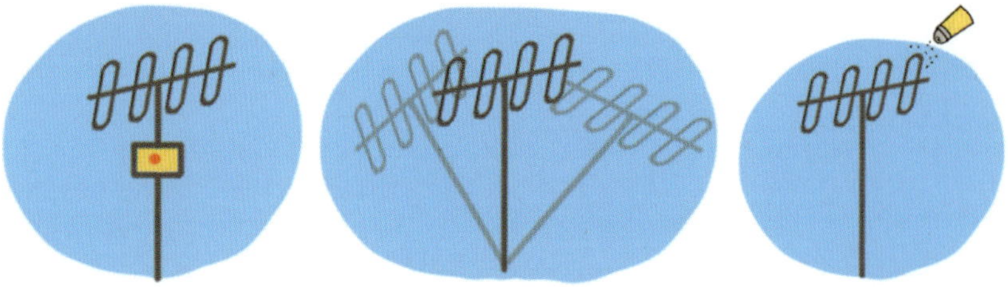

(a) 가열 시스템 설치 (b) 진동 시스템 설치 (c) 소금 활용

그러나 이런 해결안들은 모두 또 다른 문제를 유발하기 때문에 궁극적인 해결안이라고 보기 어렵다. 가열 시스템이나 진동 시스템을 설치하면 안테나가 무거워지고 고장율도 높아지며, 소금이나 텐트, 기름을 사용하는 것도 운반하는 병사에게 또 다른 부담이 될 수 있다. 또 안테나의 각도를 변경하면 신호 전송 성능이 나빠지게 된다. 일반적인 해결안은 모두 절충안이거나 개선 수준의 아이디어로, 안테나의 수명이 약간 길어지긴 하지만 문제를 근본적으로 해결하는 혁신적인 해결안은 아니다.

그렇다면 어떤 해결안이 혁신적인 해결안일까? 혁신적인 해결안이 되기 위해서는 모순을 극복해야 한다. 즉 안테나에 쌓이는 얼음의 양이 강도에 영향을 미치지 않거나, 얼음으로 인해 오히려 강도가 증가하는 [그림 1-22]와 같은 아이디어가 모순을 극복한 혁신적인 해결안이다. 안테나 기둥에 홈을 파서 기둥에도 얼음이 쌓이게 함으로써, 얼음이 쌓일수록 기둥의 강도가 증가하도록 만든 것이다.

그림 1-22 안테나 기둥에 홈을 판 혁신적 해결안

이런 혁신적 해결안을 도출하기 위해서는 쉽게 활용할 수 있는 주변 자원을 잘 활용해야 하며, 심지어 이 문제와 같이 얼음처럼 해로운 자원까지도 유익하게 활용하는 지혜가 필요하다. 혁신적인 해결안의 특징과 자원 활용 등에 대해서는 뒤에서 소개한다.

문제를 창의적으로 해결하지 못하는 이유, 즉 창의성을 방해하는 요인을 극복하기 위해 활용할 수 있는 트리즈의 주요 개념 및 도구를 요약하면 [표 1-6]과 같다. 각각에 대해서는 뒤에서 하나씩 소개할 것이다.

표 1-6 창의성 방해 요인과 트리즈의 해법

이유	트리즈 개념 및 이론
심리적 타성 (Psychological Inertia)	· 문제의 규칙성(Regularity) · 시스템 사고 · STC 연산자 · 현명한 작은 사람 모델(Smart Small People Model) 등

이유	트리즈 개념 및 이론
잘못된 문제 설정 (Wrong Problem)	· 이상성 · IFR(Ideal Final Result : 이상적 최종 결과) · 시스템 사고 · 기술시스템 진화 트렌드 · 기능 분석 등
지식 부족 (Lack of Knowledge)	· 과학 효과(Effects) · 자원(Resource) · SF 소설 · 자연 특허 DB 등
모순 회피 (Avoiding Contradiction)	· 기술적/물리적 모순 분석 · 발명원리 · 모순 행렬 · 분리원리 등

흔히 창의성이라고 하면 정해진 절차나 과정에 얽매이지 않는 자유분방하고 발산적인 사고[17]를 떠올리는 사람이 많은데, 이는 다소 편협한 생각이다. 물론 창의적인 문제 해결을 위해서 발산적 사고도 필요하다. 그러나 짧은 시간 안에 혁신적 해결안을 찾기 위해서는 체계적이고 수렴적인 사고[18]를 통해서 정확한 문제 해결 방향을 설정할 수 있어야 한다. 트리즈는 발산적 사고와 수렴적 사고를 모두 도와주는 많은 개념과 이론을 포함하고 있는 최고의 도구라 할 수 있다.

"문제를 해결하는 힘은 새로운 정보를 얻는 데서 오는 것이 아니라,
이미 오래 전부터 알고 있던 것을 체계적으로 정리하는 데서 온다."
오스트리아 철학자 비트겐슈타인(1889 ~ 1951)

17 발산적 사고(Divergent thinking)란 기존 지식과 사고의 틀에서 벗어나 자유로운 발상을 통해서 가능한 많은 아이디어를 도출하는 사고방식이다.

18 수렴적 사고(Convergent thinking)란 지식과 사실을 근거로 생각의 범위를 좁히면서 가장 적합한 하나의 아이디어를 찾아가는 사고방식이다.

1.5.2 혁신적 해결안의 특징

임기응변적인 해결안이나 절충안이 아닌, 문제를 근본적으로 해결하는 혁신적 해결안은 어떤 특징을 갖고 있을까? 트리즈 관점에서 혁신적 해결안은 다음과 같은 세 가지 특징을 만족하는 것이다. 달리 말하면 이 세 가지 특징을 만족하지 않는 해결안은 근본적인 해결안이 아니기 때문에 또 다른 문제를 유발할 가능성이 잠재되어 있다고 볼 수 있다.

모순을 해결한 것이다

앞에서 언급한 바와 같이 발명문제는 하나 이상의 모순을 포함하는 문제로서, 모순이 없는 간단한 문제는 3, 4수준의 특허로 연결될 가능성이 희박하며, 결과적으로 혁신적 해결안이 되기엔 미흡하다. 따라서 하나 이상의 모순을 내포하고 있는 발명문제를 인식하는 것이 무엇보다 중요하다. 모순에 대해서는 2장에서 자세히 배운다.

주변 자원을 활용한다

문제가 발생한 시스템 내부에 이미 존재하거나 시스템 주변에서 쉽게 획득할 수 있는 자원Resource, 즉 재료나 부품, 에너지 등을 활용하고, 심지어 시스템에 해로운 작용을 하는 자원조차 유익하게 활용해야 혁신이 가능하다. 언뜻 생각하면 많은 비용을 투자해서 새로운 부품이나 재료를 개발하는 것이 혁신적이라고 생각할 수 있으나, 트리즈에서는 최소 비용으로 문제를 해결하는 것을 중시한다. 이런 관점으로 접근해야 훨씬 혁신적인 해결안을 도출할 가능성이 높아진다.

시스템의 이상성을 증가시킨다

트리즈에서 이상성Ideality이란 비용 대비 유용한 기능의 정도를 나타내는데, 혁신적 해결안은 반드시 시스템의 이상성을 증가시켜야 한다. 즉 동일한 비용으로 유용한 기능을 증가시키거나, 유용한 기능은 동일하거나 약간 증가하지만 비용이 대폭 감소되어야 하고, 궁극적으로는 비용이 거의 들지 않는 IFRIdeal Final Result : 이상적 최종 결과을 달성해야 한다. 이상성에 대해서는 5장에서 자세히 소개한다.

1.5.3 트리즈의 매력에 빠진 기업들

국내 기업 가운데 트리즈의 효과를 가장 실감하는 곳은 바로 삼성일 것이다. 1998년 트리즈를 도입한 이후 러시아로부터 많은 트리즈 마스터들을 영입해서 과제를 수행했고, 2003년부터 자체적으로 트리즈 전문가를 양성하면서 지속적으로 트리즈를 적극 활용하고 있다.

삼성전자의 경우, 트리즈를 도입한 이후 국제 특허 수가 월등히 증가한 것으로 알려져 있으며, 삼성전기도 2007년 트리즈를 도입한 이후 1년 만에 불량률이 절반으로 감소했다는 기사가 나기도 했다.

A14 한국경제 2004년 12월 14일(화) 산업(종합)

러시아式 경영혁신 '트리즈' 효과만점

삼성전기 1년만에 불량률 절반으로

연구 과제에 의무적용 – 해외사업장으로 확산

트리즈 효과에 매료된 또 하나의 국내 기업은 포스코^POSCO^이다. 포스코는 2010년 2월에 트리즈 대학을 개소해서 자사 직원뿐만 아니라 협력사 직원들까지 직접 교육할 만큼 트리즈의 효과를 인정하고 있다. 트리즈 대학 개소식에 참석한 정준양 전 회장은 트리즈 대학이 '포스코 3.0을 위한 창조적 혁신의 발판'이라고 밝힌 바 있다.

또한 미국의 포춘^Fortune^ 지가 선정한 세계 200대 기업 대부분이 정도의 차이는 있으나 트리즈를 도입한 것으로 알려져 있다. 국내에서도 최근 대기업뿐만 아니라 중소기업에서도 트리즈의 효과에 많은 관심을 갖고 있다.

학습정리

1. 발명에 숨겨진 규칙에 대해 사례를 들어 설명하시오.
2. 문제 해결의 규칙성을 활용하는 트리즈의 접근법에 대해 설명하시오.
3. 문제를 창의적으로 해결하지 못하는 장애 요인 4가지를 설명하시오.
4. 혁신적 해결안의 3가지 특징을 나열하시오.

토론실습

토론의 효율을 높이려면?

토론에 앞서 먼저 자신의 생각을 포스트잇이나 작은 메모지에 작성한 후, 팀원들이 돌아가면서 각자 자신의 생각을 발표한 다음 함께 토론한다.

주제 1 왜 트리즈를 익혀야 하는가?

왜 트리즈를 배우고 몸소 익혀야 하는지 팀원들과 토론한 다음, 팀의 의견을 작성해서 발표하시오.

T/I/P 21세기 인재 조건 가운데 하나인 창의성과 연계해서 생각해 보시오.

주제 2 트리즈에서는 어떻게 문제를 해결하는가?

문제 해결의 규칙성을 이용해서 문제를 해결하는 트리즈의 접근법에는 어떤 장단점이 있는지 토론한 다음, 팀의 의견을 작성해서 발표하시오.

T/I/P 장점은 문제 해결 관점에서, 단점은 학습자 관점에서 생각해 보시오.

실습과제

과제 1

발명의 규칙성 찾기

서로 무관해 보이는 물건이나 서비스, 시스템 등에 숨겨진 하나의 공통 원리를 찾은 다음, 아래 표를 작성하시오.

T/I/P 하나의 물건을 선택해서 그 물건에 숨겨진 원리가 무엇인지 생각해본 다음, 그 원리를 활용한 다른 물건은 어떤 것이 있는지 찾아본다.

물건, 서비스, 시스템 등 선택	공통 원리

실습과제

과제 2 발명의 규칙성 활용하기

신혼 주부인 현명 씨는 양복을 입고 출근하는 남편을 위해 매일 아침 와이셔츠를 다림질하는 게 여간 힘든 일이 아니다. 현명 씨의 일을 줄여줄 수 있는 좋은 방법을 제안하시오.

T/I/P 국소마취에 적용된 원리 참조하기

국소마취에 적용된 원리 분석	아이디어 제안

실습과제

과제 3

복제 원리를 적용한 것은?

깨지기 쉽고, 비싸거나, 다루기 어렵고 복잡한 원래 제품 대신, 단순하고, 값싸고, 다루기 쉬운 복제품을 사용해서 문제를 해결하는 원리인 '복제' 원리가 있다. 이 복제 원리를 적용한 제품이나 서비스에는 어떤 것이 있는지 조사한 다음, 아래 표를 작성하시오. 어떻게 복제 원리가 적용되었는지도 간단히 설명하시오.

사례	설명

과제 4

다용도 원리를 적용한 것은?

서로 다른 목적을 위한 시스템들을 하나로 합쳐서 문제를 해결하는 원리인 '다용도' 원리가 있는데, 요즘 많이 사용되는 복합기가 좋은 예이다. 이 다용도 원리를 적용한 제품이나 서비스에는 어떤 것이 있는지 조사한 다음, 아래 표를 작성하시오. 기존의 어떤 것들이 합쳐진 것인지도 간단히 설명하시오.

사례	설명

PART 1

2장

세상은 온통 모순투성이 Contradiction

모순은 모든 방패를 뚫는 창(矛)과 모든 창을 막는 방패(盾)처럼 서로 공존할 수 없음을 말한다. 모순에 직면하게 된 사람은 대개 회피하거나 절충안을 찾아서 적당히 해결하려는 경향이 있다. 하지만 모순을 회피하지 않고 근본적으로 해결하면 혁신적인 해결안을 도출할 수 있다. 따라서 문제 상황에 내포되어 있는 모순을 찾는 일이 매우 중요하다. 이 장에서는 트리즈의 모순 개념과 왜 모순을 찾아야 하는지를 정확히 이해하고, 트리즈의 기술적 모순과 물리적 모순을 정의하는 방법에 대해 학습할 것이다.

2.1 절대 공존할 수 없는 것, 모순

2.2 모순 극복 사례

2.3 트리즈의 모순은 뭐가 다른가?

2.4 왜 모순을 찾아야 하는가?

학습정리 토론실습 실습과제

학습목표

- 트리즈의 기술적 모순과 물리적 모순을 구분해서 설명할 수 있다.
- 기술적 모순의 사례를 제시할 수 있다.
- 물리적 모순의 사례를 제시할 수 있다.
- 왜 모순을 찾아야 하는지를 설명할 수 있다.
- 문제에 포함된 기술적 모순과 물리적 모순을 바르게 정의할 수 있다.

2.1

절대 공존할 수 없는 것, 모순

2.1.1 모순의 어원

모순Contradiction이란 동시에 만족시켜야 하는 상반되는 요구가 있는 상황, 즉 서로 공존할 수 없는 특성이나 값들 간의 충돌 상황을 의미한다.

모순의 어원은 옛날 중국 초나라에서 창과 방패를 팔던 한 상인의 상술에서 유래한다. 그는 창을 팔 때는 어떤 방패도 뚫을 수 있는 창(矛)이라고 자랑하고, 또 방패를 팔 때는 어떤 창도 막을 수 있는 방패(盾)라고 자랑했다. 하지만 지나가던 한 노인이 상인의 말이 앞뒤가 맞지 않음을 지적했다. "당신이 파는 창은 어떤 방패도 뚫을 수 있다 하고, 방패로는 어떤 창도 막을 수 있다고 하니, 그럼 당신이 파는 창으로 당신의 그 방패를 한번 뚫어보시오." 그러자 상인은 황급히 짐을 챙겨서 달아났고, 그때부터 모순(창 모(矛), 방패 순(盾))은 서로 공존할 수 없는 상황을 의미할 때 사용되고 있다.

그림 2-1 모순의 어원

트리즈에서는 모순을 [표 2-1]과 같이 행정적 모순, 기술적 모순, 그리고 물리적 모순으로 구분하는데, 각각에 대해서는 2.3절에서 자세히 설명한다.

표 2-1 트리즈의 모순 구분

구분	특징
행정적 모순	문제의 현상은 있지만 구체적인 해결 방안을 모르는 상태
기술적 모순	어떤 기술시스템[1]의 **서로 다른 두 특성**이 충돌하는 상태
물리적 모순	어떤 기술시스템의 **하나의 특성이 갖는 값들**이 서로 충돌하는 상태

2.1.2 모순을 대하는 두 가지 자세, 회피냐 극복이냐

모순에 직면하면 대개는 절충안으로 회피하려는 경향이 있다. 예를 들어 강의할 때 많이 사용하는 지시봉은 강의할 때는 최소 60cm는 되어야 하지만, 가방에 넣어 휴대할 때는 15cm 이하가 좋다.

그림 2-2 지시봉의 모순

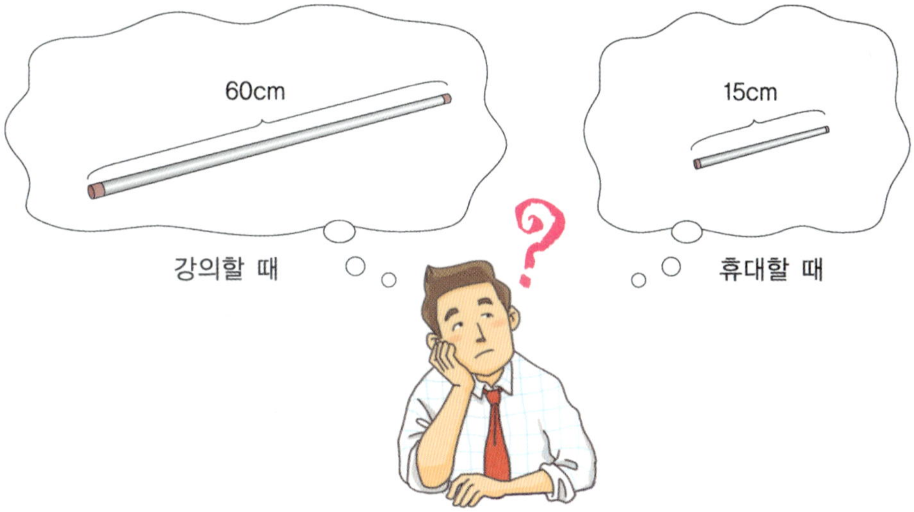

하나의 지시봉이 60cm이면서 동시에 15cm이기도 해야 하므로 바로 모순 상황이다. 두 가지 요구를 모두 만족시키기 어렵기 때문에 절충안으로 평균값인 38cm 정도 길이의 지시봉을 만들 수도 있겠지만, 이러한 방식은 모순을 회피하는 매우 소극적인 방법이다. 이런 절충안으로는 모든 소비자를 만족시키기 어렵다.

---

1 기술시스템(Technical System)이란 트리즈에서 어떤 기능을 수행하는 모든 것을 의미하며, 물리적으로 존재하는 유형의 시스템뿐만 아니라 서비스나 인사 시스템과 같은 무형의 시스템도 포함된다.

그렇다면 회피하지 않고 모순을 근본적으로 해결하는 것이 과연 가능할까? 즉 지시봉의 길이가 60cm이면서 동시에 15cm가 되도록 만들 수 있을까? 물론 가능하다. 실제로 [그림 2–3]과 같이 길이 조절이 가능한 지시봉을 많이 볼 수 있다.

그림 2-3 길이 조절 지시봉

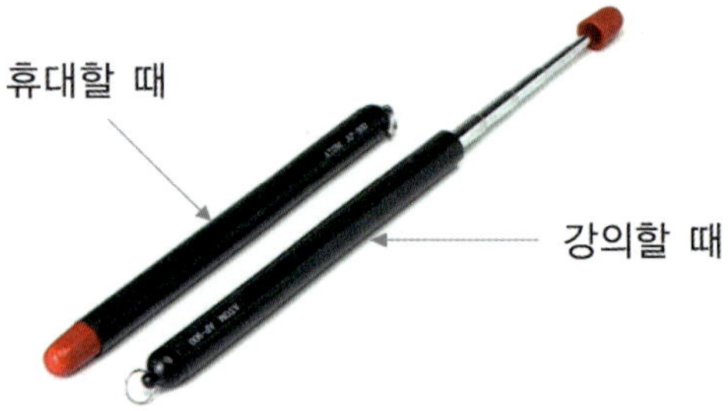

사용할 때는 60cm까지 길이를 늘여서 사용하고, 휴대할 때는 15cm 정도의 볼펜 길이로 줄일 수 있는 지시봉은 모순을 극복한 대표적인 사례이다. 하지만 훨씬 복잡한 모순도 극복하는 것이 과연 가능할까? 물론, 트리즈를 활용하면 가능하다. 트리즈를 활용해서 모순을 극복하는 방법에 대해서는 6장과 7장에서 상세히 설명한다. 다만 여기서 기억해야 할 것은 모순은 회피의 대상이 아니라 적극적인 극복의 대상이라는 것이다.

모순, 회피하지 말고 극복하라!

"누구나 창의적인 특허라고 인정할 수 있는 특허는 모두 모순을 극복한 것이라는 공통점이 있다."
겐리히 알트슐러(1926 ~ 1998)

2.2

모순 극복 사례

2.2.1 자장면도 먹고, 짬뽕도 먹고

십 수 년 전만해도 중국 음식점에 갔을 때 자장면과 짬뽕 사이에서의 갈등은 당연한 것이었다. 둘 다 먹는 방법은 두 사람이 각각 주문해서 나눠먹는 방법 밖에 없었다. 춘장의 구수한 맛을 즐기기 위해서는 자장면을 먹어야 하고, 얼큰한 국물 맛을 즐기기 위해서는 짬뽕을 먹어야 하는 것은 일종의 모순 상황(물론 두 그릇을 먹어치울 수 있는 대식가는 예외지만)이다.

그림 2-4 중국 음식 선택의 모순

한 가지 맛을 포기하고 한 가지만 시켜 먹거나 둘이서 각각을 시켜 나눠먹는 것은 근본적인 해결책이 아닌 일종의 모순 회피이자 절충안이다. 하지만 1990년대 후반에 짬짜면이 등장하면서 이런 모순은 한 방에 해결됐다. 혼자서도 자장면과 짬뽕을 동시에 먹을 수 있게 된 것이다. 이와 같이 모순을 극복한다는 것은 'OR'가 'AND'로 바뀌는 것이다. 즉 하나를 얻으면 다른 것을 잃게 되는 상황에서 둘 다를 얻을 수 있는 상황으로 바뀌는 것이 바로 모순 극복이다.

그림 2-5 중국 음식 선택의 모순 해결안, 짬짜면

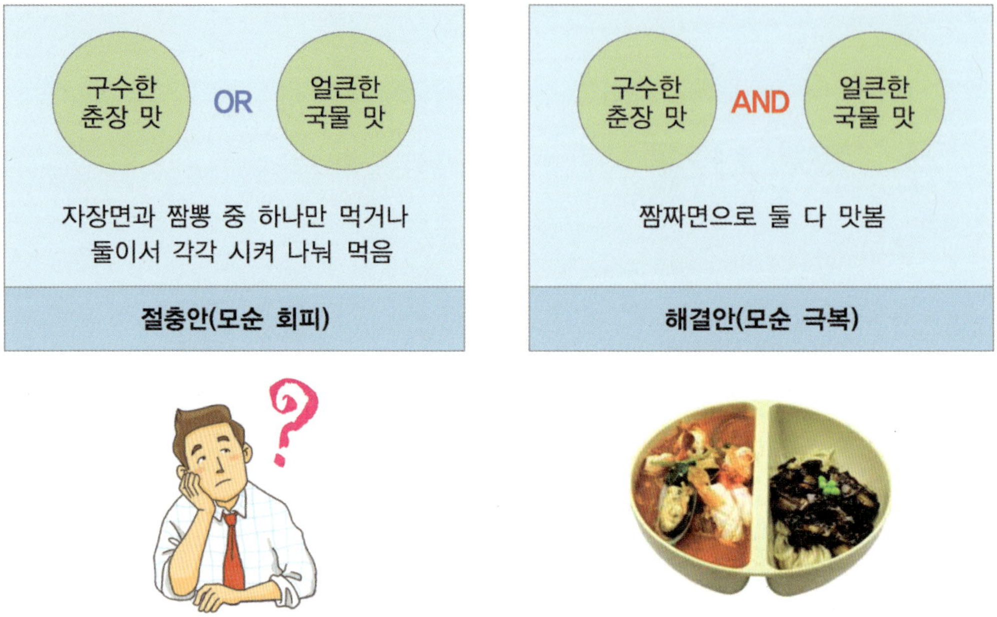

2.2.2 희지만 검기도 한 북극곰

북극곰의 입장에서 봤을 때, 사냥꾼이나 천적으로부터 자신을 보호하기 위해서는 흰색 털이 유용할 것이다. 그러나 체온 유지에 도움이 되도록 햇빛을 잘 흡수하기 위해서는 검은색 털이 더 유리하다. 이것은 바로 북극곰의 딜레마, 즉 모순 상황이다.

그림 2-6 북극곰의 모순

북극곰은 과연 이런 모순을 극복한 것일까? 외관상 흰색이므로 모순을 해결하지 못한 듯이 보이지만, 북극곰은 우리 생각보다 훨씬 영리한 동물이다. 만약 회색 털로 이 문제를 해결하려 했다면, 이는 모순 회피이자 절충안에 불과했을 것이다. 하지만 북극곰의 실제 털 아래 숨겨진 피부는 검은색으로, 털은 원래 투명하지만 햇빛을 산란시켜서 희게 보이는 것이라 한다. 즉 햇빛을 잘 흡수할 수 있도록 피부는 검지만, 북극에 사는 동물답게 털을 보호색인 흰색으로 보이게 함으로써 북극곰은 완벽하게 모순을 극복한 것이다.

그림 2-7 북극곰의 모순 극복 해결안, 검은색 피부와 투명한 털

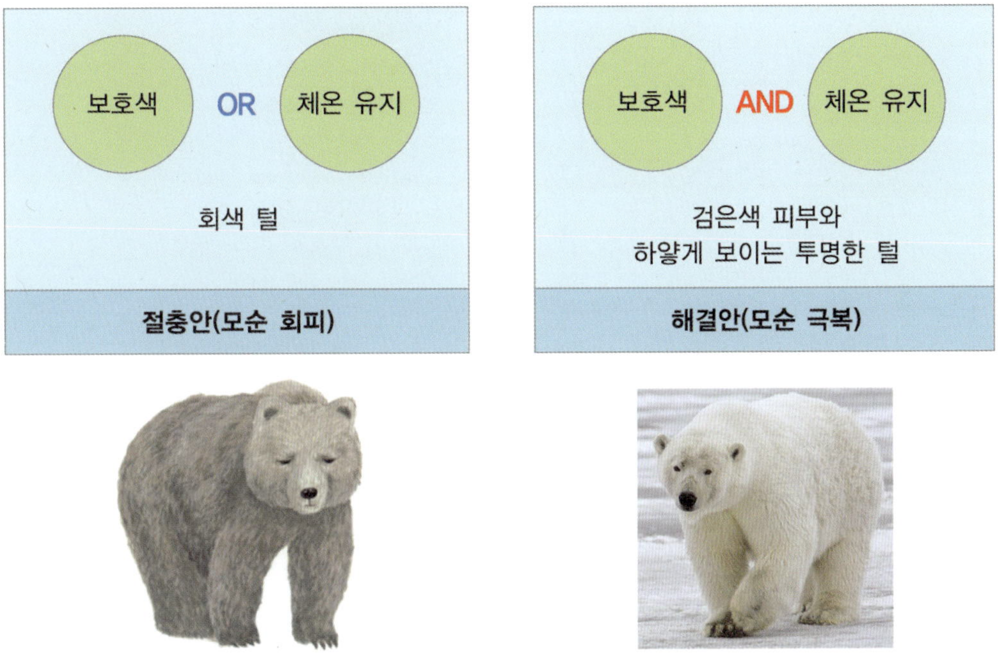

2.2.3 크기도 하고 작기도 한 피자

피자 판매자 입장에서는 한 번에 크게 굽는 것이 좋지만, 고객 입장에서는 한 판을 다 먹기가 부담스럽기 때문에 작은 크기가 좋을 수 있다. 이는 판매자와 구매자의 요구 사이에 모순이 발생한 상황이다.

다양한 크기 또는 중간 크기의 피자를 구워 파는 것은 판매자 입장에서의 절충안이고, 피자 먹고 싶은 친구들을 여럿 모아 한 판을 나눠먹는 것은 구매자 입장에서의 절충안이다. 모순을 완벽하게 극복하기 위해서는 피자는 크게 구워도, 고객은 자신이 먹고 싶은 만큼만 사먹을 수 있는 해결안이 필요하다. 어떻게 해야 할까? 우리가 이미 잘 알고 있는 조각 피자가 바로 그 해결안이다. 기존의 판 단위 판매만 고집하던 대형 피자업계도 최근 조각 피자를 판매하기 시작했고, 최근에는 조각 피자 전문점도 속속 오픈하고 있는 추세이다.

그림 2-8 피자의 모순

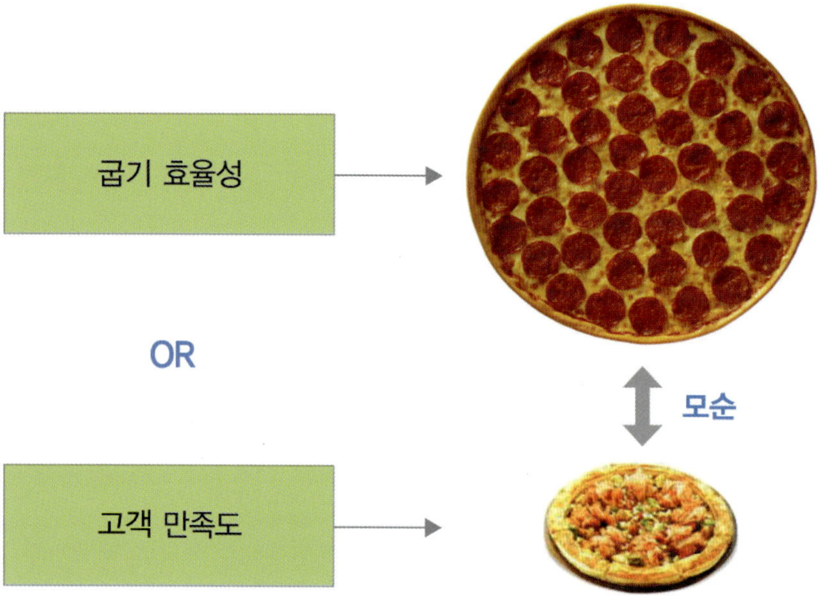

그림 2-9 피자의 모순 해결안, 조각 피자

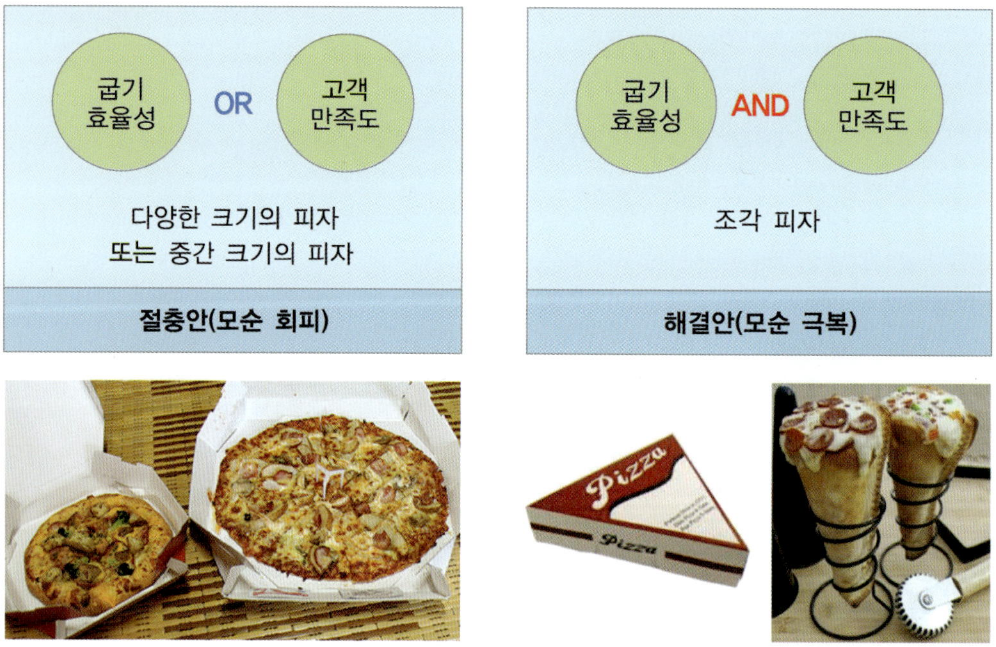

2.3

트리즈의 모순은 뭐가 다른가?

2.3.1 행정적 모순

[표 2-1]에 소개한 것처럼 트리즈에서는 모순을 행정적 모순, 기술적 모순, 그리고 물리적 모순으로 구분한다. 먼저 행정적 모순Administrative Contradiction은 문제 해결자에게 요구되는 상반된 요구 상황으로, 이상과 현실 간의 모순을 의미한다. 즉, 문제의 현상은 있지만 구체적인 해결 방안을 모르는 상태를 의미한다.

행정적 모순은 대개 표면에 드러나기 때문에 굳이 찾지 않아도 쉽게 알 수 있지만, 모순을 해결하는 것은 별개다. 예를 들어, 성적을 올려서 장학금을 받고 싶은데 어떻게 해야 할지를 모르는 상태가 행정적 모순에 해당한다. 행정적 모순은 다음에 소개할 기술적 모순이나 물리적 모순으로 변환해서 해결한다.

그림 2-10 행정적 모순의 의미

2.3.2 기술적 모순

기술적 모순^Technical Contradiction^은 기술시스템에 부과되는 요구가 상반되는 상황으로, 서로 다른 두 특성이 충돌하는 것을 의미한다. 즉 [그림 2-11]과 같이 **어떤 특성 A를 개선하면 다른 특성 B가 악화되고, 반대로 특성 B를 개선하면 다른 특성 A가 악화되는 상황**을 의미한다. 이때 명심할 것은 특성 A가 개선되느냐 아니면 B가 개선되느냐는 '조건 C'에 따라 달라진다는 것이다.

그림 2-11 기술적 모순의 의미

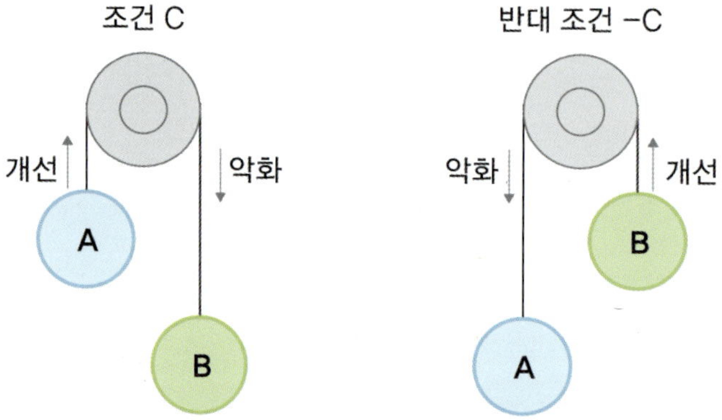

예를 들어 포털 사이트에서 '광고를 많이 하면(조건 C)', '수익(특성 A)'은 증가하지만 화면 로딩 시간이 길어져서 '고객 만족도(특성 B)'가 감소한다. 반대로 '광고를 적게 하면(반대 조건 -C)', '고객 만족도(특성 B)'는 향상되지만 '수익(특성 A)'은 감소한다. 이러한 상황이 바로 기술적 모순이다. 다시 말하면 장점과 단점이 공존하는 상황인 것이다. 어떤 운영자든 수익과 고객 만족도 둘 다를 얻고 싶을 것이다. 그러나 현실은 하나를 얻기 위해서는 다른 하나를 포기하거나, 둘 다를 조금씩 양보해야 하는 상황인 것이다.

그림 2-12 포털 사이트의 기술적 모순

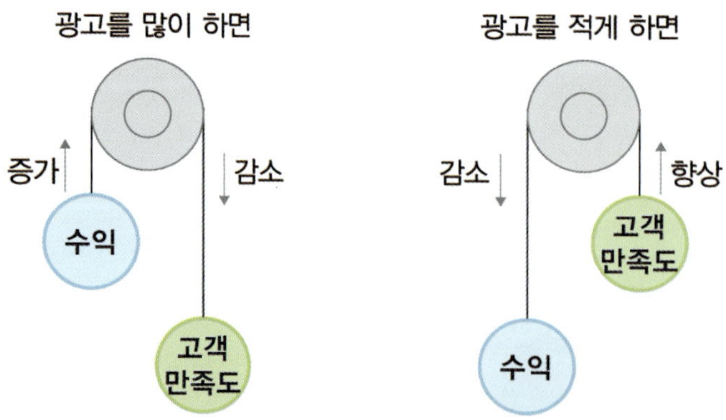

그 밖에도 [표 2-2]와 같은 다양한 기술적 모순 사례를 들 수 있다. 각 사례에서 조건이 반대로 바뀌면 개선되는 특성과 악화되는 특성이 바뀌게 된다. 예를 들어 컨테이너를 얇게 만들면, 무게가 가벼워져서 운송비용은 적게 들지만, 강도가 약해져서 내용물이 파손될 수 있다. 이처럼 기술적 모순을 정의할 때 반드시 조건도 함께 고려해야 함을 다시 한번 명심하자.

표 2-2 기술적 모순 사례

사례	특성	
	개선되는 특성 A	악화되는 특성 B
컨테이너를 두껍게 만들면, 강도는 향상되어 내용물이 안전하지만, 무게가 무거워져서 운송비용이 많이 든다.	강도(안전성)	무게(운송비용)
편의점의 물건 종류가 많으면, 고객 만족도는 향상되지만, 재고 관리에 어려움을 겪게 된다.	고객 만족도	재고 관리
자동차에 장착된 에어백이 강하게 펼쳐지면, 성인 운전자의 안전성은 증가하지만, 어린이의 부상도 증가하게 된다.	성인의 안전성	어린이의 안전성
통조림 캔을 두껍게 만들면, 내용물을 안전하게 보관할 수 있지만, 무거워서 운반하기 어렵다.	내용물의 안전한 보관	무게(운반 편의성)
반도체 생산 설비에 팬을 부착하면, 반도체 소자를 빠르게 냉각시킬 수 있지만, 소음이 발생하고 에너지 소비도 증가한다.	생산성	소음, 에너지 소비
전기 자동차에 큰 배터리를 장착하면, 주행 거리는 향상되지만, 무게가 증가하여 속도가 감소한다.	주행 거리	속도(무게)
직장에서 많은 시간을 보내면, 일에서는 성공할 가능성이 높아지지만, 가족 관계가 소원해지기 쉽다.	일의 성공	가족 관계

기술적 모순은 조건에 따라 달라지므로 기술적 모순을 정의할 때는 반드시 [표 2-3]과 같이 서로 상반되는 조건에 따라 TC1Technical Contradiction 1과 TC2라는 두 가지 형태로 정의해야 하며, 추후 TC1과 TC2 가운데 하나를 선택해서 문제를 해결하게 된다. 기술적 모순을 해결하는 방법에 대해서는 6장에서 자세히 설명하였다.

표 2-3 기술적 모순 정의 양식

구분	정의 방법
TC1	만약 [어떤 조건]이면, [특성 A가 개선되는 장점]이 있지만, [특성 B가 악화되는 단점]도 있다.
TC2	만약 [반대 조건]이면, [특성 B가 개선되는 장점]이 있지만, [특성 A가 악화되는 단점]도 있다.

[표 2-3]의 기술적 모순 정의 내용 가운데 핵심만 추출해서 [표 2-4]와 같이 간단히 기록해도 된다. 이 책에서는 앞으로 [표 2-4]와 같은 양식으로 기술적 모순을 정의하도록 하겠다.

표 2-4 기술적 모순 핵심 정의 양식

구분	기술적 모순		
	조건	장점	단점
TC1	어떤 조건 C	개선되는 특성 A	악화되는 특성 B
TC2	반대 조건 -C	개선되는 특성 B	악화되는 특성 A

예를 들어 자동차의 기술적 모순을 하나 정의해보면, [표 2-5]와 같이 정의할 수도 있고, [표 2-6]과 같이 핵심만 정의할 수도 있다.

표 2-5 자동차의 기술적 모순 정의

구분	기술적 모순
TC1	만약 [배기량이 큰 엔진을 장착하면], [힘(출력)이 강하다는 장점]이 있지만, [연비가 나빠지는 단점]이 있다.
TC2	만약 [배기량이 작은 엔진을 장착하면], [연비가 좋다는 장점]이 있지만, [힘(출력)이 약하다는 단점]이 있다.

표 2-6 자동차의 기술적 모순 핵심 정의

구분	기술적 모순		
	조건	장점	단점
TC1	배기량이 큰 엔진을 장착하면	힘(출력)	연비
TC2	배기량이 작은 엔진을 장착하면	연비	힘(출력)

신차를 개발할 때 '힘(출력)'이 더 중요하다면, TC1을 선택한 다음 해결안을 모색하는 것이 좋다. 즉 배기량이 큰 엔진을 장착하면서도 연비를 향상시키는 방법을 모색해야 한다. 만약 '연비'가 더 중요하다면 TC2를 선택한 후 해결안을 모색해야 하는데, 이때는 반대로 배기량이 작은 엔진을 장착하면서도 힘(출력)을 좋게 하는 방법을 찾아야 한다. 어떤 모순을 선택하던 힘(출력)과 연비라는 두 가지 장점을 모두 획득할 수 있는 해결안을 목표로 하지만, 구체적인 방법에는 차이가 있을 수 있다.

앞에서 언급한 바와 같이 트리즈에서 기술시스템은 물리적인 시스템만을 의미하는 것은 아니므로, [표 2-7]이나 [표 2-8]과 같이 학생의 학업에 대한 고민도 기술적 모순으로 정의할 수 있다.

표 2-7 학생의 기술적 모순 정의

구분	기술적 모순
TC1	만약 [공부 시간을 늘리면], [학업 성적이 향상되는 장점]이 있지만, [다양한 경험을 할 수 없다는 단점]이 있다.
TC2	만약 [공부 시간을 줄이면], [다양한 경험을 할 수 있다는 장점]이 있지만, [학업 성적이 하락하는 단점]이 있다.

표 2-8 학생의 기술적 모순 핵심 정의

구분	기술적 모순		
	조건	장점	단점
TC1	공부 시간을 늘리면	학업 성적 향상	다양한 경험 부족
TC2	공부 시간을 줄이면	다양한 경험 증가	학업 성적 하락

학생의 경우 '학업 성적 향상'이 더 중요하다면, 문제 해결을 위해서 TC1을 선택한 다음 해결안을 모색하는 것이 좋다. 즉 공부 시간을 늘리면서도 다양한 경험을 할 수 있는 방법을 찾아본다. 만약 '다양한 경험'이 더 중요하다면, TC2를 선택한 후 해결안을 모색한다. 즉 반대로 공부 시간을 줄이면서도 학업 성적을 올리는 방법을 찾아야 한다. 어떤 모순을 선택하던 학업 성적과 다양한 경험이라는 두 마리 토끼를 모두 잡을 수 있는 해결안을 도출하는 것이 목표이지만, 구체적인 실행 방법은 다를 수 있다.

기술적 모순을 정의할 때 문제 상황에 따라서는 조건이 불명확하거나 쉽게 알기 어려운 경우도 있다. 이런 경우 [표 2-3]이나 [표 2-4]를 이용해서 우선 조건은 생략한 상태로 상반되는 특성을 먼저 기록한 다음, 설문 조사나 자료 조사, 정보 분석 등을 통해서 조건을 완성할 수 있다. 예를 들어 어떤 식당에서 수익과 고객 만족도라는 두 가지 특성을 모두 향상시키고 싶은데 조건을 잘 모르겠다면, 우선 [표 2-9]와 같이 기술적 모순을 부분적으로 정의한다.

표 2-9 식당의 기술적 모순 핵심 부분 정의

구분	기술적 모순		
	조건	장점	단점
TC1		수익	고객 만족도
TC2		고객 만족도	수익

그 다음, 어떤 조건에서 수익은 증가했지만 고객 만족도가 감소했는지 조사해 본다. 조사를 통해서 저렴한 식재료 사용이나 아르바이트생 채용 등의 원인을 찾았다면, 그 조건으로 [표 2-10]과 같이 기술적 모순을 완성하면 된다. 앞에서 찾은 조건은 TC1의 조건에 해당하는데, TC2의 조건은 TC1의 조건과 반대이므로 비교적 쉽게 유추할 수 있다. 사실 어떤 문제 상황에 포함된 기술적 모순이 하나만 있는 것이 아니므로, 조건이 두 개이면 두 개의 기술적 모순을 각각 정의하거나, 장단점에 더 큰 영향을 미치는 조건을 기준으로 기술적 모순을 정의할 수 있다.

표 2-10 식당의 기술적 모순 핵심 정의

구분	기술적 모순		
	조건	장점	단점
TC1	저렴한 식재료 사용 (아르바이트생 채용)	수익	고객 만족도
TC2	고급 식재료 사용 (정식 직원 채용)	고객 만족도	수익

2.3.3 물리적 모순

물리적 모순Physical Contradiction은 **하나의 특성에 부과되는 상반된 요구 상황**으로, **하나의 특성이 갖는 값들이 서로 충돌**하는 것을 의미한다. [그림 2-13]과 같이 하나의 특성 A가 서로 상충되는 값 a와 −a를 동시에 갖는 상황이 바로 물리적 모순이다.

그림 2-13 물리적 모순의 의미

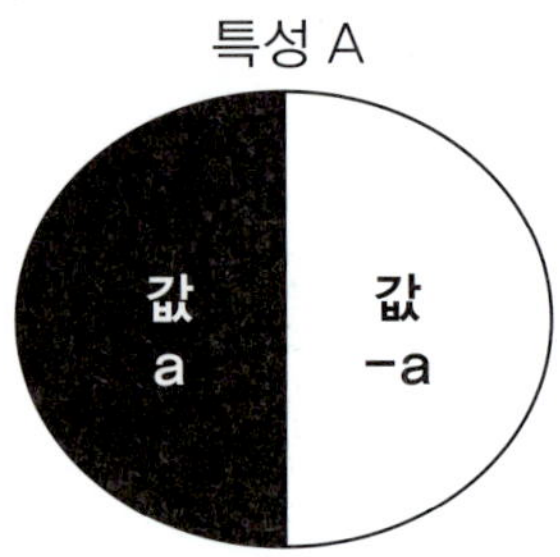

물리적 모순을 내포하는 특성은 [표 2−11]과 같이 서로 상반되는 값을 갖는다.

표 2-11 물리적 모순을 내포하는 특성의 상반된 값 사례

값 a	반대 값 -a
있어야 한다.	없어야 한다.
커야 한다.	작아야 한다.
어두워야 한다.	밝아야 한다.
뜨거워야 한다.	차야 한다.
단단해야 한다.	부드러워야 한다.
높아야 한다.	낮아야 한다.
고정되어야 한다.	움직여야 한다.

예를 들어 포털 사이트가 수익을 증가시키기 위해서는 광고를 '많이' 해야 하고, 고객 만족도를 향상시키기 위해서는 광고를 '적게' 해야 하는 상황이 물리적 모순이다. 즉 포털 사이트의 특성 가운데 '광고'라는 하나의 특성에만 초점을 맞춰 보면, 이 특성이 서로 다른 값(많이, 적게)을 모두 가져야 하는 상황이 바로 물리적 모순이다.

그림 2-14 포털 사이트의 물리적 모순

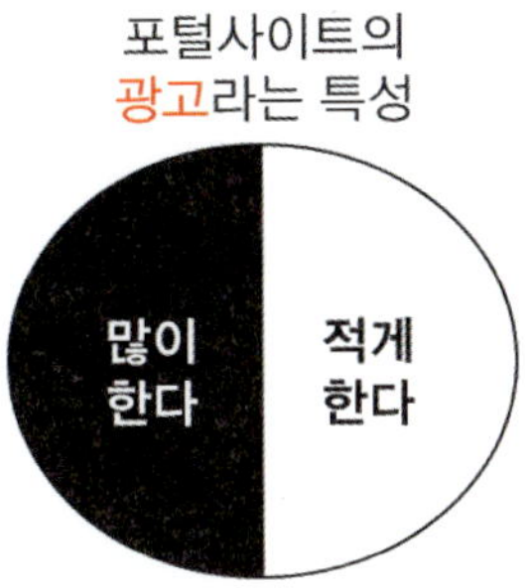

동일한 포털 사이트의 문제 상황을 [그림 2-12]에서는 기술적 모순으로, [그림 2-14]에서는 물리적 모순으로 표현한 것에서 알 수 있듯이, 어떤 문제 상황에는 항상 기술적 모순과 물리적 모순이 모두 포함되어 있다. 다만 상황에 따라서 기술적 모순이 쉽게 찾아지기도 하고, 반대로 물리적 모순이 쉽게 찾아지기도 한다.

그 밖에 [표 2-12]와 같은 다양한 물리적 모순 사례를 들 수 있다.

표 2-12 물리적 모순 사례

특성	상반되는 값을 갖는 물리적 모순 상황
비행기의 바퀴	안전한 이착륙을 위해서는 바퀴가 '있어야' 하고, 비행 중에는 공기 저항을 줄이기 위해서 바퀴가 '없어야' 한다.
에어컨의 온도	쾌적함을 위해서는 온도를 '24도 이하'로 설정해야 하고, 에너지 절약을 위해서는 온도를 '26도 이상'으로 설정해야 한다.
출입문의 강도	도난을 방지하기 위해서는 강도가 '단단한' 것이 좋고, 손이 다치는 사고를 방지하기 위해서는 강도가 '부드러운' 것이 좋다.
호텔의 객실 수	성수기에 대비하기 위해서는 객실 수가 '많아야' 하고, 비수기에 대비하기 위해서는 객실 수가 '적어야' 한다.
면도기의 날	면도 성능을 향상시키기 위해서는 '날카로워야' 하고, 피부 상처를 방지하기 위해서는 '무뎌야' 한다.
안전화의 재질	발을 보호하기 위해서는 재질이 '단단해야' 하고, 착용감을 위해서는 재질이 '부드러워야' 한다.
모직천의 실 굵기	부드러운 촉감과 광택을 위해서는 실이 '가늘어야' 하고, 주름이 쉽게 생기지 않으려면 실이 '굵어야' 한다.
자동차 프레임의 무게	안전성을 위해서는 프레임의 무게가 '무거워야' 하고, 연비를 위해서는 프레임의 무게가 '가벼워야' 한다.

한 특성이 가져야 하는 상반되는 값은 사전적 의미에서 반대되는 것뿐만 아니라, [표 2-12]의 에어컨 온도처럼 24도 이하, 26도 이상과 같은 정도나 세기의 다름도 상반되는 값으로 간주한다. 트리즈에서 물리적 모순은 분리원리를 활용해서 해결할 수 있는데, 물리적 모순을 해결하는 방법에 대해서는 7장에서 자세히 설명하였다.

한편 물리적 모순은 [표 2-13]과 같은 형태로 정의한다. 어떤 특성 A에 대한 서로 상반되는 특성값 a와 -a가 어떤 필수 조건 또는 목적을 만족시키기 위해서 필요한 것인지 정의한다.

표 2-13 물리적 모순 정의 양식

특성 A	특성 값 a	반대 특성 값 -a
필수 조건 (목적)	필수 조건 1	필수 조건 2

예를 들어 자동차 엔진의 물리적 모순 가운데 하나를 정의하면 [표 2-14]와 같다. 강한 힘(출력)을 위해서는 엔진 배기량이 커야 하고, 경제적인 연비를 위해서는 엔진 배기량이 작아야 한다.

표 2-14 자동차 엔진의 물리적 모순 정의

엔진 배기량	커야 함	작아야 함
필수 조건 (목적)	힘(출력)	연비

또 다른 예로서 노끈으로 불을 붙여서 발사하는 구식 소총인 화승총에는 어떤 물리적 모순이 있을까?

그림 2-15 화승총

표 2-15 화승총의 물리적 모순 정의

총신의 길이	길어야 함	짧아야 함
필수 조건 (목적)	사격 정확도 향상	재장전 시간 단축

화승총에는 사격의 정확도를 높이기 위해서는 총신이 길어야 하지만, 재장전 시간을 단축하기 위해서는 짧아야 한다는 물리적 모순이 있다.

2.3.4 기술적 모순과 물리적 모순은 동전의 양면

기술적 모순과 물리적 모순이 서로 무관하지 않다는 것을 혹시 눈치 챘는가? 앞에서 설명한 자동차 사례에서도 알 수 있듯이 기술적 모순([표 2-6])과 물리적 모순([표 2-14])은 서로 무관한 것이 아니라, 마치 동전의 양면처럼 서로 맞물려 있다. 즉 기술적 모순의 조건이 물리적 모순의 특성 값에 해당하고, 물리적 모순의 필수 조건 (목적)이 기술적 모순에서 TC1과 TC2의 장점에 해당한다.

그림 2-16 자동차의 기술적 모순과 물리적 모순 비교

[자동차의 기술적 모순 핵심 정의]

구분	기술적 모순		
	조건	장점	단점
TC1	배기량이 큰 엔진을 장착하면	힘(출력)	연비
TC2	배기량이 작은 엔진을 장착하면	연비	힘(출력)

[자동차의 물리적 모순 정의]

엔진의 배기량	커야 함	작아야 함
필수 조건 (목적)	힘(출력)	연비

따라서 어떤 문제 상황에서 모순을 정의할 때, 기술적 모순과 물리적 모순을 각각 정의해도 되지만, [그림 2-17]처럼 모순 상황을 도식화하여 기술적 모순과 물리적 모순을 한꺼번에 정의할 수 있다.

그림 2-17 모순 상황 도식화 양식

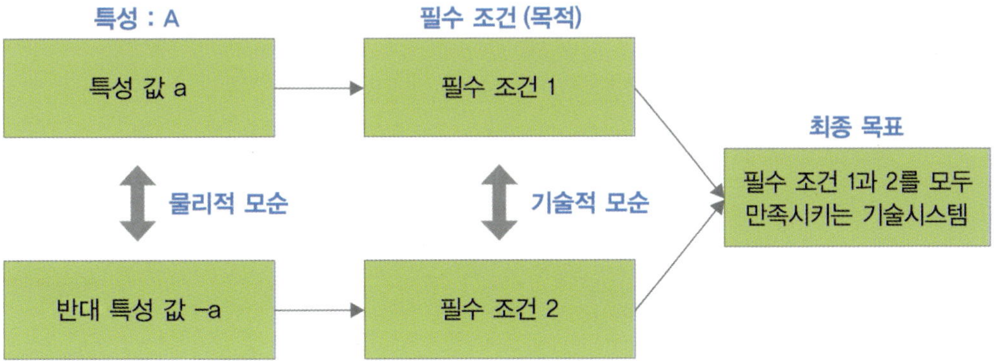

기술적 모순이나 물리적 모순을 정의하는 것 자체가 목표가 아니라 발명문제를 해결하는 것이 최종 목표이므로, [그림 2-17]과 같이 최종 목표도 함께 기록하는 것이 좋다. 최종 목표란 기술적 모순 관점에서는 TC1과 TC2의 두 가지 장점을 모두 획득할 수 있는 기술시스템, 또는 물리적 모

순 관점에서는 두 가지 필수 조건 (목적)을 모두 만족시키는 기술시스템을 만드는 것이다. [그림 2-17]처럼 모순의 핵심과 최종 목표를 기록해두면 향후 문제 해결의 중요한 길잡이가 될 수 있다.

예를 들어 자동차의 기술적 모순과 물리적 모순은 [그림 2-18]과 같이 도식화할 수 있다.

그림 2-18 자동차의 모순 상황 도식화

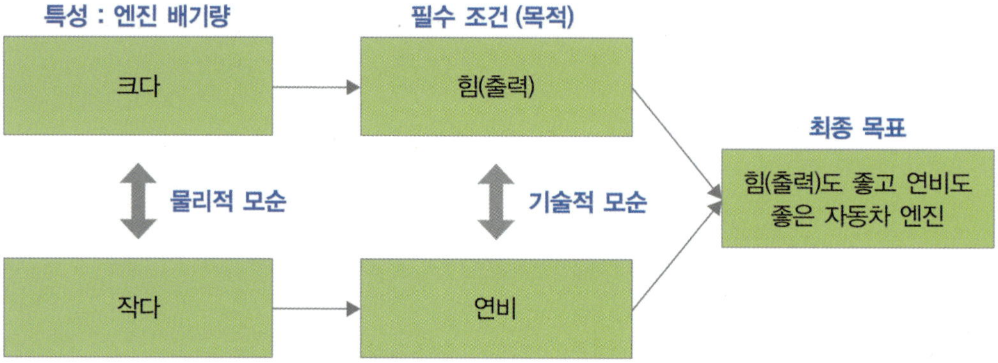

2.4

왜 모순을 찾아야 하는가?

2.4.1 모순, 놓칠 수 없는 혁신의 기회

1.2절에서 소개한 바와 같이 3, 4수준에 해당하는 수준 높은 특허는 모두 하나 이상의 모순을 해결한 것이다. 모순을 포함하는 발명문제는 풀기 어려운 문제일 가능성이 높지만, 한편으로는 혁신의 기회가 될 수 있다.

모순은 곧 기회다!

2012년까지만 해도 거의 모든 축구 경기의 프리킥 상황에서 수비수들이 조금이라도 공에 가까운 위치에서 수비벽을 세우려고 실랑이하는 모습을 많이 볼 수 있었다. 이 상황에는 어떤 모순이 존재하는 것일까? 수비수의 위치 선정 시 발생하는 실랑이로 인한 시간 지연을 방지하기 위해서는 수비수 위치 표시가 육안으로 잘 식별되어야 하나, 남은 경기에 영향을 주지 않기 위해서는 수비수 위치 표시가 육안으로 식별되지 않아야 한다는 모순이 존재한다.

그림 2-19 축구 경기의 모순

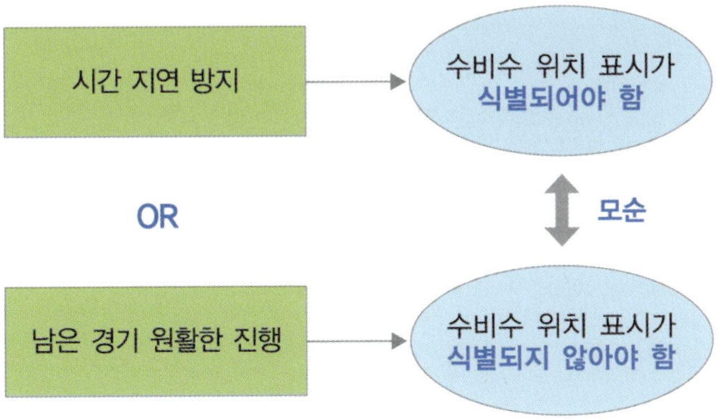

그렇다면 이 모순은 해결된 것일까? 2014년 브라질 월드컵 경기를 본 사람이라면 [그림 2-20]과 같은 장면을 기억할 것이다.

그림 2-20 2014 브라질 월드컵에서 수비수의 위치 표시 장면

프리킥 상황에서 수비수의 위치를 지정하기 위해 주심이 수비벽 앞에 배니싱 스프레이(Vanishing spray)라는 흰색 스프레이로 줄을 긋는 장면인데, 이 스프레이는 뿌린 후 1분 이내에 사라지는 특수 소재로 만든 것이다. 스프레이를 뿌리면 초록색 잔디 위에 흰색으로 수비수의 위치가 명확히 표시되지만, 남은 경기에 영향을 주지 않도록 뿌린 후 1분 이내에 사라지는 심판용 장비로, 수비수 위치 표시가 식별되어야 하면서 동시에 식별되지 않아야 한다는 물리적 모순이 완벽하게 해결된 것이다.

배니싱 스프레이를 발명하지 못했다면 수비수 위치를 흰색 스프레이로 표시했다가 프리킥이 끝난 뒤에 다시 초록색 스프레이를 뿌리는 방식을 생각할 수 있는데, 이는 절충안으로 또 다른 시간 지연 원인이 될 수 있다. 배니싱 스프레이는 2012년 3월 국제축구평의회(IFAB)에서 심판용 장비로 정식 승인되었으며, K리그에도 2013년부터 도입했다. 배니싱 스프레이는 불필요한 논쟁과 시간 낭비를 해결한 축구장의 혁신이라 할 수 있다. 한편 배니싱 스프레이의 가격은 2015년 1월 기준으로 한 통에 35,000원 정도인데, 트리즈 관점에서의 혁신적 해결안은 비용이 들지 않는 게 이상적이므로, 아직 더 큰 혁신의 기회가 남아 있는 것으로 보인다.

2.4.2 모순, 역발상의 출발점

역발상은 모순에서 출발하는 경우가 많다. 예를 들어 패스트푸드 업체의 경우, 고객에게 선택권을 주기 위해서 다양한 종류의 햄버거와 사이드 메뉴를 판매하는 것이 일반적이다. 하지만 판매

자의 입장에서는 한두 개 메뉴에 집중하는 것이 좋다. 즉 메뉴의 종류는 고객 입장에서는 많아야 좋고, 판매자 입장에서는 적어야 좋다는 모순이 발생한다.

그림 2-21 패스트푸드 업체의 모순

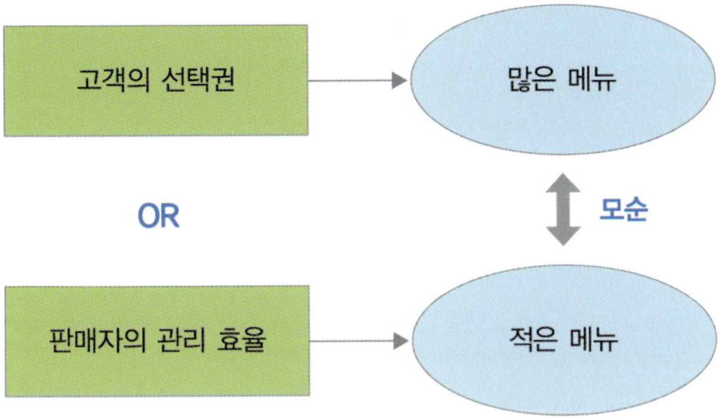

그런데 정말 메뉴가 많을수록 소비자에게 좋을까? 꼭 그렇지 않을 수도 있다. 메뉴가 적을수록 소비자는 쓸데없는 고민을 줄이고 결정을 쉽게 내릴 수 있다. 지나치게 많은 메뉴는 오히려 소비자를 곤혹스럽고 귀찮게 만들 수 있다. 미국의 인앤아웃 버거는 메뉴 단순화라는 역발상을 통해 크게 성공한 대표적인 사례다. 다른 패스트푸드 업체와는 달리 메뉴판에는 딱 네 종류(햄버거, 치즈버거, 더블더블버거, 프렌치프라이)의 음식만 있다. 대신 얼리지 않은 신선한 재료를 사용하면서도 저렴한 가격으로 차별화한 것이 인앤아웃 버거의 주요 성공 요인이다.

그림 2-22 역발상을 통한 패스트푸드 업체의 모순 해결

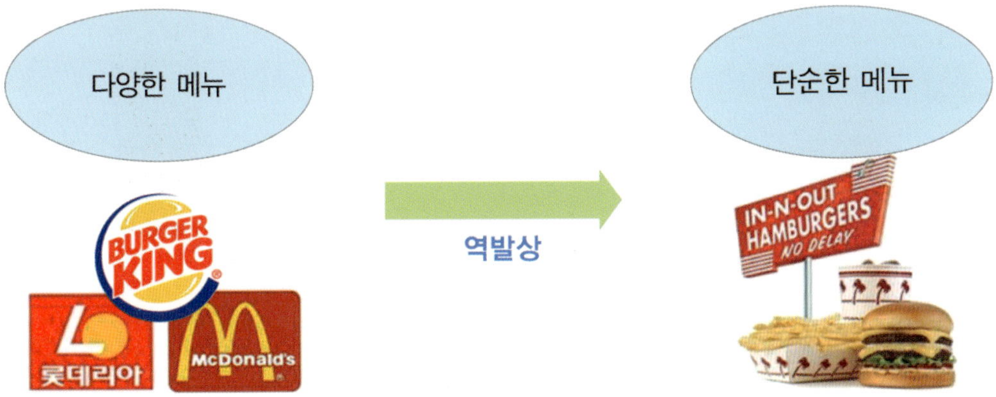

또 다른 예로 여성용 화장품을 들 수 있다. 이 경우에 판매자의 이익을 극대화하기 위해서는 상품 종류를 세분화해야 하지만, 소비자 입장에서는 상품의 종류가 단순한 게 좋을 수 있다. 이는 분명 모순 상황이다.

그림 2-23 여성용 화장품의 모순

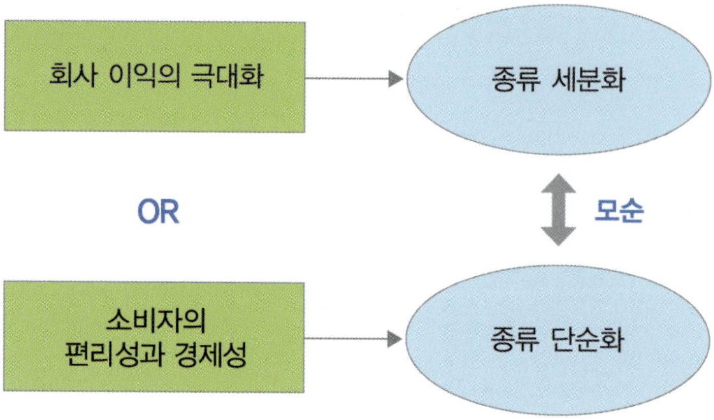

대부분의 화장품 업체들은 종류를 보다 세분화해서 회사의 이익을 극대화하는 전략을 취하고 있었지만, 국내 한 업체가 역발상을 통해 신제품을 출시해서 빅히트를 기록했는데, 바로 BB크림이다. BB크림은 메이크업 베이스와 영양 크림, 자외선 차단제와 파운데이션 등을 하나로 묶어서 만든 제품으로, 소비자 입장에서 보면 화장하는 단계를 크게 줄여서 편리하고 경제적인, 매우 호감이 가는 제품이다.

그림 2-24 역발상을 통한 여성용 화장품의 모순 해결

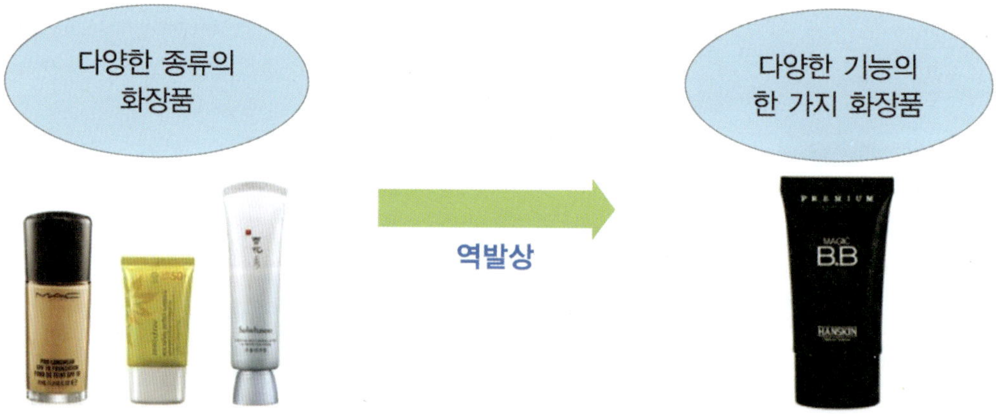

"살려고 하면 죽을 것이요, 죽으려 하면 살 것이다."라는 이순신 장군의 명언도 모순적 표현을 통해서 진리를 드러낸 것으로, 이처럼 모순되는 두 개념을 한 문장으로 표현하는 것이 역발상의 시작이 될 수 있다.

그림 2-25 이순신 장군의 모순적 명언

'소리 없는 아우성', '맛있으면서도 건강에 좋은 음식', '우아하면서도 강인한 여성' 등과 같은 표현은 소비자를 설득하는 데 매우 효과적인 수단이 된다. 왜냐하면 소비자는 어느 하나를 얻기 위해 다른 하나를 포기하는 걸 싫어하기 때문이다. 건강에 좋다고 해서 맛없는 음식만 계속 먹을 수는 없지 않겠는가? 따라서 소비자를 설득하기 위해서는 모순을 극복하거나 역발상을 통해서 모순을 넘어서야 한다.

2.4.3 모순과 발명문제

트리즈가 주목하는 발명문제Inventive Problem란 하나 이상의 모순을 포함하는 문제를 의미하는데, 발명문제가 내포하고 있는 모순을 해결함으로써 기술시스템이 발전하게 된다. 많은 사람들이 흔히 사용하는 브레인스토밍이나 수평적 사고, 마인드맵 등과 트리즈를 비교할 때, 트리즈는 상대적으로 배우기 어렵다는 단점이 있다. 따라서 모순을 포함하지 않는 쉬운 문제를 해결할 때는 굳이 어려운 트리즈를 활용할 필요는 없다. 하지만 언뜻 쉬워 보이는 문제에도 모순이 존재하는 경우가 많으므로, 어떤 상황에서 모순이 포함되어 있는지 아닌지를 쉽게 판단해서는 안 된다.

예를 들어 수박을 판매하는 상황을 상상해 보자. 어떤 모순이 존재하는가? 수박 판매와 같은 쉬운 문제에 도대체 어떤 모순이 존재할 수 있냐고, 그냥 맛있는 수박을 친절하게 팔면 된다고 생각할 수 있을 것이다. 하지만 [그림 2-26]과 같은 모순을 발견하고, 이 모순을 극복할 수 있는 아이디어를 도출하면 어떨까?

그림 2-26 수박의 모순

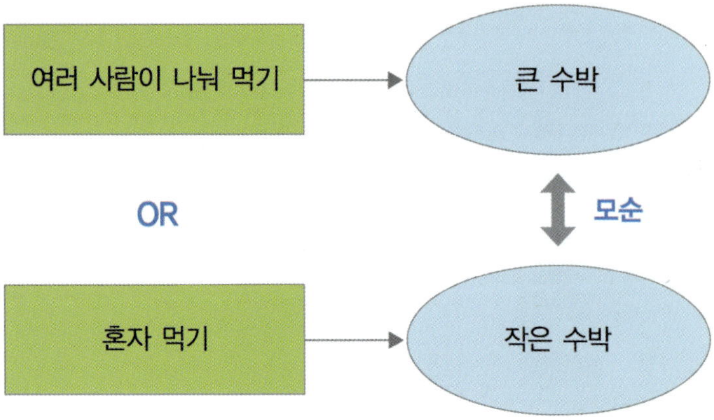

수박을 통째로 판매하면서 다양한 크기로 나눠서도 판매하고, 또 시원한 조각 수박을 함께 판다면 훨씬 더 많은 수익을 낼 수 있지 않을까?

그림 2-27 다양한 크기의 수박 판매

이처럼 간단한 문제라도 모순이 없다고 쉽게 판단하지 말고, 어떤 상황에서도 모순을 찾아보는 자세가 중요하다. 모순이 표면에 쉽게 드러나는 경우도 있지만 그렇지 않은 경우도 훨씬 많기 때문에, 동일한 상황에서 모순을 찾느냐 못 찾느냐에 따라 해결안의 질이 크게 달라진다. 발명문제가 따로 있는 것이 아니라, 우리의 관심과 노력에 따라 발명문제가 만들어진다는 점을 명심해야 한다.

여기서 잠깐 **모순 Why 노트 작성하기**

정의된 모순 사례를 보면 쉬운 것 같지만, 막상 새로운 상황에서 모순을 찾아서 정의하려고 하면 쉽지 않음을 느끼게 된다. 특히 초보자가 새로운 모순을 찾는 것은 쉬운 일이 아니다. 모순 찾기에 익숙해지기 위해서는 모순을 많이 찾아보는 것이 가장 좋다. 따라서 다음과 같은 모순 Why(왜)를 하루에 하나 이상 꾸준히 작성해서, 나만의 모순 Why 노트를 만들 것을 권장한다.

예) 왜 수박은 커야만 하지? 수박이 작으면 어떤 장점이 있을까?

예) 왜 출입문은 딱딱한 것일까? 출입문이 부드러우면 어떨까?

예) 왜 배기량이 큰 차는 연비가 나쁠까? 배기량과 연비가 모두 좋을 순 없을까?

예) 왜 숙제는 집에서 해야 하지? 수업 시간에 친구들과 함께 하면 어떨까?

학습정리

1. 모순이 일반적으로 어떤 의미인지 설명하시오.
2. 트리즈의 기술적 모순과 물리적 모순을 구분해서 설명하시오.
3. 새로운 기술적 모순 사례를 하나 이상 제시하시오.
4. 새로운 물리적 모순 사례를 하나 이상 제시하시오.
5. 기술적 모순과 물리적 모순을 함께 정의하는 도식화 방법에 대해 설명하시오.

토론실습

토론의 효율을 높이려면?

토론에 앞서 먼저 자신의 생각을 포스트잇이나 작은 메모지에 작성한 후, 팀원들이 돌아가면서 각자 자신의 생각을 발표한 다음 함께 토론한다.

주제 1 모순을 대하는 바람직한 태도

모순에 직면했을 때 어떤 자세로 임해야 하는지 팀원들과 토론한 다음, 팀의 의견을 작성해서 발표하시오.

주제 2 왜 모순을 찾아야 하는가?

왜 모순을 찾아야 하는지 팀원들과 토론한 다음, 팀의 의견을 작성해서 발표하시오.

실습과제

과제 1 헤어밴드의 모순 찾기

고무줄로 만든 헤어밴드로 머리를 묶으면 단단해서 고정이 잘 되지만 머리카락이 손상된다. 반면에 천으로 만든 헤어밴드로 묶으면 부드러워서 머리카락이 손상되지 않지만 고정되지 않고 쉽게 흘러내려서 불편하다. 이 문제 상황에 포함된 기술적 모순의 핵심과 물리적 모순을 각각 정의하시오.

■ 헤어밴드의 기술적 모순 핵심 정의

구분	기술적 모순		
	조건	장점	단점
TC1			
TC2			

■ 헤어밴드의 물리적 모순 정의

특성 ( )		
필수 조건 (목적)		

실습과제

과제 2 키보드의 모순 찾기

키보드가 큰 경우, 사용은 편리하지만 휴대가 불편하고, 키보드가 너무 작으면 휴대는 편리해도 사용이 불편하다는 문제가 있다. 이 문제 상황에 포함된 기술적 모순의 핵심과 물리적 모순을 각각 정의하시오.

▪ 키보드의 기술적 모순 핵심 정의

구분	기술적 모순		
	조건	장점	단점
TC1			
TC2			

▪ 키보드의 물리적 모순 정의

특성 (　　　)		
필수 조건 (목적)		

실습과제

과제 3

포르쉐의 모순 찾기

독일의 고급 스포츠카인 포르쉐(Porsche)의 디자인 정책은 "바꿔라, 하지만 바꾸지 마라(Change it, but do not change it)"라고 한다. 이는 신차 발표를 통한 혁신도 필요하지만, 다른 한편으로는 전통을 지키는 것도 그만큼 중요함을 묘사한 것이다. 따라서 포르쉐는 외양이 지속적으로 바뀌긴 했지만, 디자인의 핵심은 그대로 유지하고 있다. 이 문제 상황에 포함된 기술적 모순의 핵심과 물리적 모순을 각각 정의하시오.

구형 포르쉐

신형 포르쉐

▪ 포르쉐의 기술적 모순 핵심 정의

구분	기술적 모순		
	조건	장점	단점
TC1			
TC2			

▪ 포르쉐의 물리적 모순 정의

특성 (　　　)		
필수 조건 (목적)		

실습과제

과제 4 방사선 치료의 모순 도식화하기

암 치료에 많이 사용되는 방사선의 경우, 강도가 높으면 암세포를 더 많이 파괴시켜서 치료 효과가 높아지지만, 반면에 주변의 정상 세포도 손상시키는 문제가 발생한다. 이 문제 상황에 포함된 기술적 모순과 물리적 모순을 모두 포함하도록 모순을 도식화하시오.

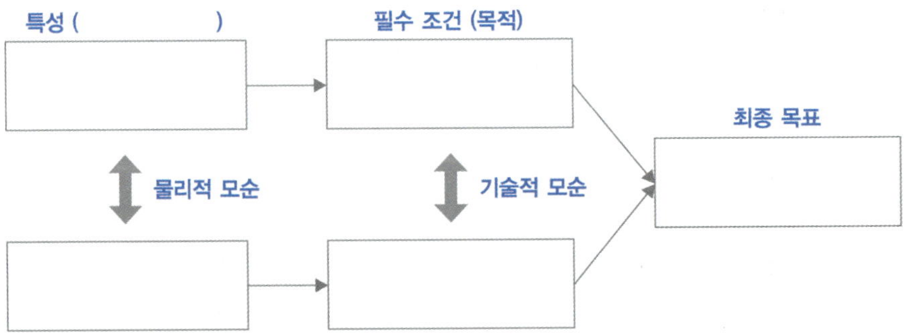

실습과제

과제 5 다이빙 풀의 모순 도식화하기

다이빙 풀의 물에 기포를 만들어서 물을 부드럽게 만들었더니, 다이빙 높이가 높은 경우에 다이버의 부상을 줄이는 데 큰 도움이 되었다. 하지만 기포 때문에 다이버가 다이빙한 다음 수면으로 올라오기 어려운 문제가 발생했다. 이 문제 상황에 포함된 기술적 모순과 물리적 모순을 한꺼번에 도식화하시오.

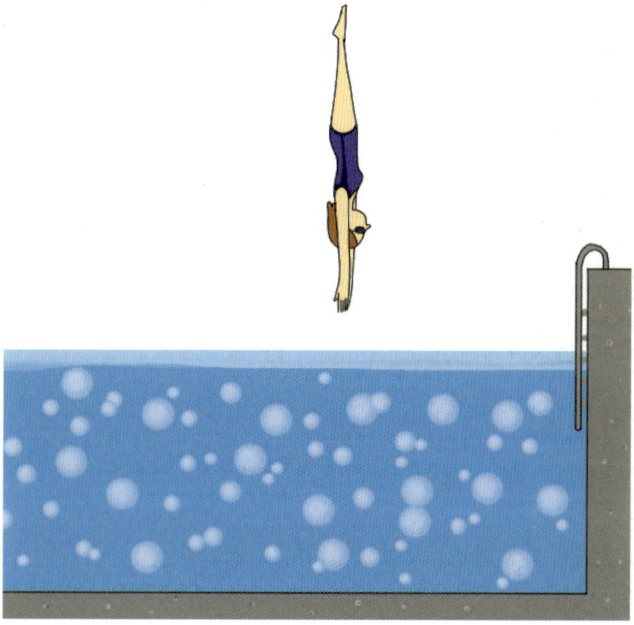

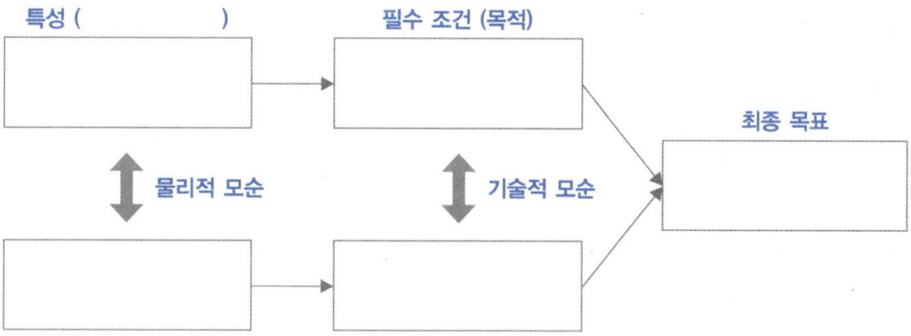

PART 1

3장

발명의 비밀 병기, 발명원리 Inventive Principles

발명원리는 트리즈의 창시자인 알트슐러가 전 세계 수백만 건의 특허 분석을 통해서 문제 해결에 사용된 핵심적 원리 40가지를 정리한 것이다. 40가지 발명원리를 활용하면 심리적 타성에서 벗어나 창의적 아이디어를 도출하는 데 큰 도움을 받을 수 있다. 특히 기술적 모순을 해결해서 일반적 해결안을 도출할 때 이 발명원리들을 사용하는 게 좋다. 이 장을 통해서 40가지 발명원리 각각에 대해 깊이 있게 이해해 보자.

3.1 40가지 발명원리

3.2 발명원리 완전 정복

3.3 발명원리 활용하기

학습정리 토론실습 실습과제

학습목표

- 발명원리가 무엇인지 설명할 수 있다.
- 발명원리가 왜 필요한지 설명할 수 있다.
- 각각의 발명원리의 핵심을 설명할 수 있다.
- 발명원리를 활용해서 아이디어를 도출할 수 있다.

3.1

40가지 발명원리

3.1.1 발명원리가 뭐에요?

발명원리Inventive Principles란 발명문제에 포함된 기술적 모순을 해결하는 데 가장 많이 활용된 40가지 핵심 원리다. 이 원리는 트리즈의 창시자인 알트슐러와 그 동료들이 전 세계 수백만 건의 특허 분석을 통해 발견한 것으로, 문제 해결에 공통적으로 사용된 원리 가운데 가장 많이 활용된 핵심 원리 40가지를 정리한 것이다. 달리 말하면, 발명원리는 발명의 힌트를 유형화하여 하나의 지식 베이스Knowledge Base로 만들어 놓은 것이라고 할 수 있다.

최근 과학기술이 급속히 발전함에 따라 현대의 모든 발명문제를 해결하기에는 40가지 발명원리가 충분치 않지만, 이 원리들은 지금도 여전히 유효하고 중요한 위치를 차지하고 있다. 따라서 지금도 많은 트리즈 전문가들이 문제 해결을 위해 발명원리를 많이 사용하고 있다. 실제로 우리 주변에서 볼 수 있는 제품이나 물건 가운데 40가지 발명원리로 설명되지 않는 것이 거의 없을 정도로 트리즈 접근 방식은 여전히 강력하다. 40가지 발명원리는 [표 3-1]과 같다.

어떤 문제 상황에서 기술적 모순을 찾았을 때, 그 기술적 모순을 해결하기 위해서 40가지 발명원리를 하나씩 모두 적용해본다면, 이는 매우 비효율적일 것이다. 따라서 트리즈에서는 어떤 기술적 모순을 해결하는 데 활용하면 좋은 2~4개의 발명원리를 쉽게 선택할 수 있도록 모순 행렬Contradiction Matrix을 제공하고 있는데, 이에 대한 자세한 설명은 6.1절에서 설명하였다.

표 3-1 40가지 발명원리

순서	발명원리	핵심
1	분할(Segmentation)	여러 부분으로 나누자
2	추출(Extraction)	특정 부분만 뽑아내자
3	국소적 성질(Local Quality)	전부 똑같을 필요는 없다
4	비대칭(Asymmetry)	대칭이면 비대칭으로
5	통합(Consolidation)	비슷하면 하나로 합해보자
6	다용도(Universality)	하나를 여러 용도로 사용하자
7	포개기(Nesting)	포개보자
8	평형추(Counterweight)	지구 중력을 회피하자

순서	발명원리	핵심
9	사전 반대 조치(Prior Counteraction)	미리 반대로 조치하자
10	사전 조치(Prior Action)	미리 조치하자
11	사전 예방(Cushion in Advance)	미리 예방하자
12	높이 맞추기(Equipotentiality) / 굴리기(Rolling)	들지 말고 굴리자 / 역지사지
13	반대로 하기(Do it in Reverse)	반대로 하자 / 역발상
14	구형화(Spheroidality) / 곡선화(Curvature)	직선은 곡선으로, 사각형은 원형으로
15	역동성(Dynamics)	고정된 것은 움직이게
16	초과나 부족 조치(Partial or Excessive Action)	일부러 더 많게 또는 적게
17	차원 변경(Another Dimension)	1D ↔ 2D ↔ 3D, 수평 ↔ 수직
18	기계적 진동(Mechanical Vibration)	진동을 이용하자
19	주기적 작용(Periodic Action)	한 번씩 끊어주자
20	유익한 작용 지속(Continuity of Useful Action)	유익한 작용은 중단 없이 지속적으로
21	고속 처리(Rushing Through)	해로운 것은 빨리 해치우자
22	전화위복(Convert Harm into Benefit)	안 좋은 것을 좋은 것으로 만들자
23	피드백(Feedback)	알아차리게 만들자
24	매개체(Mediator)	직접 하지 말고 중간 매개체를 활용하자
25	셀프서비스(Self Service)	저절로 수행하게 만들자
26	복제(Copying)	비싼 것은 복제하자
27	일회용품(Dispose)	싸고 수명이 짧은 것으로 대체하자
28	기계시스템 대체(Replacement of Mechanical System)	복잡한 시스템을 단순하게
29	공기나 유압(Pneumatics or Hydraulics)	단단한 것을 유동적인 것으로 대체하자
30	유연한 막(Flexible Membrane) / 얇은 필름(Thin Film)	얇은 막이나 필름을 사용하자
31	구멍(Hole) / 다공성 물질(Porous Material)	구멍을 만들자
32	색 변경(Color Changes)	색이나 투명도를 바꾸자
33	동질성(Homogeneity)	똑같이 만들자
34	폐기와 재생(Rejection & Regeneration)	폐기하거나 복구시키자
35	속성 변환(Transformation of Properties)	속성을 바꾸자
36	상전이(Phase Transition)	상변화 현상을 이용하자
37	열팽창(Thermal Expansion)	팽창과 수축을 이용하자
38	활성화(Activation) / 산화 가속(Accelerated Oxidation)	산소를 촉매로 활용하자
39	비활성화(Inactivation) / 불활성 환경(Inert Environment)	산소와 접촉을 피하자
40	복합 재료(Composite Materials)	복합 재료로 바꾸자

3.1.2 왜 발명원리가 필요할까?

앞에서 언급한 바와 같이 발명원리는 기술적 모순을 해결하기 위해서 사용하지만, 굳이 기술적 모순과 연관시키지 않더라도 발명적 아이디어를 도출하기 위한 창의적 발상 도구로 발명원리를 활용할 수 있다. 구구단을 외우고 있기 때문에 간단한 계산을 암산으로 할 수 있는 것처럼, 40가지 발명원리를 외우고 있으면 고정 관념에서 벗어나 창의적 아이디어를 도출하는 데 이 원리들이 매우 강력한 무기가 될 수 있다. 따라서 여러분 모두 40가지 발명원리의 암기에 도전해 보기 바란다.

발명원리는 기술적 모순 해결의 도구일 뿐만 아니라
발명적 아이디어 도출을 위한 창의적 발상 도구다!

모순에 직면했을 때 사람들은 일반적으로 모순을 회피하거나 절충안으로 쉽게 해결하려는 경향이 있다. 하지만 절충안으로 모순을 회피하게 되면 또 다시 새로운 문제에 봉착하게 되므로 문제가 궁극적으로 해결되지 않는다. 문제가 내포하고 있는 모순을 해결했을 때 비로소 특허와 혁신으로 연결될 수 있다.

40가지 발명원리를 반드시 배워야 하는 이유를 요약하면 다음과 같다.

❶ 트리즈의 여러 가지 원리 가운데 활용이 가장 쉽다.

발명원리 가운데 30번 유연한 막이나 36번 상전이, 40번 복합 재료 등 일부 원리는 전공과 관련된 지식 형태이므로 활용이 좀 어려울 수 있으나, 나머지 대부분의 원리는 전공과는 무관한 일반적인 방법이므로 누구나 쉽게 배우고 활용할 수 있다. 특히 1, 2, 3, 4, 7, 13, 17, 25번 등의 발명원리는 초등학생 교육에도 널리 사용되고 있다.

❷ 구성원들 간에 공통 언어로 활용할 수 있다.

구성원들이 모두 발명원리를 알고 있으면 공통의 언어를 공유한 것과 마찬가지이므로 특히 아이디어 회의를 할 때 의사소통이 매우 원활할 수 있다. 예를 들어 비대칭 원리나 주기적 작동 원리가 무엇인지 설명하지 않아도, "비대칭 원리를 적용해서 개선해 볼까?" 또는 "연속 동작 대신 주기적 작동으로 변경해 보자!" 등과 같은 대화가 가능하므로, 아이디어를 효율적으로 도출할 수 있다.

❸ 아이디어 발상이 용이하고 힌트를 쉽게 얻을 수 있다.

발명원리를 활용하면 문제를 바라보는 시야가 넓어지고, 자신도 모르게 젖어있던 심리적 타성에서 벗어나 남들이 미처 생각하지 못하는 참신한 아이디어를 도출할 수 있다. 특히 브레인스토밍을 할 때 발명원리를 함께 활용하면 훨씬 많은 양의 아이디어를 보다 쉽게 도출할 수 있다.

3.1.3 발명원리, 어떻게 배워야 할까?

앞에서 언급한 바와 같이 아이디어 발상을 위한 강력한 도구로써 발명원리를 활용하기 위해 구구단을 외우듯이 40가지 발명원리를 외울 것을 권한다. 하지만 40개나 되는 발명원리를 한꺼번에 외우는 것은 쉽지 않으므로, 스마트폰용 앱 등을 활용해서 수시로 학습하길 권한다.

또한 발명원리에 익숙해지기 위해서는 다음과 같이 작은 것부터 매일 실천하는 게 좋다.

❶ 생활 속에서 수시로 발명원리의 사례를 찾아보자.

우리가 일상적으로 사용하는 물건이나 주변에서 쉽게 볼 수 있는 사물 가운데 발명원리와 무관한 것은 아무것도 없다고 해도 과언이 아니다. 따라서 어떤 사물이나 제품을 볼 때마다 어떤 발명원리가 적용되었는지 찾아보는 습관을 가진다면, 발명원리를 활용해서 새로운 아이디어를 도출할 때 큰 힘이 될 것이다.

❷ 문제 해결에 발명원리를 의도적으로 적용해 보라.

기술적 문제뿐만 아니라 일상생활 속에서 문제에 부딪쳤을 때 익숙한 방법으로 해결하려는 심리적 타성에서 벗어나, 의도적으로 발명원리에서 해법을 찾으려는 노력을 반복하다보면 서서히 발명원리적 사고에 익숙해지게 될 것이다.

❸ 대화 도중에 발명원리를 자주 언급하라.

예를 들면, "커피는 '발명원리 25번'으로 마십시다.", "우리 10분간 '발명원리 19번'을 합시다." 또는 "우리 '발명원리 27번'의 사용을 자제합시다."와 같은 대화를 의도적으로 일상화하다보면 자연스럽게 발명원리에 익숙해질 것이다. 25번 발명원리는 '셀프서비스', 19번 발명원리는 '주기적 작용', 27번은 '일회용품' 원리다.

❹ 발명원리를 하나씩 공략해서 내 것으로 만들자.

예를 들어 1번 분할 원리를 내 것으로 만들기 위해서 분할 원리가 적용된 사례를 100개 이상 찾아본다. 한 가지 원리의 사례를 100개 이상 찾아보면, 자연스럽게 그 원리가 내 것이 될 수 있고, 이후 그 원리를 활용하는 데 자신감을 갖게 될 것이다.

여기서 잠깐 **트리즈 앱 소개**

TRIZ 카툰 앱

40가지 발명원리를 만화로 표현하여 이해하기 쉽게 설명한 안드로이드용 앱

TRIZ 발명원리 사례 앱

40가지 발명원리 각각에 대한 다양한 사례를 소개하는 안드로이드용 앱

TRIZ 동물 연상 앱

40가지 발명원리를 동물과 연관시켜 설명한 안드로이드용 앱

3.2

발명원리 완전 정복

40가지 발명원리는 생각의 틀에서 벗어나 사고하는 데 강력한 무기가 될 수 있다. 물론 발명원리 앱을 이용하면 되지 굳이 외울 필요는 없지 않냐고 생각할 수도 있지만, 내 머리 속에 있는 지식과 스마트폰에 있는 지식의 거리는 상당한 것이다. 앞에서 소개한 발명원리 앱은 보조 도구로 사용하되, 구구단을 외우듯이 40가지 발명원리를 모두 외울 것을 권한다.

40가지 원리 가운데 일부는 다소 어렵게 여겨지는 것도 있겠지만, 어렵다고 제외시켜 버리면 그만큼 내 사고의 폭이 넓어질 기회도 줄어들게 된다. 따라서 편식 없이 하나씩 정복해 나가기 바란다. 하지만 40가지 발명원리를 한꺼번에 정복하려고 하면, 절반도 정복하기 전에 지칠 수 있다. 교재 편성 상 3장에서 40가지 발명원리를 모두 소개했으나 한꺼번에 학습하기보다는 5개나 10개씩 나누어 학습하기 바란다.

1번 분할

물체를 독립된 여러 부분으로 나누자.

조립이나 분해가 용이하게 만들자.

물체의 분할 정도를 더 높이자.

분할Segmentation은 한 마디로 물체를 나누고 쪼개는 원리로, 매우 단순한 개념이지만 가장 많이 사용되는 원리 가운데 하나다. 분할을 통해서 활용도나 편의성을 크게 개선시킬 수 있고, 조립이나 분해를 용이하게 만들 수 있다.

발가락 신발

발가락 부분을 분할해서 맨발로 걷는 효과가 있어 건강에 좋음

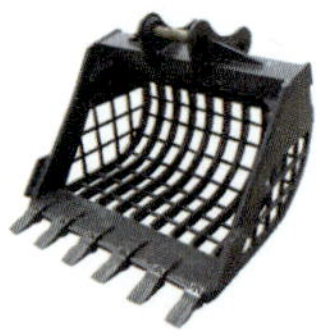

굴삭기 칼날

끝 부분의 날을 분할해서, 날이 파손되면 해당 부분만 교체할 수 있음

트리플 팬

한 번에 세 가지 요리 가능

분리형 가위

칼날을 쉽게 분리해서 식칼로도 활용 가능함

· 커터칼	· 블라인드	· 조립식 가구	· 퍼즐 매트	· 자동차 범퍼
· 조각 케이크	· 모듈러 주택	· 주차장	· 좌우 분리형 스피커	· 입구와 출구 분리
· 할부 결재	· 정기 적금	· 분반 수업	· 선거구	· 통신의 OSI 7계층 구조
· 모듈식 프로그래밍	· 모듈식 키보드			

2번 추출

필요한(중요한) 부분이나 특성만 남기자.

불필요한(해로운) 부분이나 특성을 제거하자.

추출Extraction은 물체를 동일한 부분으로 나누는 분할 원리와는 달리, 물체를 서로 다른 부분으로 나누어 특정 부분을 추출해내는 원리다. 미켈란젤로는 1501년 26세의 나이에 피렌체에서 다비드상을 조각하기 시작해서 3년 만에 작품을 완성했다. 사람들이 어떻게 이렇게 균형 잡힌 다비드상을 조각했는지 물었을 때 그는 이렇게 답했다. "대리석 덩어리에서 불필요한 부분을 모두 없앴더니 다비드상만 남았습니다." 미켈란젤로도 추출 원리를 알고 있었던 걸까?

그림 3-1 미켈란젤로의 다비드상

스탠드형 에어컨

소음을 발생시키는 컴프레서 부분을 밖으로 추출

김치냉장고

일반 냉장고에서 김치 보관 기능만 추출

반쪽 자전거

자전거의 필수 요소라고 생각되던 안장(시트) 추출

픽토그램

이해하기 쉽게 특징만 추출해서 만든 일종의 그림 문자

· 홍삼 엑기스	· 원유 정제	· 콘택트렌즈	· 영양제	· 무선 충전 전기 버스
· 무선 인터넷	· 무선 마우스	· 무선 키보드	· 아웃소싱	· 소금
· 원 푸드 다이어트	· 예고편	· 광고 카피		

3번 국소적 성질

일부만 변형해서 전체 기능을 보강하자.

여러 부분이 서로 다른 기능을 수행하게 만들자.

국소적 성질Local Quality은 한 마디로 전체 가운데 일부만 바꾸는 원리다. 즉 물체나 제도, 시스템 등의 일부를 변형해서 다른 것과 차별화하는 원리다. 예를 들어 취업 준비를 위해 높은 토익 성적이나 어학연수, 전공 관련 자격증 취득 등 남들과 똑같은 스펙을 쌓기 위해 노력하기보다는, 나만의 스펙, 나만의 차별화된 스토리를 만들기 위해 노력하는 것이 취업을 위한 국소적 성질 전략이라 할 수 있다.

구멍 난 플러그

치약 짜는 칫솔

양탄자 테이블

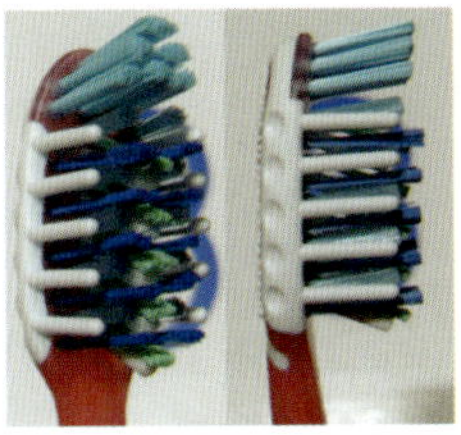

마시멜로 캐리어

캐리어의 모양을 약간 변형해서 소파 기능을 추가함

칫솔모

칫솔모의 위치에 따라 높이나 모양이 서로 다름

- 노약자 지정석
- 휴대폰 실버 요금제
- 흡연석
- 여성 전용 주차장
- 열차 카페
- VIP 서비스
- 야구장의 익사이팅 존
- 버스 전용 차선
- 키보드의 스페이스 바
- 비행기 1등석
- 심야 할인
- 잠수교
- 냉장고 홈바

4번 비대칭

대칭 구조를 비대칭 구조로 바꾸자.

이미 비대칭이면 비대칭 정도를 높이자.

사람들은 대개 대칭이 되었을 때 심리적인 안정감을 느끼는 경향이 있는데, 비대칭Asymmetry은 이런 심리적 타성에서 벗어나 물체의 형태나 구조를 삐딱하게 바꾸는 원리다.

센즈(SENZ) 우산

비대칭으로 만들어 강풍에도 뒤집히지 않는 우산

인체공학 키보드

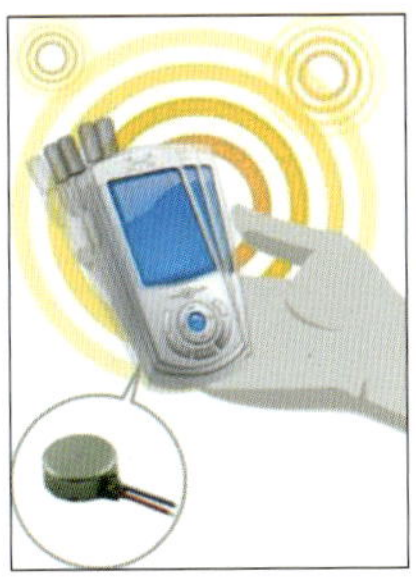

옵티모4S 타이어

트레드 패턴을 비대칭으로 만든 사계절용 타이어

휴대폰 진동 모터

일반 모터는 축의 중심을 잘 맞춰서 진동을 방지하는 반면, 진동 모터는 진동을 유발하기 위해 축을 비대칭으로 만듦

· 운동화 바닥 · 립스틱 끝 부분 형태 · 대게 가위 · 기울어진 삼겹살 구이판 · 양문형 냉장고
· 골프채 헤드 · 오른손 타자용 헬멧 · 비행기 날개 구조 · 인체공학 버티컬 마우스 · 비대칭 이어폰선
· 사향 이진 트리(Skewed Binary Tree) 구조

5번 통합

동질적이거나 유사한 사물이나 기능을 시간적 또는 공간적으로 통합하자.
한 번에 여러 작업을 동시에 하도록 만들자.
이질적인 것도 하나의 목적을 위해 합치자.

통합Consolidation은 가구 거리나 푸드 코트, 종합병원처럼 동질적인 것을 통합하거나, 스팀다리미(다리미 + 물뿌리개)처럼 이질적인 것도 하나의 목적으로 합치는 원리다. 이처럼 결합했을 때 가장 큰 장점은 동시에 여러 작업을 수행할 수 있는 것이다.

빗자루 밀대

저울 겸용 도마

수도꼭지 소변기

라면용 수저

염도 측정 스푼

한편 바이크 버스bike bus처럼 시간적 통합도 가능하다. 바이크 버스란 자전거로 출근하는 사람들이 함께 만나서 대형을 이뤄 출근하는 것을 의미하는데, 혼자 이동하는 것보다 훨씬 안전하다는 장점이 있다.

그림 3-2 바이크 버스

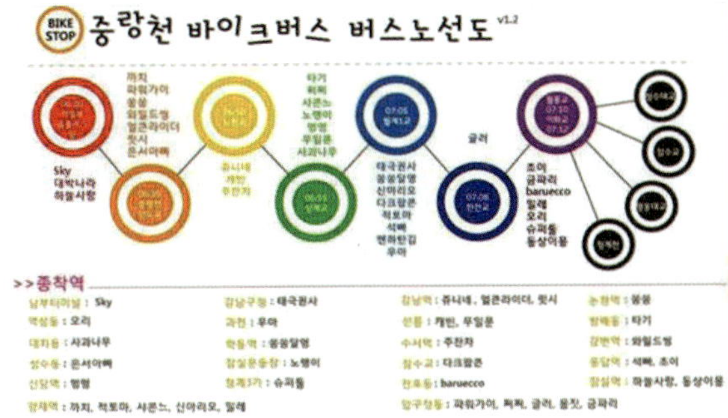

· 스팀 진공청소기	· 백화점	· 타이머 칫솔	· 빨대 젓가락	· 4색 볼펜
· 뷔페	· 폴라로이드 카메라	· 다초점 렌즈	· 수납 도마	· 에듀테인먼트
· 하나로 샴푸	· 멀티툴박스	· 올인원 키보드	· 나이키 플러스(운동화 + 아이팟)	· 2in1 에어컨
· 자동차 글라스 안테나	· 올인원 속옷	· 멀티플렉스 영화관	· 종합선물세트	· 유무선 공유기
· 공동 집필	· 팀 활동	· 김떡순(김밥 + 떡볶이 + 순대)		

여기서 잠깐 **칸딘스키도 예측한 통합의 중요성**

19세기가 '이것이냐 저것이냐 **or의 시대**'였다면 20세기는 '이것과 저것 **and의 시대**'가 될 것이다.

– 추상화의 선구자인 바실리 칸딘스키(1866 ~ 1944)

6번 다용도

하나의 시스템이 여러 다른 기능을 수행하게 만들자.

통합 원리가 유사한 목적을 위해서 합치는 것이라면, 다용도Universality는 서로 다른 목적을 위한 시스템을 하나로 합치는 원리다. 특히 통합 원리에 의해서 탄생한 시스템에서는 대개 합쳐지기 전 각 시스템의 외형적 특징이 큰 변화 없이 그대로 남아 있는 반면, 다용도 원리에 의해서 탄생한 시스템은 대개 완전히 새로운 모양이 되는 경우가 많다. 소위 맥가이버 칼이라고 불리는 만능공구가 좋은 예인데, 많게는 87개의 도구가 합쳐져서 140여 가지의 기능을 하는 것도 있다고 한다.

그림 3-3 만능도구 맥가이버 칼

시스템에 따라서는 통합 원리에 해당하는 것인지 다용도 원리에 해당하는 것인지 명확히 구분하기 어려운 경우도 있다. 그러나 중요한 것은 새로운 아이디어이며, 어떤 원리가 적용되었는지를 해석하는 것은 보는 관점에 따라 달라질 수 있다.

헬멧 의자

지진 등의 상황에서 헬멧으로 변신하는 의자

공기정화 자전거

제습기 + 신발 건조 키트

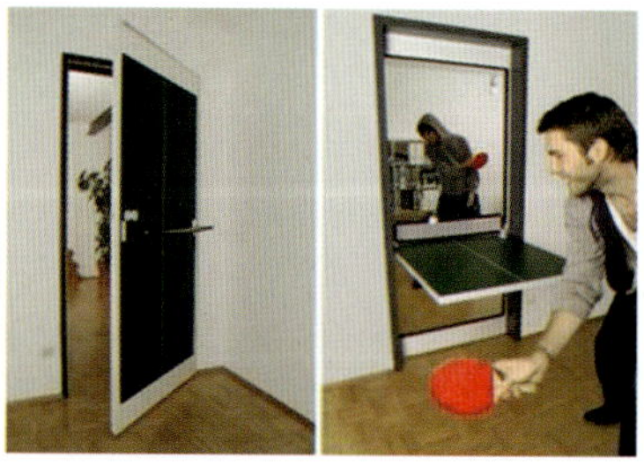

탁구대 겸용 출입문

· 스마트폰	· 복합기	· 소파 베드	· 저울 벤치	· 서랍장 침대
· 책장 침대	· 커피메이커 & 오븐	· 다용도 멀티탭 충전기	· 자전거 세탁기	· 의료관광
· 멀티미터	· 냉난방기	· 팔찌 USB	· 디지털 컨버전스	· 다목적댐
· 시계반지	· 인터넷 TV			

7번 포개기

한 물체 속에 다른 물체를 집어넣자.

이미 확보된 공간에 포개자.

다른 물체의 구멍을 통과하게 만들자.

포개기Nesting는 이미 확보된 빈 공간이라는 자원을 활용하는 원리로, 부피를 줄일 수 있고 이동이 쉬워질 뿐만 아니라 새로운 기능을 부과하는 것도 가능하다. 예를 들면, 비행 중에는 비행기 바퀴를 동체 안에 집어넣게 만들어서 공기 저항을 크게 줄인 것이 좋은 예이다.

마트료시카(Matryoshka)

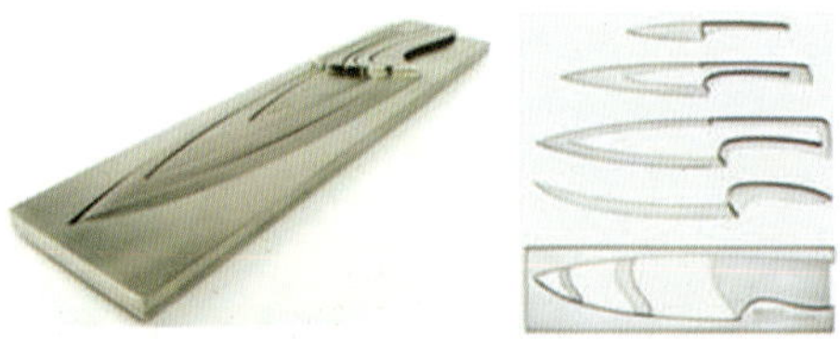

칼 속의 칼, 미팅 데글론

안테나 사다리

접이식 자전거

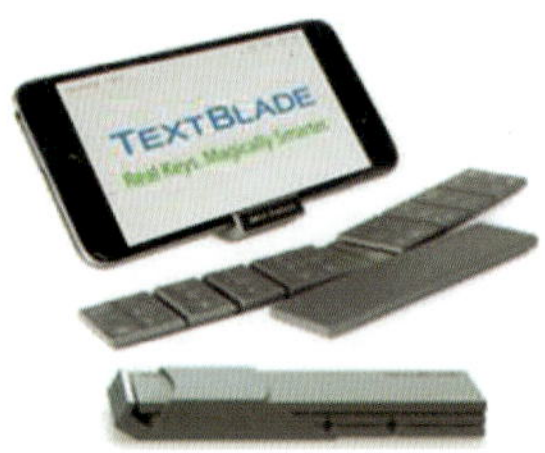

접이식 소형 키보드

· 안테나	· 계량스푼	· 쇼핑 카트 보관	· 뷔페 접시 보관	· 안테나 파리채
· 유압 실린더	· 이층 침대	· 찬합	· 샌드위치	· 간접 광고
· 숍인숍	· 컴퓨터의 파일 폴더 구조			

8번 평형추

다른 것과 비교해서 부족하면 따라잡게 만들자.

들어 올리는 힘이 있는 물체와 결합해서 무게를 상쇄시키자.

지구 중력을 이기도록 만들자.

평형추Counterweight는 부족한 것을 보완하거나 지구 중력을 이기도록 만드는 원리다. 즉 무게 중심이 한 쪽으로 기울었을 때는 반대 방향으로 들어 올리자는 것이다. 지구 중력을 이기는 방법에는 여러 가지 과학이론이 적용되는데, 배의 경우에는 부력, 비행기는 양력, 자기부상열차는 자기장, 낙하산은 공기 저항, 시소에는 중력, 사람이 역기를 들어 올릴 때는 근력이 사용된다. 따라서 평형추 원리를 적용하기 위해서는 부력이나 양력이 있는 물체와 연결하거나 역학적인 힘을 적절히 활용할 필요가 있다. 비기술적인 측면에서는 끼워 팔기나 덤 주기 등을 통해서 상대적으로 부족한 것을 보완하는 것이 평형추에 해당한다.

호버 크래프트

대기압보다 높은 압력을 유지해서 선체를 수면보다 약간 위에 띄움

물에 뜨는 국자

공기주머니의 부력으로 지구 중력을 이김
즉, 물에 가라앉지 않음

떡볶이 + 어묵 국물

떡볶이의 매운 맛을 어묵 국물로 극복함

공중부양 스피커, OM/ONE

자기장을 이용해서 지구 중력을 이김

- 애드벌룬
- 천칭저울
- 스타 마케팅
- 구명조끼
- 보충 학습
- 상어 수영복
- 기중기
- 자기부상열차
- 지게차
- 리프트
- 1+1 마케팅
- 카풀

9번 사전 반대 조치

유해한 작용을 최소화하기 위해 미리 반대 조치를 취하자.
(피할 수 없다면 최소화하자!)

이 원리는 피할 수 없는 유해한 작용을 최소화하기 위해서 미리 반대로 조치하는 것이다. 즉 해로운 결과가 생긴 다음 조치하기보다는 미리 반대 조치를 취하는 것이다. 엉덩이 주사를 놓기 전에 간호사가 엉덩이를 탁탁 때린 기억이 있을 것이다. 이는 주사 바늘로 인한 통증을 최소화하기 위한 조치로, 사전 반대 조치Prior Counteraction에 해당한다.

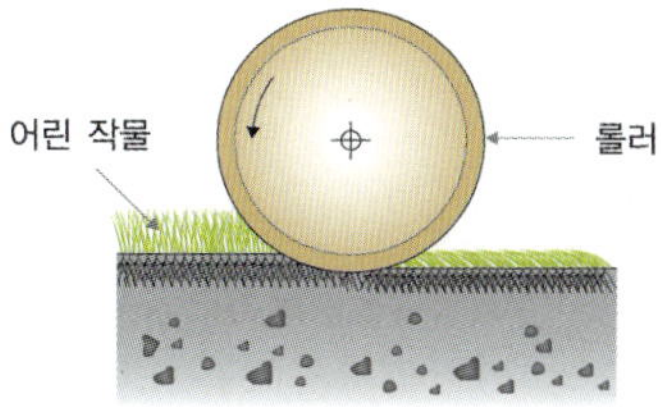

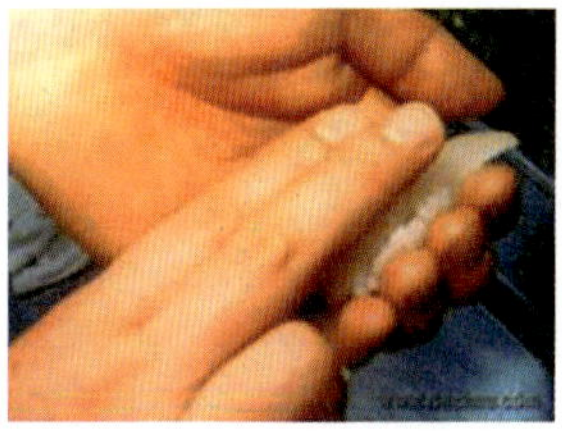

구두 주름
원치 않는 주름이 생기기 전에 미리 보기 좋게 주름을 잡아둠

보리밟기
봄에 땅이 녹았을 때 뿌리가 땅 위로 들뜨는 것을 방지함

초밥 요리법
초밥은 섭씨 30도가 적정온도이므로 요리사의 손을 얼음물에 담갔다가 만듦

· 무료 샘플 배포 · 무료 체험단 · 백신 접종 · 보상 판매 · 리콜 조치
· 임금 피크제 · 얼린 맥주잔 · 뚝배기 · 페인트칠할 때 사용하는 마스킹 테이프

10번 사전 조치

필요한 변화를 완전히 혹은 부분적으로 미리 준비하자.
즉시 작동할 수 있도록 가장 편리한 위치에 미리 배치하자.

사전 반대 조치가 피할 수 없는 유해한 작용을 최소화하기 위한 원리라면, 사전 조치Prior Action는 어차피 해야 할 것을 미리 하거나, 필요할 때 바로 작동할 수 있도록 미리 준비하는 원리다.

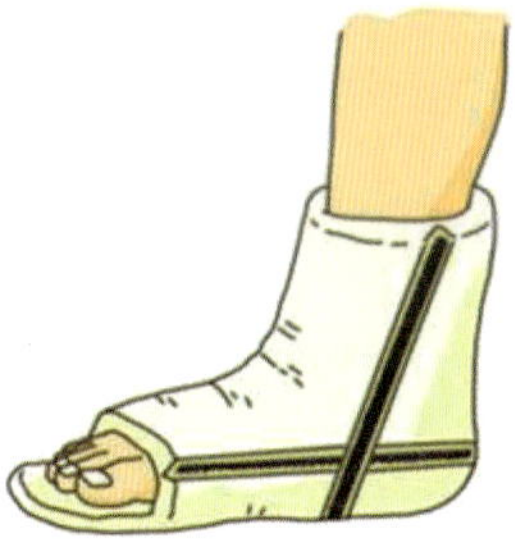

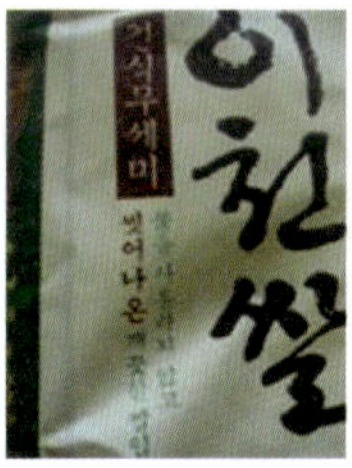

깁스 톱날
깁스를 풀 때 사용할 작은 톱날을 미리 넣어둠

무세미
미리 씻어 나온 쌀

셀프 오프닝 캔

· 우표 절취선 · 커피믹스의 이지컷(easy cut) · 풀칠된 벽지 · 얼음 정수기 · 커터칼
· 세척 사과 · 선행 학습 · 사전 예약 · 반송용 봉투 · 도심 터미널에서의 사전 출국 수속 제도

11번 사전 예방

부족한 기능을 보완하기 위해 미리 안전 조치를 취하자.

사전 예방Cushion in Advance은 꼭 하지 않아도 되는, 만약을 대비한 순수한 예방 차원에서의 조치로, 상대적으로 낮은 신뢰성을 보완하는 원리다. 사전 예방은 9번 사전 반대 조치 및 10번 사전 조치 원리와의 구분이 다소 모호할 수 있다. 그러나 앞의 두 원리가 모두 피할 수 없는 것을 대비한 조치라면, 사전 예방은 피할 수도 있지만 말 그대로 예방 차원에서 미리 준비하는 것이다.

자동차의 보행자 에어백

사람의 머리와 보닛이 부딪쳐 발생하는 사망 사고 예방

Safety Stop

러닝머신에서 사람이 넘어지면 자동으로 멈추는 안전 관리 시스템

리코(Recco) 구조 시스템

눈사태 등으로 조난당했을 때를 대비해서 리코 리플렉터를 옷이나 신발에 부착해두면, 리코 디텍터가 위치 탐색 신호를 방출한다. 그러면 리코 리플렉터가 그 신호를 받아서 신호를 되돌려 보냄.

· 보험 가입	· 알람시계	· 안전모	· 퓨즈	· 고속도로 중앙 분리대
· 보조 낙하산	· 블랙박스	· 도난 방지 태그	· 누전 차단기	· 스페어타이어
· 이혼 숙려제도	· 공사장의 안전 그물망	· 바이러스 백신 프로그램	· 백업 프로그램	

12번 높이 맞추기 / 굴리기

어떤 작용이 쉽게 이뤄지도록 동작 환경을 바꾸자.

들지 않고 굴리도록 만들자.

사용자가 사용하기 쉽게 환경을 바꾸자.

높이 맞추기Equipotentiality란 물리적인 높이뿐만 아니라 심리적인 높이를 맞추는 것도 포함한다. 힘들게 들어서 옮기는 대신 쉽게 굴려서Rolling 이동하도록 만드는 것이나, 상대방 입장에서 역지사지(易地思之 : 처지를 바꾸어 생각함)하는 조치를 모두 포함한다.

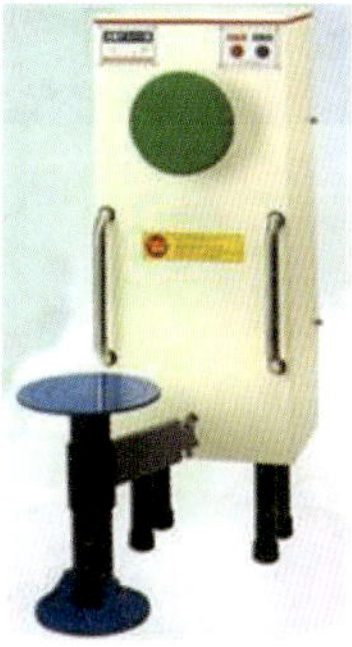

자동 등밀이 기계

Q-Drum

굴릴 수 있는 물통

외국인을 배려한 다국어 안내판

· 높낮이 조절 의자	· 저상 버스	· 어린이용 발판	· 휠체어 리프트	· 어린이용 메뉴
· 외화 자막	· 눈높이 수업	· 바퀴 달린 효도의자	· 높이 조절 노트북 거치대	· 애견 카페
· 효도폰	· 놀이공원의 어린이용 자동차	· 트럭과 높이가 동일한 물류 창고		

13번 반대로 하기

다른 사람들과는 반대로 하자. (역발상)

아래위를 뒤집거나, 동적인 것을 정적으로, 정적인 것을 동적으로 바꾸자.

1968년 멕시코시티 올림픽의 높이뛰기 경기에서 놀라운 일이 발생했다. 미국의 포스베리라는 선수가 몸을 뒤로 뉘어서 가로 막대를 뛰어넘는 신기술을 보인 것이다. 그때까지는 정면뛰기나 가위뛰기처럼 모두 앞으로 넘는 기술을 사용했는데, 포스베리는 기상천외한 기술로 인간의 한계인 마의 벽이라 여겨졌던 2m를 넘어 2.24m라는 세계 신기록으로 금메달을 딴 것이다. 그 후 이 기술은 포스베리의 이름을 따서 '배면뛰기Fosbury Flop'로 불리고 있고, 현재 모든 높이뛰기 선수들이 이 기술을 사용하고 있다.

그림 3-4 높이뛰기의 역발상, 배면뛰기

(a) 가위뛰기

(b) 배면뛰기

이처럼 반대로 하기Do it in Reverse란 한 마디로 기존에 당연시했던 것에서 벗어나 거꾸로 해보는 역발상을 의미한다. 기존에 뜨거운 것은 차갑게, 정지한 것은 움직이게 만들기 등과 같이, 익숙한 것에 안주하지 않고 의도적으로 거꾸로 해보는 청개구리 정신이 요구되는 원리다.

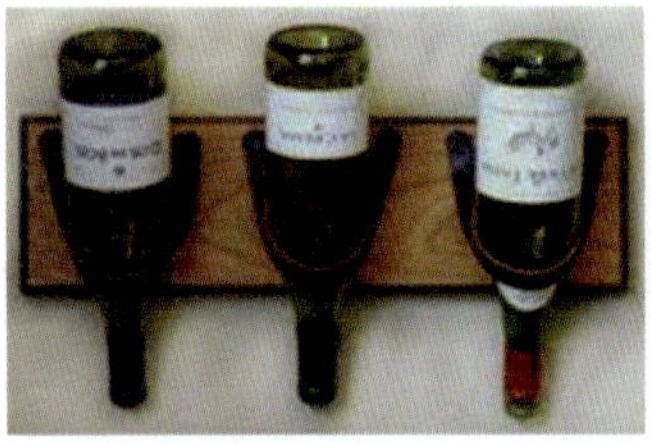

탄산음료 보관법

거꾸로 보관해서 탄산가스 누출을 감소시킴

플립 러닝

집에서 강의를 듣고, 교실에서 숙제하는 거꾸로 학습법

개나 소나 콘서트

애완견과 어린이 입장에 제한이 없는 콘서트

Endless Pool

사람 대신 물이 움직이는 수영장으로, 전기 모터를 이용해서 풀 안의 물이 움직이도록 설계됨

· 냉커피	· 온면	· 무빙 워크	· 스크린 골프	· Wii 게임기
· 콜택시	· 이동식 도서관	· 재택근무	· 아이스크림 튀김	· 배달되는 모바일 호텔
· 복고 열풍	· 슬로우 푸드	· 키높이 볼륨헤어	· 플라스틱 컵 와인	· 역경매
· 러닝머신	· 월 프린터	· One a day 쇼핑몰		

14번 구형화 / 곡선화

형태를 곡선이나 구형으로 바꾸자.

직선은 곡선, 평면은 곡면, 각진 것은 둥글게, 직선 운동은 회전 운동으로 바꾸자.

구형화Spheroidality 원리는 기본적으로 직선 구조를 곡선Curvature 구조로 만드는 원리로, 롤러roller나 볼ball, 나선형spiral 구조, 원심력 등의 활용을 모두 포함한다. 비기술적인 측면에서는 완곡한 표현을 사용하거나, 경직된 상하 조직이 아닌 수평 조직 등이 구형화 원리에 해당한다.

곡면폰 갤럭시 라운드와 G플렉스

사각 없는 사이드 미러

빛이 거울에 반사되는 각도를 통제하는 수학적 알고리즘에 따라 거울이 정교하게 휘어져 있음

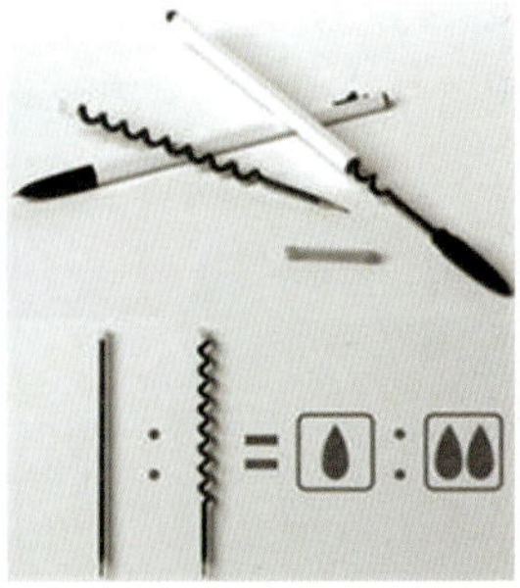

나선형 볼펜심

잉크 용량이 2개 정도 증가함

· 나선형 계단	· 원형 아이스링크	· 돔형 지붕	· 원형 톱날	· 비행기 격납고 지붕
· 원형 주거 단지	· 마사이 워킹화 바닥	· 원형 주차 타워	· 회전 식탁	· 핑킹 가위
· 사이클론 청소기	· 두바이 팜 아일랜드	· 곡면 OLED TV	· 원형 큐(circular queue)	

여기서 잠깐 **이런 원리를 추가하면 어떨까?**

사각화

형태를 직선이나 사각형으로 바꾸자.

직선 구조를 곡선 구조로 바꾸는 구형화 원리가 매우 유용할지라도, 상황에 따라서는 곡선 구조보다 직선 구조가 더 효율적인 경우도 있다. 곡선이나 구형인 것을 당연시했던 것 가운데 사각화를 통해서 문제를 해결할 수 있는 건 없을까?

여름 과일의 여왕 수박을 생각해 보자. 크고 둥근 수박은 보기 좋게 자르기도 힘들고, 냉장고에 보관하기도 쉽지 않으며, 판매자 입장에서 운송도 어렵다. 어떻게 이런 단점을 해소할 수 있을까?

2011년 일본에서 이런 고민을 한 방에 해결한 사각 수박이 출시됐다.
사각 수박은 둥근 수박의 단점을 해결했을 뿐만 아니라, 가격 면에서도 일반 수박에 비해 월등히 비싸게 판매되고 있다.

이 밖에도 다음 그림처럼 원형에 익숙한 여러 제품들이 사각형으로 변신하면서 기존 제품의 단점을 해결하고 있는데, 이쯤 되면 40가지 발명원리에 사각화 원리를 추가해도 되지 않을까?

사각 우산

우산 아래 공간이 더 넓어짐

사각 연필

쉽게 굴러 떨어지지 않음

사각형 낙하선

구형 낙하산보다 크기가 28% 커지고, 낙하 속도가 49% 느려져서 더 안전함

사각바퀴 자전거

계단용으로 적합함

15번 역동성

움직일 수 없는 것을 움직일 수 있도록 만들자.

하나의 사물을 각각 움직일 수 있는 여러 부분으로 나누자.

유연성 정도를 증가시키자.

사람도 유연한 사고가 요구되듯 사물이나 시스템도 유연성을 증가시켜서 문제를 해결할 수 있다. 역동성Dynamics 원리는 한마디로 움직이게 만들자는 것이다. 원래 움직이지 못하는 것을 부분적으로 또는 단계적으로 움직이게 만들면, 제어가 쉬워지고 다른 여러 장점을 획득할 수 있다. 불필요한 규제를 완화하거나 다른 사람의 의견을 포용하는 것도 넓은 의미에서 모두 역동성 원리에 해당한다.

다관절 멀티탭

여러 방향에서 사용 가능

장애인 마크

46년 만에 역동적으로 교체된 미국 뉴욕 주의 장애인 마크

해바라기 하우스

스위치를 누르면 창문 방향이 바뀌는 집

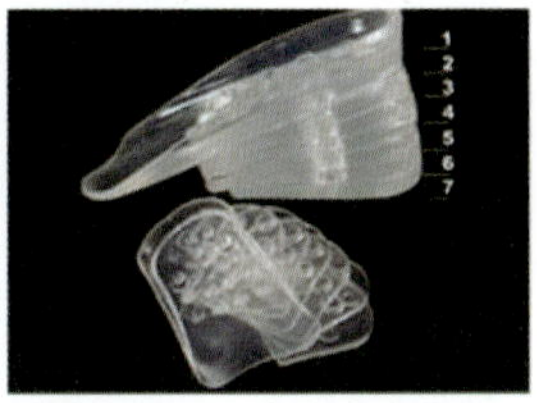

다단 깔창

높이를 7단까지 단계별로 조절할 수 있는 키높이 깔창

· 접이식 침대 · 바퀴 달린 가구 · 주름 빨대 · 굴절 버스 · 두루마리 키보드
· F-14 톰켓의 가변형 날개 · 접이식 키보드 · 접이식 사이드 미러 · 이동식 주택 · 높이 조절 싱크대
· 액티브 러닝 · 두바이의 몸 비트는 빌딩, 다이나믹 두바이

16번 초과나 부족 조치

딱 떨어지게 맞추기 어려울 때는 더 많거나 더 적게 하자.

초과나 부족 조치Partial or Excessive Action는 원하는 것을 100% 달성하기 어려울 때, 우선 쉽게 목표치에 근접하도록 대충 맞추는 원리다. 초과됐거나 부족한 부분은 나중에 보충할 수 있다. 개복치는 생존 확률을 높이기 위해 한 번에 약 3억 개의 알을 낳는데, 이는 번식을 위한 초과 조치라 볼 수 있다.

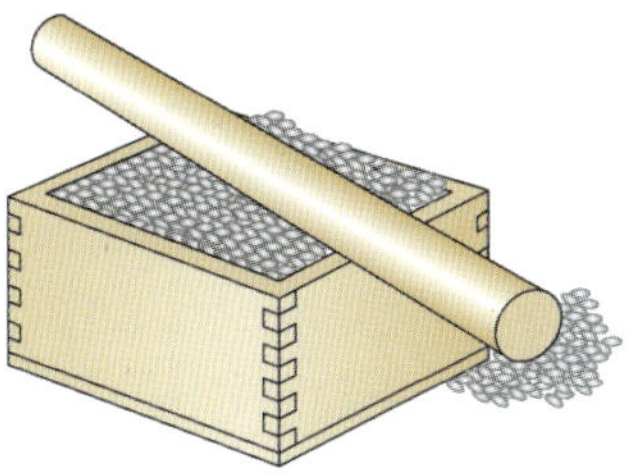

되질

생선 초밥

생선을 부각시키기 위해 밥보다 생선을 훨씬 크게 만듦

노트북 모니터 연결 포터

나사 없이 느슨하게 연결해서, 케이블이 발에 걸렸을 때 노트북에서 쉽게 분리되어 노트북까지 떨어지는 일이 없도록 만듦

자동차 사이드 미러

부딪혔을 때 뒤로 확 젖혀져서 쉽게 부러지지 않게 만듦

· 파종 방법	· 맥주 따르기	· 마스크 팩	· 무제한 리필	· 브레인스토밍
· 포스트잇	· 한정판	· 9/99/999 가격 정책	· 초저가 노트북	· 인도 타타 모터스의 초저가 자동차 나노

17번 차원 변경

다른 차원으로 이동시키자. (1차원 ↔ 2차원 ↔ 3차원)

단층은 복층으로 만들자.

수직은 수평으로, 수평은 수직으로 바꾸자.

최근 3D를 넘어 4D 영화가 유행하고 있는데, 차원 변경Another Dimension은 이처럼 다른 공간을 찾아서 문제를 해결하는 원리다. 비기술적 측면에서는 판매 대신 렌탈로 시장을 확장하고 있는 정수기나 안마 의자 렌탈 사업을 예로 들 수 있다.

123456

1D 바코드 → 2D 바코드 (QR 코드)

QR 코드

2차원 바코드

호버 바이크

하늘을 나는 오토바이

수직 농경

땅이 아닌 건물에서 농산물을 재배함

포켓 라이트

카드형 램프

· 3D 프린터 · 팝업북 · 와인 보관대	· 벽걸이 TV · 2층 버스 · 주차 빌딩	· 천정형 에어콘 · 적층 PCB	· 입체 카드 · 3D CAD	· 복층 오피스텔 · 하늘 나는 집, 에어크루즈

여기서 잠깐 책 읽기도 차원 변경이 가능할까?

'자살을 할까, 커피나 한 잔 할까?'의 저자 엘리엇 부는 스무 권의 책을 동시에 읽는 방식을 선호한다고 한다.

스무 권의 책을 앞에 쌓아두고 그 중 한권을 들어서 한 장 또는 일부분을 읽고 난 후, 다른 책을 집어 들고 앞서 읽은 주제와 관련된 장이나 그렇지 않은 장을 읽어 나간다.

이렇게 하면 한 주제에 대해 스무 명의 저자가 가진 관점을 동시에 파악할 수 있다. 엘리엇 부의 친구 한 명이 그의 이런 독서법에 '비선형적 독서(non-linear reading)'란 멋진 이름을 붙였다.

이런 독서법을 바탕으로, 서문을 제외한 대부분의 내용을 다른 작가 272명이 쓴 700여개의 문장을 인용해서 만든 책이 바로 '자살을 할까, 커피나 한 잔 할까?'이다.

18번 기계적 진동

물체가 진동 운동을 하도록 만들자.

진동수를 초음파 수준까지 증가시키자.

공진이나 압전(Piezo) 진동을 이용하자.

초음파 진동을 전자기장과 결합해서 이용하자.

휴대폰의 진동 모드는 강의나 회의 시간에 다른 사람을 방해하지 않으면서 전화나 문자가 온 것을 인지할 수 있는 편리한 기능이다. 또한 주형틀에 주조물을 붓는 동안 형틀을 약간 진동시키면 훨씬 쉽게 주형틀을 꽉 채울 수 있다. 이처럼 물체가 진동하도록 만드는 것이 기계적 진동 Mechanical Vibration 원리다. 진동은 시계추의 움직임처럼 왕복 운동으로 만들 수도 있고, 미세하게 분자를 진동시키는 초음파를 이용하거나 공명이나 압전 소자를 이용해서 만들 수 있다.

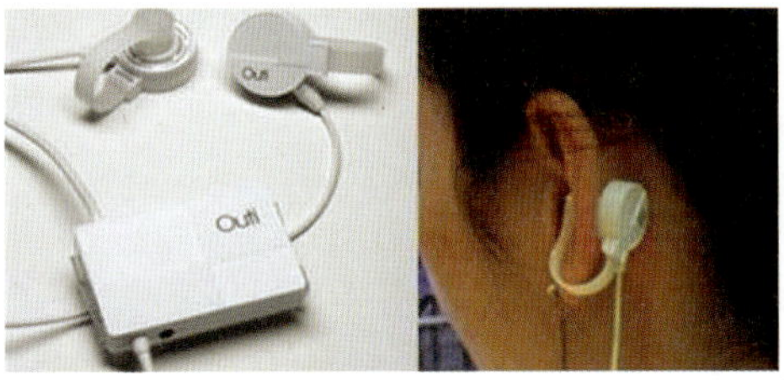

골전도 이어폰

피부와 뼈를 통해서 소리를 전달함

쏘나타 터처블 뮤직 시트

시트의 등과 양쪽 허벅지 아래쪽 부분에 3개의 진동 스피커를 삽입해 청각 장애인이 진동을 통해서 음악을 느낄 수 있도록 고안됨

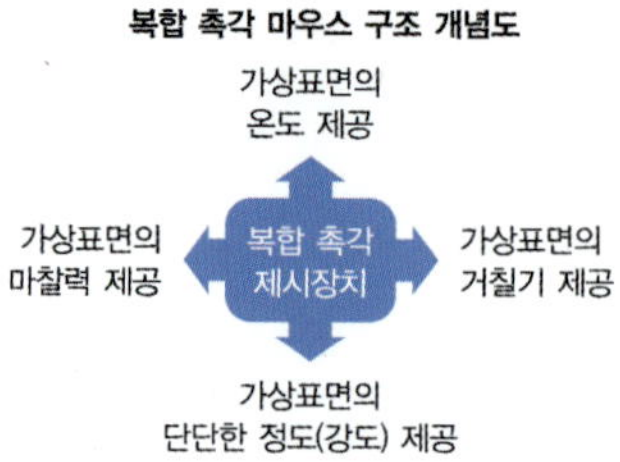

복합 촉각 마우스

사용자의 손이 닿는 판에 미세한 고속 진동을 전달해서 해당 물체의 마찰력을 구현함

· 커피숍 진동 호출벨	· 전동 칫솔	· 진동 파운데이션	· 진동 드릴	· 초음파 렌즈 세척기
· 초음파 야채 세척기	· 초음파 가습기	· 초음파 해충 퇴치기	· 진동 비데	· 진동 우퍼 스피커
· 초음파 결석 파쇄기	· 안마 의자	· 가격 탄력제	· 수정 발진 시계	

19번 주기적 작용

연속적인 작용을 주기적 순간 작용 형태로 전환하자.

연속적인 작용을 더 강하게 하기 위해 쉬는 시간을 활용하자.

작용이 이미 주기적이면 진폭이나 주기를 바꾸자.

주기적 작용Periodic Action은 한 마디로 지속적으로 이루어지던 작용을 한 번씩 끊어주는 원리로, 이보 전진을 위한 일보 후퇴로 볼 수 있다. 이미 주기적인 작용은 진폭이나 주기를 변경해서 더 강한 효과를 얻을 수 있다. 비기술적인 측면에서는 반짝 세일이나 한정 판매가 좋은 사례다. 무언가를 지속하다가 문제가 생겼다면 주기적 작용 원리를 활용해 보자.

임팩트 렌치

지정된 토크 값에 달하면 자동으로 작동이 정지되는 고장력 볼트 조임 장치

ABS 브레이크

미끄러운 노면에서 타이어가 잠기지 않도록 브레이크를 잡았다 놓았다 하는 펌핑을 1초에 10차례 이상 반복함

일본 마쯔시타의 투명 얼음 제빙기

10초마다 한 번씩 때려 공기방울과 불순물이 가운데로 몰리지 않게 함

· 사이렌 소리	· 경고등	· 점심시간의 휴식	· 방향제 자동 분사기	· 고속도로의 버스 전용 차선제
· 가변 차선제	· 국립공원 휴식년제	· 스프링쿨러	· 정기 검진	· 문서 편집기의 주기적 저장 기능
· 월례 조회	· 정기 채용	· 차량 요일제	· 연말정산	· 교대 근무
· 주기적인 바이러스 백신 프로그램 실행				

20번 유익한 작용 지속

유익한 작용을 중단 없이 지속되도록 만들자.

쓸데없는 동작이나 중간 동작을 제거하자.

유익한 작용 지속Continuity of Useful Action 원리는 주기적 작용 원리와 반대로 지속적으로 작용이 이루어지게 만드는 원리로, 은행이나 동사무소에서 교대근무를 통해서 점심시간에도 고객이 업무를 볼 수 있도록 하는 것이 좋은 예다. 교대근무는 직원 입장에서는 주기적 작용으로 볼 수 있지만, 고객 입장에서는 점심시간에도 은행 업무를 볼 수 있기 때문에 유익한 작용의 지속으로 볼 수 있다.

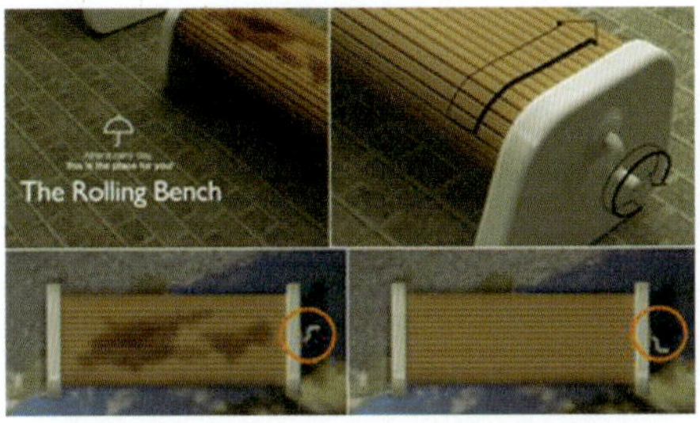

롤링 벤치

벤치 윗부분이 비에 젖어도 손잡이로 돌려서 앉을 수 있음

아이스버킷 챌린지

다음 사람을 지목해서 기부가 연속되도록 함

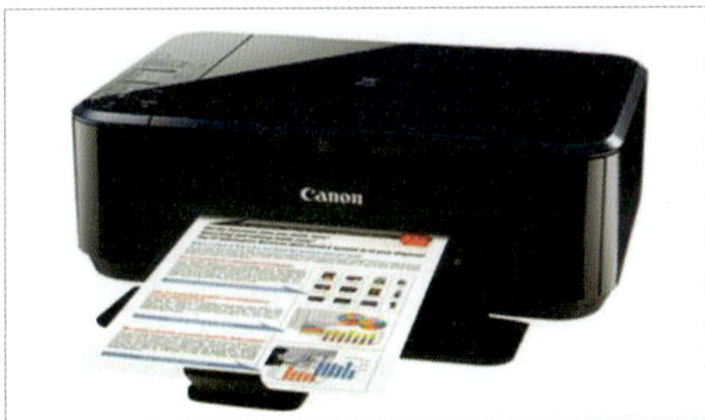

잉크젯 프린터

노즐이 단방향이 아닌 양방향으로 움직이면서 빠르게 인쇄함

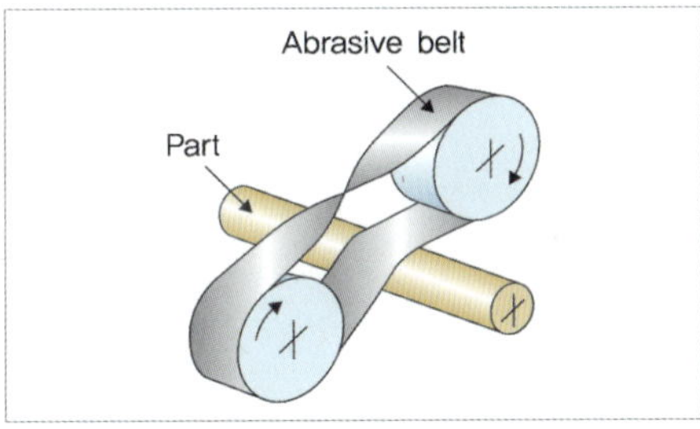

뫼비우스 벨트

앞뒤 구분이 없기 때문에 연마용 벨트의 수명이 두 배 증가됨

- 24시간 편의점
- 비닐하우스 경작
- 직원 수시 채용
- 은행 365 코너
- 슬러시
- 계주 경기
- 온라인 뱅킹
- 뫼비우스 띠
- 레미콘차의 회전
- 실시간 검사 백신 프로그램
- 삼모작
- 스트리밍 서비스

21번 고속 처리

해로운 요소를 배제시키기 위해 빨리 처리하자.

꼭 필요한 게 아니면 건너뛰자.

털이 많은 다리에 제모용 왁스를 붙였다가 떼야 한다고 상상해 보자. 아플까봐 천천히 떼면 고통만 커지므로, 이럴 땐 순식간에 떼어내는 게 좋다. 이처럼 해롭거나 위험한 것을 빨리 처리하거나 건너뛰어서 문제를 해결하는 방식이 고속 처리Rushing Through 원리다.

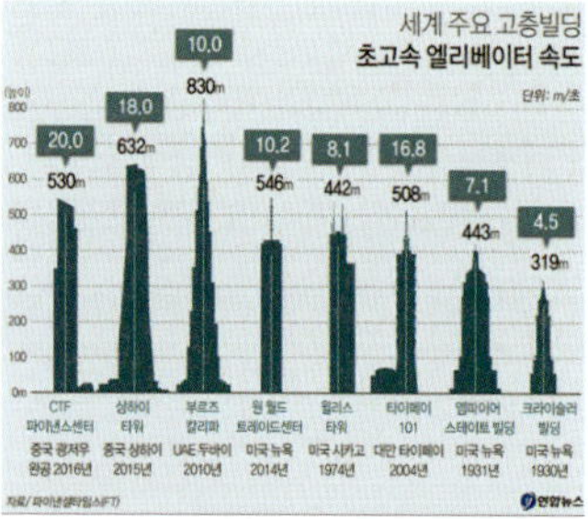

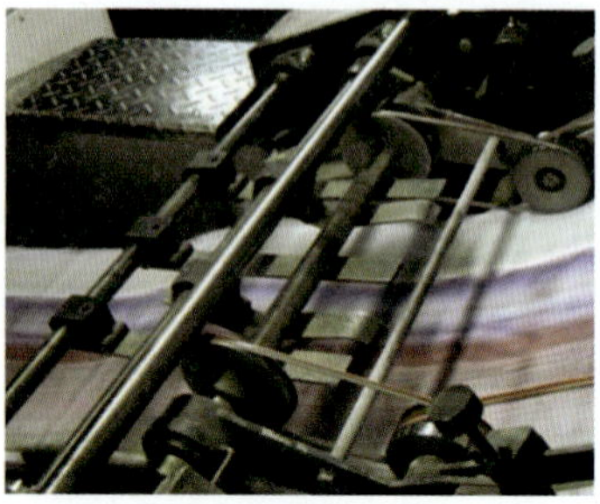

초고속 엘리베이터

대만 타이베이 101빌딩의 초고속 엘리베이터는 초당 16.8m 이동할 수 있음

패스트패스

Fastpass, 놀이공원에서 기다리지 않기 위해 놀이기구를 미리 예약함

신문 윤전기

300도 정도의 고온에서 인쇄용 잉크를 신속히 말림

- 휴대폰 급속 충전기
- 하이패스
- 스낵 컬처
- 초고속 파이프 절단기
- 무서명 카드 소액결제
- 패스트 패션(Fast Fashion)
- 급속 동결
- 맥드라이브
- 3초 삽겹살
- 바로드림 서비스
- 초고온 순간 살균
- 퀵서비스

여기서 잠깐 **이런 원리를 추가하면 어떨까?**

천천히 하기

유익한 것을 얻기 위해 천천히 처리하자.

해로운 것을 제거하기 위해서는 빨리 처리하는 게 좋을 수 있지만, 때론 유익한 것을 얻기 위해 인내심이 필요할 때도 있다. 오히려 천천히 하는 게 더 나은 것에는 어떤 것이 있을까?

매일 먹는 밥을 떠올려보자. 만약 뜸이 충분히 들지 않았다면 먹기 괴로울 것이다. 그 밖에도 다음 그림처럼 시간을 갖고 충분히 숙성시켜야 맛과 영양이 더 좋아지는 음식이 많다.

삭힌 홍어

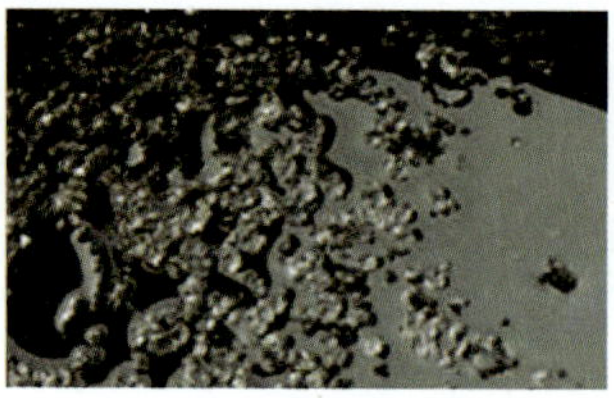

350년 된 종가집 씨간장

샤토 무통 로칠드 1945년 산

350년된 종가집 씨간장은 1리터에 500만원에 팔리고, 1945년 산 샤토 무통 로칠드 와인은 5,900만원에 낙찰되었다니, 천천히 하기의 효과가 맛 뿐만은 아닌 것 같다.

속도의 시대에 살면서 무엇이든 빨리 하는 것이 미덕으로 여겨지고 있지만, 다음 그림처럼 의외로 천천히 해서 더 유익한 것도 많다. 40가지 발명원리에는 포함되어 있지 않지만 천천히 하기도 적극 활용하기 바란다.

슬로푸드

웰빙 시대에 각광 받는 바른 먹거리

성가족 성당

가우디의 사그리 다 파밀리아. 기부금만으로 100년 이상 짓고 있는 스페인 최고의 관광지

명품 수제 바이올린

스트라디바리우스

22번 전화위복

유해한 요소를 유익하게 이용하자.

유해한 요소를 다른 유해한 요소와 결합해서 유해성을 제거하자.

유해한 정도를 증가시켜서 유해성을 제거하자.

문제 해결을 위해 보통 유해한 요소를 제거하는 데 집중하게 되는데, 전화위복Convert Harm into Benefit은 유해한 요소를 오히려 유익하게 이용하는 원리다. 2002년 월드컵 당시, 시청 앞에 위치한 플라자 호텔은 소음으로 인해 예약이 취소되는 사태가 속출했다. 엄청난 손해가 예상되는 상황에서 호텔 측은 응원 패키지(투숙+식사+응원)를 출시해서 오히려 큰 수익을 얻었다고 한다. 위기를 기회로 전환시킨 것이다.

그림 3-5 2002년 월드컵 당시 시청 앞 응원 인파

전자레인지

인체에 유해한 전자파를 음식물 가열에 이용함

노이즈 캔슬링 이어폰

소음 제거 기능을 추가해서 고부가가치 상품이 됨

아모리현의 합격 사과

태풍으로 10%만 남았지만 일반 사과의 10배 값에 판매함

· 봉침
· 백신
· 맞불로 산불 진화
· 노이즈 마케팅
· 폭발물로 유전화재 진화
· 보졸레누보 와인
· 쓰레기 소각 발전소
· 바이오 연료
· 치즈크러스트 피자
· 독사의 독으로 만든 해독제
· 해커 채용
· 사뽀로 눈축제

23번 피드백

현재의 상황을 전달하게 만들자.

외부의 변화 요인에 따라 변화했다가, 변화 요인이 사라지면 다시 원래 상태로 돌아가도록 만들자.

피드백Feedback은 현재 상황을 알아차리게 만드는 원리로, 현재 상황을 알아차리면 그에 따른 즉각적이고 적절한 대응이 가능하다는 장점이 있다. 인터넷 쇼핑몰의 상품평이 좋은 예다.

리멤버 링

입력한 기념일 하루 전에 약 50도 정도의 온도로 10초 동안 뜨거워져서 알려줌

클리커

사용자의 응답을 실시간 전달하는 장치

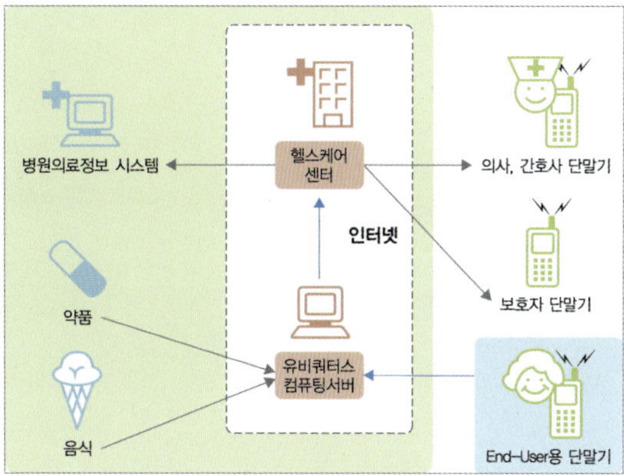

매직 머그컵

음료수의 온도에 따라 컵의 색이 변함

U 헬스케어 시스템

사용자의 건강 및 운동 정보를 무선 통신망을 통해 전달하고, 그 정보를 진단 시스템을 통해 주기적으로 사용자에 알려줌

· 체중계	· 습도계	· 삐삐 주전자	· 자동차 후진 경고음	· 시청자 의견
· 고객 체험단	· 강의 평가	· 빈 주차 공간 표시기	· 댓글	· 페이스북의 좋아요 버튼
· SW 베타버전	· 자동차의 연료 경고등			

24번 매개체

동작을 수행하거나 전달하기 위해 중간 매개체를 사용하자.

쉽게 제거할 수 있는 다른 물체에 임시로 연결하자.

어떤 일을 직접 하기 어려울 때 다른 사람의 도움을 받는 것처럼, 매개체Mediator는 어떤 일을 직접 하지 않고 중간 매개체에게 위임하는 원리다. 중간 매개체의 역할은 매우 다양한데, 변압기transformer처럼 대상의 성질을 바꾸는 것도 있고, 고무장갑처럼 대상을 보호하거나 편의성이 목적인 것도 있다.

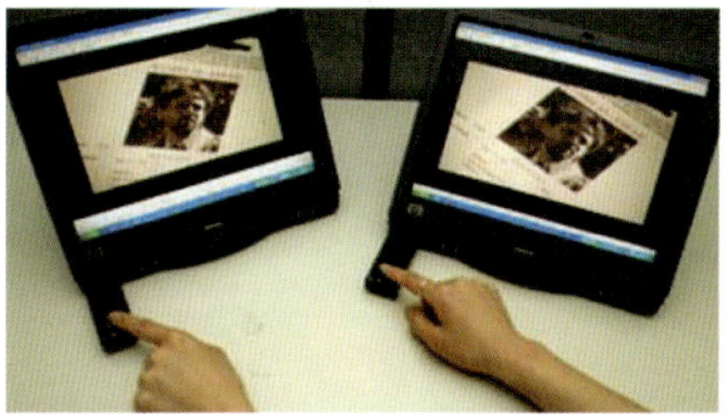

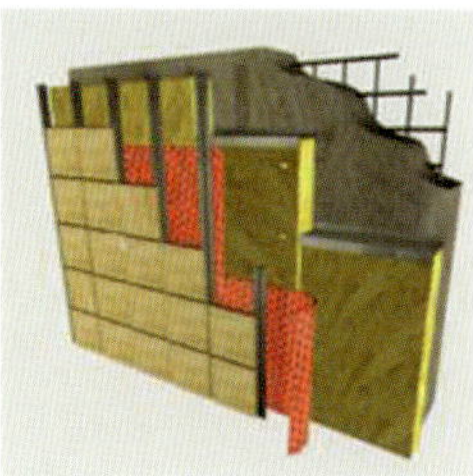

인체 통신 기술

ETRI에서 개발한 인체를 매개로 데이터를 주고받는 기술

단열재

일정한 온도를 유지하거나 열을 차단하기 위해 사용하는 중간 재료

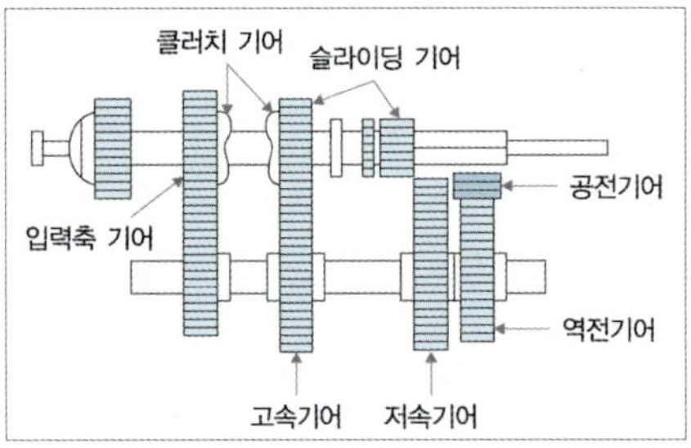

자동차 기어

엔진의 동력을 바퀴로 전달하는 장치

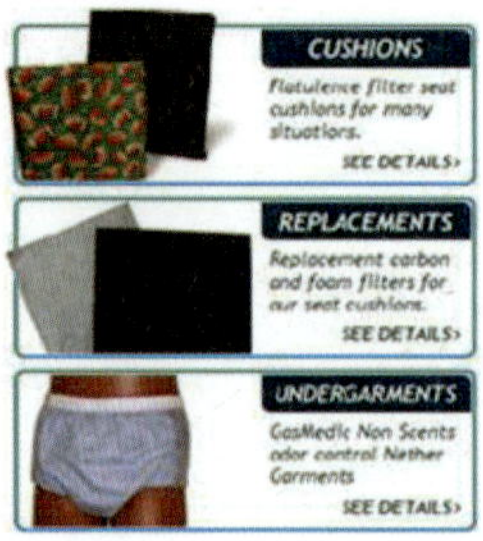

요술 방석

방귀 소리와 냄새까지 흡수하는 방석

· 앞치마	· 주방용 장갑	· 심판	· 도르래	· 변호사
· 결혼 정보업체	· 공인인증서	· 아이핀 인증	· 멀티어댑터	· 셀카봉
· 대리운전	· 택배업체	· 웹하드	· 클라우드 서비스	· UPS(무정전 전원 공급 장치)
· USB 메모리				

25번 셀프서비스

저절로 기능을 수행하게 만들자.

스스로 보완 작용이나 유지 보수 기능을 하도록 만들자.

셀프서비스Self Service는 단어 뜻 그대로 스스로 작동하게 만드는 것으로, 사람이 접근하면 저절로 열리는 자동문처럼 원하는 기능을 저절로 수행하게 만드는 원리다. 최근 강조되고 있는 자기 주도 학습도 학습의 셀프서비스로 볼 수 있다.

노에어 타이어 기술적 구조

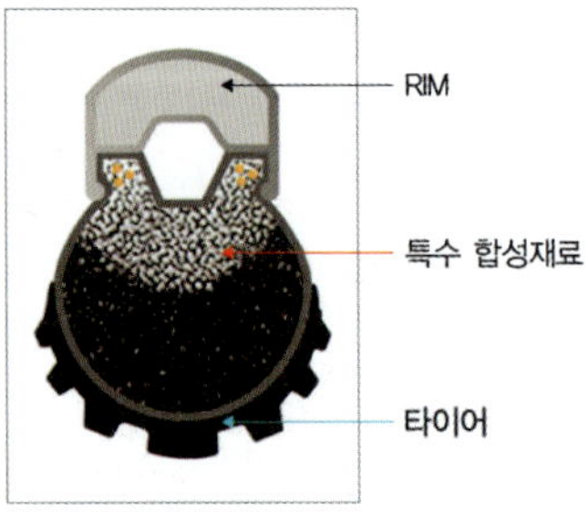

〈노에어 타이어 구조〉

노에어 타이어 실물 단면 : RIM에 결합 후

노에어 타이어 실물 단면 : RIM에 결합 전

노에어 타이어

내부에 특수 합성 신소재가 충전되어 펑크난 부분이 자동으로 메워짐

자동 수유 기구

펩티드 숲

나노 크기의 펩티드 분자들이 성장 후 숲 모양을 띠면서 스스로 먼지와 수분을 제거함

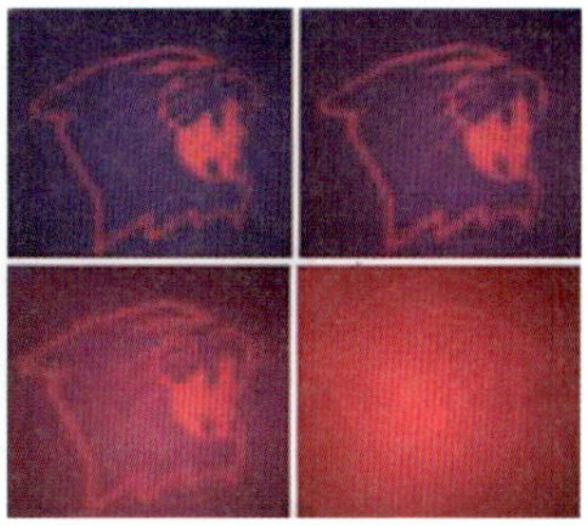

스스로 지우는 종이

문서에 자외선 펜으로 글씨를 쓰고 일정 한 시간이 지나면 글씨가 저절로 지워짐

· 셀프 주유소	· 셀프 포장대	· DIY 가구	· 자동 점멸 가로등	· 자동 센서 수도꼭지
· 조립식 장난감	· 오토 포커싱	· 로봇 청소기	· 자동 주차 시스템	· 드론을 이용한 무인 택배 서비스
· 자동 업그레이드	· 위키피디아	· 자판기	· 지열 난방	· 배니시(Vanish) 기술(인터넷 문서 자동 삭제 기술)

26번 복제

비싸거나 다루기 어려운 것을 값싼 복제품으로 대체하자.

물체를 그 물체의 광학적 이미지로 대체하자.

광학적 복제를 적외선이나 자외선 복제로 대체하자.

복제Copying는 원본 대신 복제품이나 대체 수단이 역할을 대신하게 만드는 원리다. 복제라고 하면 원본과 외형적으로 동일한 것이 연상되지만, 이 원리에서는 원본과 동일하지 않아도 원본의 역할을 대체할 수 있는 것은 모두 복제로 간주한다. 이력서에 사진을 붙이는 것도 실물 대신 광학적 이미지인 사진을 이용한 것이므로 복제의 좋은 예이고, 물체 크기를 실측하는 대신 사진을 찍어서 사진 속 물체를 측정하는 방법도 복제 원리로 설명할 수 있다.

실물 스캐너

사물의 색을 스캔하는 장치

베이비로이드

독거노인들의 우울증과 외로움을 위한 심리 치료용 로봇

회전초밥

아사히 맥주 공장의 컨베이어 벨트에서 착안한 아이디어

청도 몰래길

제주 올레길을 흉내낸 것으로, 몰래 소원을 빌면 그 소원이 이루어진다는 길

· 조화
· 마네킹
· 짝퉁
· 가상 현실
· 인조 보석
· 체크카드
· 아바타
· 적외선 카메라
· 인조 잔디
· 모델 하우스
· e북
· 열적외선 감지기
· 밀랍 인형
· 모창 가수
· 이러닝
· 음식점에 진열된 음식 모형
· 명화의 복제품 전시
· 화상 회의

27번 일회용품

비싼 것을 싸고 수명이 짧은 것으로 대체하자.

유해한 작용을 줄이기 위해 수명이라는 특성은 희생하자.

일회용품Dispose하면 가장 먼저 떠오르는 것이 종이컵일 것이다. 이런 일회용품이 환경오염의 주범 가운데 하나로 취급되기도 하지만, 일회용 주사기나 수술용 장갑처럼 안전과 위생을 위해 꼭 필요한 경우도 많다. 일회용품 원리는 한마디로 한번 쓰고 버리게 만드는 원리다.

일회용품 원리와 복제 원리는 비싼 것을 싼 것으로 대체한다는 공통점이 있으나, 일회용품 원리의 경우 수명이 짧다는 특징이 중요하다. 종이컵은 비싼 크리스털 컵을 복제한 것으로 보고 복제 원리가 적용되었다고 볼 수도 있지만, 이는 한 번 쓰고 버리는 것이므로 일회용품 원리가 적용된 것으로 분류했다. 한편 플라스틱 컵은 일회용품 원리가 아닌 복제 원리가 적용된 것으로 봐야할 것이다. 물론 일회용품이라고 해서 꼭 한 번 쓰고 버리는 것만 해당되는 것은 아니며, 인터넷 임시 파일인 쿠키 파일도 넓은 의미에서 일회용품으로 볼 수 있다.

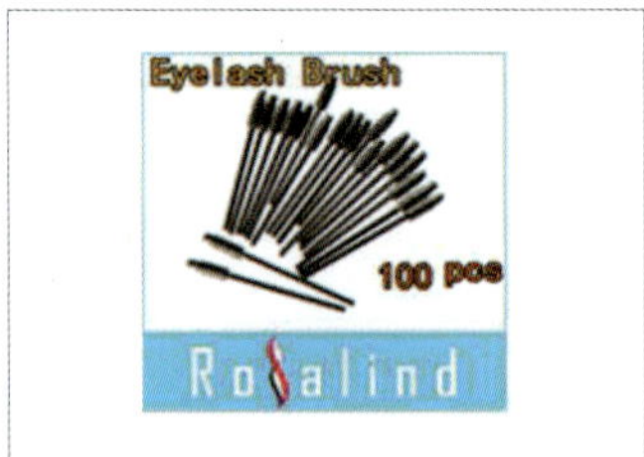

1회용 종이 휴대폰

통화 가능 시간은 3~24시간, 가격은 5만원 정도

스마트 더스트

먼지 크기의 초소형 센서로, 먼지처럼 뿌려서 각종 정보를 수집, 분석하는 일회용 유비쿼터스 장치

일회용 아이브러시

눈 화장할 때 사용하는 일회용 화장용품

- 종이 기저귀
- 일회용 비닐 앞치마
- 일회용 면도기
- 일회용 칫솔
- 일회용 접시
- 일회용 나무젓가락
- 일회용 비밀번호
- 렌터카
- 임시 출입증
- 대여 한복
- 일회용 렌즈
- 종이 모자
- 일용직 근로자
- 일일 직업 체험
- 가상머신(VM)

28번 기계시스템 대체

복잡한 기계적 작용을 단순화시키자.

전기, 자기, 전자기, 광학, 음향 등을 이용해서 물체와 상호작용하게 만들자.

기계시스템 대체Replacement of Mechanical System 원리는 기계시스템을 보다 단순한 시스템으로 바꾸거나, 보다 효율이 높은 시스템으로 바꾸는 원리다. 기계시스템을 단순화하기 위해서는 복잡한 기계적 측정 장비나 장치 없이, 시각, 촉각, 후각, 청각 등 사람의 감각을 이용해서 쉽게 감지하도록 바꾸어야 한다. 한편 기계시스템의 효율을 높이기 위해서는 전기장이나 자기장 같은 장field을 이용한다.

후각을 이용한 예로 원래 무색, 무취인 LPG 가스에 황 화합물을 추가해서, 가스레인지 등에서 가스가 새는 경우에 사람이 냄새로 쉽게 인지하도록 만든 것을 들 수 있다. 촉각을 이용한 예로는 커피숍 등에서 많이 사용하는 진동 호출벨을 들 수 있다. 또한 현금 대신 신용카드로 결제하는 시스템도 전자기장을 활용해서 보다 효율적인 시스템으로 대체한 사례다.

타이어 마모 한계 표시

타이어 교체 시기를 눈으로 확인할 수 있도록 만든 것

맥주 온도계 표시

온도계 색이 파란색일 때 맥주가 가장 맛있는 온도인 7~8도임을 표시함

자성 드라이버

자기장을 이용해서 효율을 향상시킨 것

초음파 모기 퇴치기

모기가 무서워하는 잠자리 소리로 모기를 퇴치하는 장치

· 버튼식 잠금장치	· 자동차용 스마트키	· 스마트폰의 음성 인식 기능	· 화재 경보음	· 휴대폰 진동 모드
· 레이저 키보드	· 신호등	· 스마트 그리드(지능형 전력망)	· 전기 찜질기	· 리모컨
· 전기 안마기	· 미디어 폴(media pole)	· BIS(버스 정보 시스템)	· ARS(자동 응답 시스템)	

29번 공기나 유압

단단한 것을 유동적인 것으로 대체하자.

공기압, 유압, 수압적 완충 작용을 이용하자.

일상에서 우리는 공기와 물의 고마움을 잘 느끼지 못하는 경우가 많은데, 공기와 물은 의외로 문제 해결에 좋은 자원이며, 광범위하게 활용되고 있다. 공기나 유압Pneumatics or Hydraulics 원리는 시스템의 고체 부분을 공기나 물 같은 기체나 액체로 대체하거나, 공기나 물 등으로 팽창시켜서 쿠션(완충 역할)으로 활용하는 원리다. 종이 포장지를 대체한 포장용 에어 캡인 일명 뽁뽁이가 이 원리를 적용한 좋은 예다.

계란 노른자 분리기

공기압을 이용해서 노른자만 분리하는 조리기구

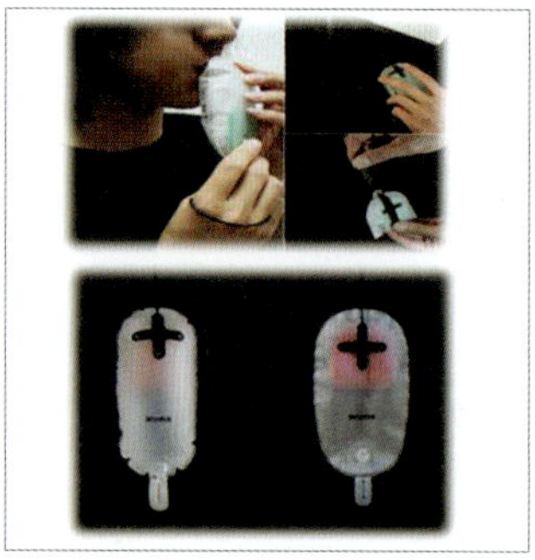

공기 마우스

공기를 불어 넣어서 사용하고, 보관할 때는 공기를 빼고 접어서 보관하는 마우스

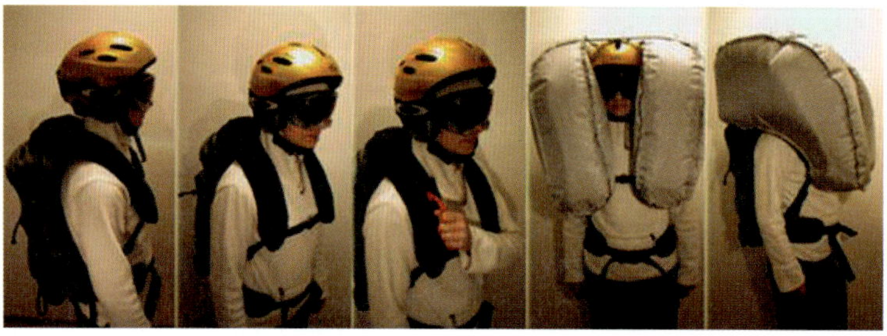

눈사태용 에어백

· 자동차 에어백	· 고무보트	· 물침대	· 에어 매트	· 스프레이식 선크림
· 워터픽	· 에어 돔	· 에어건	· 모이스처 미스트	· 과자 봉지의 질소 충전
· 열기구	· 워터 제트	· 에어 서스펜션	· 구명조끼 / 구명보트	· 스프레이 먼지 제거제
· 에어쿠션 운동화				

30번 유연한 막 / 얇은 필름

기존 구조물을 유연한 막이나 얇은 필름으로 대체하자.

유연한 막이나 얇은 필름을 이용해서 물체를 격리시키자.

요즘은 자장면이나 짬뽕을 주문하면 랩을 씌워서 배달하지만, 랩이 발명되기 전에는 자장이나 짬뽕 국물이 좀 흐르는 것을 당연하게 여기던 시절도 있었다. 유연한 막Flexible Membrane과 얇은 필름Thin Film 원리는 유연하거나 얇은 물질로 제품을 만들거나 그것을 이용해서 문제를 해결하는 것으로, 휴대폰의 액정 보호 필름이나, 쓴 약의 표면에 당분을 얇게 코팅한 당의정이 좋은 예다.

실리콘 전구

얇은 실리콘 소재를 전구에 입혀서 안전하게 전구를 만질 수 있음

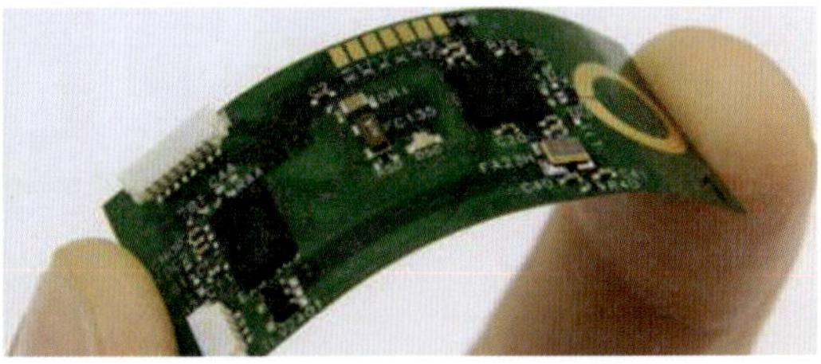

플렉시블 PCB

필름으로 만들어서 쉽게 구부러지는 인쇄회로기판

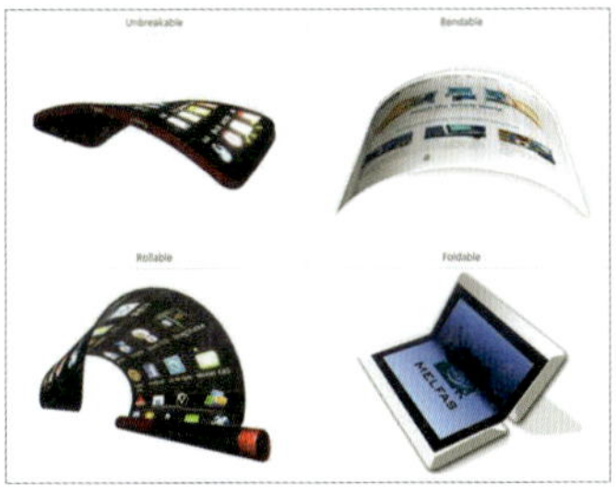

플렉시블 디스플레이

유연한 재료를 사용해서 휘거나 구부리거나 말 수 있는 디스플레이 장치

합판 유리

두 장의 유리 사이에 합성수지 막을 끼워서 잘 깨지지 않고, 깨져도 파편이 튀지 않는 안전 유리

· 비닐하우스　· 썬팅　· 수술용 장갑　· 콘택트렌즈　· 마스크 시트
· 키보드 커버　· 파스　· 포장용 필름지　· 코팅펜　· 치아 미백 필름
· 튀김옷　· 종이비누　· 방수 재킷　· UV 코팅 양산

31번 구멍 / 다공성 물질

물체에 구멍이 많게 만들거나 다공성 재료를 사용하자.

물체가 다공성이면 구멍을 다른 물질로 채우자.

구멍Hole이 별 거 아닌 것 같지만 적재적소에 구멍만 잘 뚫어도 놀라운 발명이 될 수 있다. 다공성 물질Porous Material 원리는 구멍이나 다공성 재질을 이용하는 것으로, 링 도넛이나 모기장이 좋은 예다. 한편 아주 미세한 구멍이나 아주 큰 구멍을 뚫는 데에는 상당한 기술이 요구된다.

벌집 타이어

구멍 뚫린 벽돌

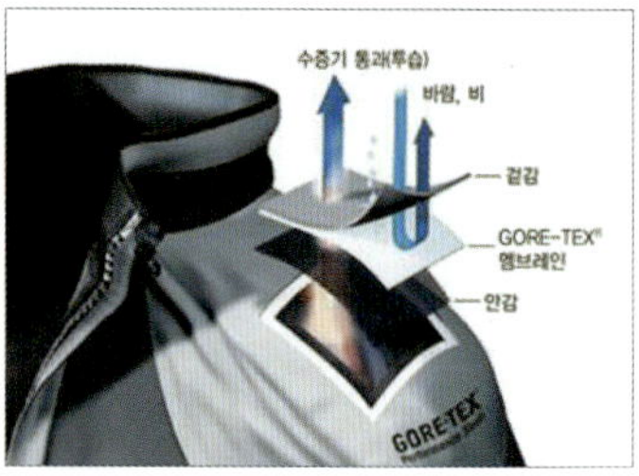

고어텍스

미세한 구멍으로 인해 공기와 습기는 통과하지만 물방울은 차단되는 소재

PC의 프린터 포트와 시리얼 포트

· 스펀지	· 그물	· 정수기 필터	· 실리카겔	· 양념통 뚜껑
· 죽부인	· 여백의 미	· 탈취제	· 골판지	· 속이 빈 젓가락
· 극세사 이불	· 슬라이스 라텍스	· 틈새시장	· 그린벨트	· 계란 노른자 분리기

32번 색 변경

물체나 주변 환경의 색이나 투명도를 바꾸자.

관측의 편의를 위해 유색 첨가물 / 발광물질 / 추적용 동위원소를 활용하자.

색 변경Color Changes은 한마디로 색이나 투명도를 바꾸는 원리다. '색 변경'이라 하면 언뜻 최초의 화이트폰처럼 디자인 측면에서의 색 변경을 떠올리기 쉬운데, 이 원리는 디자인 측면에서의 색 변경보다는 새로운 기능이나 가치를 부가하기 위한 색 변경을 의미한다. 색 변경과 같은 단순한 개념이 어떻게 40가지 발명원리 가운데 하나가 될 수 있는지 의아할 수 있으나, 구체적인 사례를 보면 색 변경만으로도 얼마나 많은 특허가 가능한지 알 수 있다.

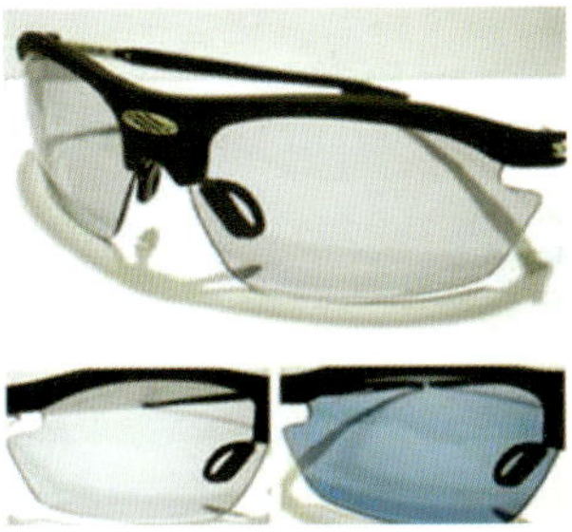

조광 렌즈

대기 중 자외선 양을 측정하는 센서를 이용해 날씨에 맞게 렌즈색이 자동으로 변함

샤워 펫

물의 온도가 36도 이상 되면 색이 바뀜

레인보우 장미

장미꽃 한 송이의 각 꽃잎이 다른 색을 띠는 장미

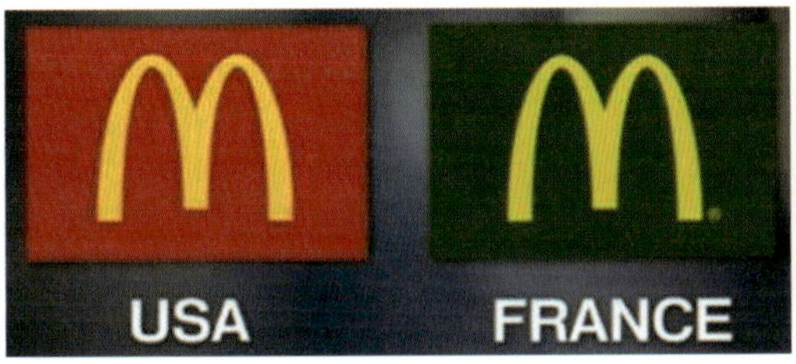

프랑스 맥도날드 로고

초록색으로 바꿔서 정크 푸드라는 이미지의 변신을 꾀함

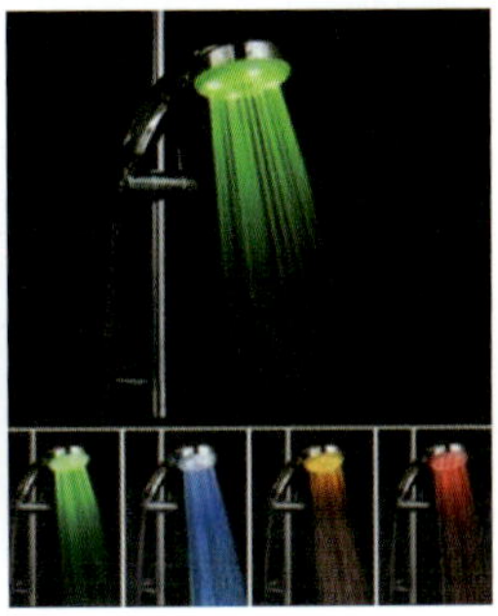

LED 샤워기

온도에 따라 물의 색이 바뀜

· 야광 휴지	· 선글라스	· 마술장미	· 칼라 렌즈	· 노란 수박 / 검정 수박
· 형광펜	· 나이트 조명	· 경고용 옐로우 카드	· 투명 밴드	· 6색 모자 발상법(6 Thinking Hats)
· 충전기의 LED	· 소변 당뇨 검사지	· 리트머스 시험지	· 소주의 온도 라벨	· 인디케이트 칫솔
· M&M 초콜릿				

33번 동질성

물체와 상호작용하는 주변 물체를 물체와 동일하거나 비슷한 재료로 만들자.

콘 아이스크림은 아이스크림을 담는 그릇 대신 얇은 와플을 사용한 것으로, 아이스크림도 먹고 콘도 먹을 수 있는 일석이조의 아이디어다. 이처럼 한 마디로 같게 만들어서 문제를 해결하는 것이 동질성Homogeneity 원리다. 세상에서 가장 단단한 물질인 다이아몬드를 가공할 때 다이아몬드를 사용하는 것이나, 단합을 위해 유니폼을 입는 것이 좋은 예다.

팝콘으로 만든 팝콘 그릇

애견과 함께 사용하는 캠핑용 침낭

습윤 양생

콘크리트 양생 시에 외부의 수분 함유량과 유사하게 만듦

유아용품 광고

유아용품 광고에 유아 모델을 등장시킴

· 얼음 그릇 냉면
· 동호회
· 나무못
· 이글루
· 커플룩
· SW/HW 호환성
· 커플링
· 교복
· 패션 타운
· 동문회
· 얼음 맥주잔
· 애견 방송

34번 폐기와 재생

부품이 기능을 다하면 폐기(제거, 용해, 증발 등)하거나 변형하자.

고갈되었거나 소모된 부품은 작동 중 다시 복구시키자.

폐기와 재생Rejection & Regeneration은 쉽게 말하면 없애거나 다시 살려내는 원리다. 즉 용도가 다하면 쉽게 사라지게 해서 회수할 필요가 없게 만들거나, 재사용이 필요하다면 처음부터 재생이 쉽도록 만드는 것이다. 약의 캡슐은 폐기, 충전용 건전지는 재생의 좋은 예다.

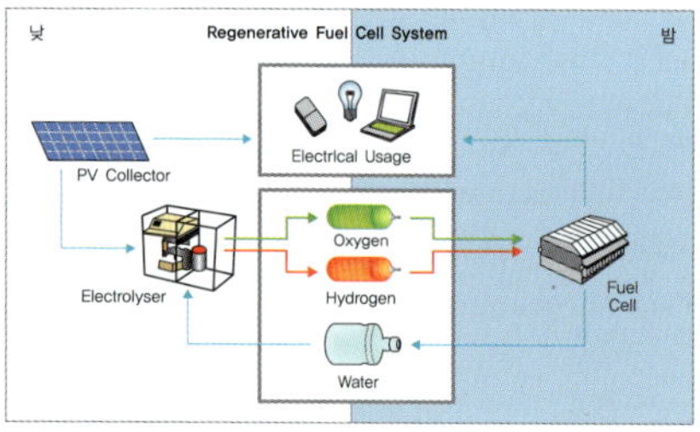

RFC

재충전 가능한 연료전지

지승 공예

못 쓰게 된 한지를 재활용해서 만든 공예품

정크 아트

폐품을 재활용한 예술품

폐타이어 계단

- 녹말 이쑤시개
- 얼음 맥주잔
- 수술용 흡수성 봉합사
- 폐식용유 비누
- 재생 토너
- 폐기차 활용 카페
- 폐교 활용 미술관
- 옥수수 전분 아이스크림 스푼
- 바이오 플라스틱
- 리폼 인테리어
- 벼룩시장
- 치아 은행
- 음식물 쓰레기로 만든 비료

35번 속성 변환

대상의 물리적 상태를 바꾸자.

농도나 밀도, 온도, 유연성, 부피 등을 변화시키자.

곶감이나 오징어, 바나나 칩 등 햇볕에 말리거나 건조시켜서 새로운 맛과 저장성 등을 향상시킨 제품이 많다. 이처럼 속성 변환Transformation of Properties은 대상의 물리적 상태를 변화시키는 원리이다.

필요한 만큼 잘라서 사용하는 종이비누

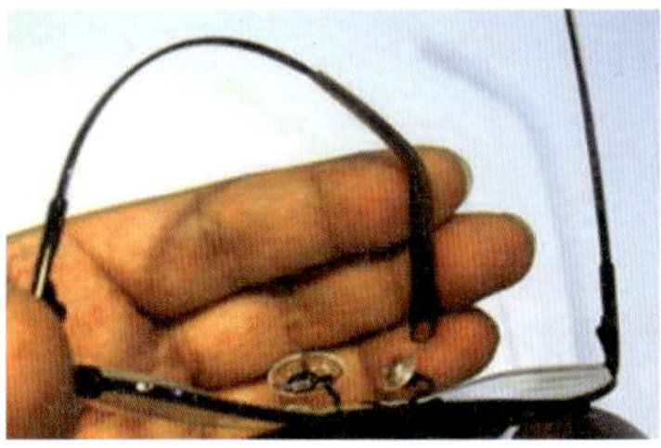

형상 기억 합금

상온에서 변형되었다가 정해진 온도가 되면 형상을 회복함

알집

파일 사이즈를 압축하는 소프트웨어

출산 장려 정책

산아 제한 정책에서 출산 장려 정책으로 변경됨

· 건포도
· 아이스 홍시
· 말린 과일
· 건어물
· 물비누
· 누룽지
· 액화 산소/질소
· 물약
· 디지털 액자
· 거품형 염색약
· 라이터(액화 가스)
· e북

36번 상전이

상전이 동안 발생하는 현상(부피 변화, 열 흡수나 발산 등)을 이용하자.

상전이Phase Transition란 물질의 상태가 온도나 압력, 자기장 등 일정한 외부 조건에 따라 한 형태에서 다른 형태로 바뀌는 현상을 의미하며, 가장 대표적인 상전이는 액체-기체 상전이다. 그밖에 융해(고체 → 액체), 고화(액체 → 고체), 기화(고체나 액체 → 기체(증기)), 응결/액화(기체 → 액체) 등의 상전이가 있다. 상전이 원리는 상전이 동안 발생하는 부피 변화나 열의 흡수나 발산 등을 이용하는 것이다.

예를 들어 경주의 석빙고는 조선 1738년(영조 14년)에 얼음을 저장하기 위해 돌로 만든 것이다. 겨울에 채취하여 저장한 얼음이 조금씩 녹아내리면서 석빙고 내부의 열을 흡수해서 내부 온도가 일정하게 유지되어, 여름까지도 얼음을 보관할 수 있다고 한다.

냉풍기

물탱크가 장착된 선풍기로, 물이 증발할 때 열을 빼어가는 원리 활용

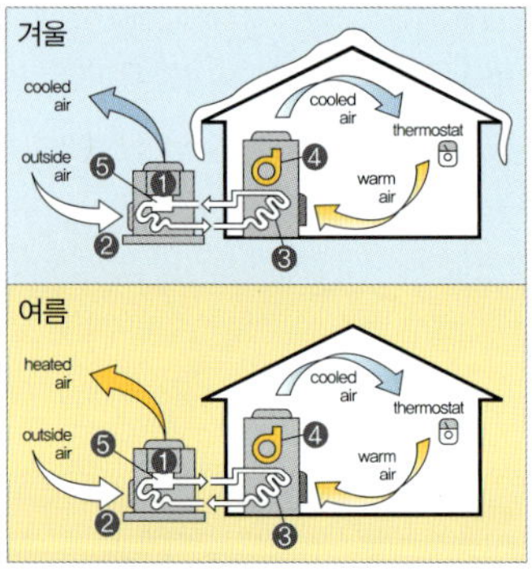

열 파이프

배관 내 유체가 액체에서 기체로 전환됨에 따라 발산되고 흡수되는 열을 히터 또는 에어컨에서 사용함

PRAM

결정과 비정질의 상전이를 이용한 차세대 메모리

히트텍

피부에서 방출하는 수증기를 레이온이 흡수해서 응축열을 발생시킴

· 드라이아이스 · 인공 강우 · 가습기 · 스팀 청소기 · 스팀다리미
· 향수 · PDP TV · 모기향 · 비염 치료 스프레이 · 아이스박스
· 샌드 블라스팅 공정의 연마제로 모래 대신 드라이아이스 활용

37번 열팽창

온도 변화에 따른 팽창과 수축을 이용하자.

열팽창 계수가 서로 다른 재료를 이용하자.

주변의 많은 물체가 열에 의해 팽창되는 성질을 갖고 있는데, 온도에 따라 팽창하거나 수축하는 성질을 이용하는 것이 열팽창Thermal Expansion 원리다. 팝콘이나 뻥튀기가 그 좋은 예다.

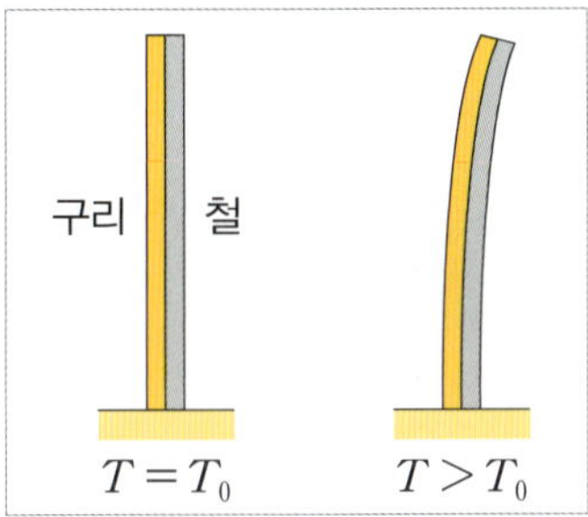

바이메탈

열팽창 계수가 서로 다른 두 금속을 붙여서 만든 것

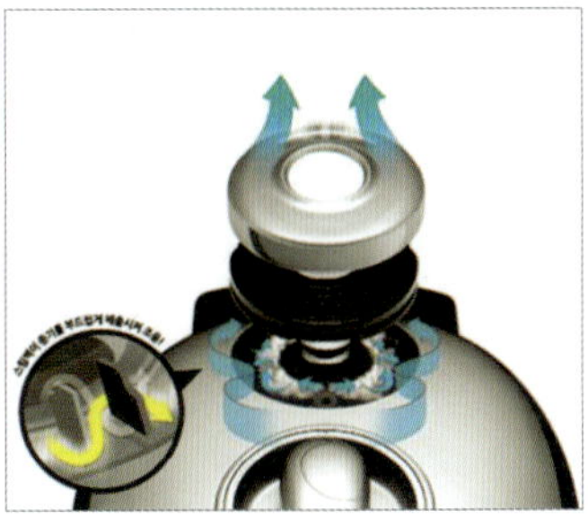

압력 밥솥

밥이 다 되어 가면, 압력 밥솥 위의 꼭지에서 압력이 세면서 소리가 나게 됨

전선 연결

계절별 온도에 따라 전선이 팽창, 수축하기 때문에 전봇대와 전봇대 사이를 약간 느슨하게 연결함

IPv6

IP 주소 공간으로 128비트를 사용하므로, 32비트를 사용하는 IPv4에 비해 IP 주소의 수가 엄청나게 증가함

· 수은 온도계 · 삐삐 주전자 · 증기기관 · 철도 레일 · 태양열 발전
· 열기구 · 피자 굽기 · 바이메탈 온도계

38번 활성화 / 산화 가속

산소가 다른 물질과 결합하여 촉매 역할을 하도록 하자.

긍정적인 변화를 유도하거나 작용을 활발히 하도록 하자.

산소Oxygen는 무색, 무취, 무미의 기체로, 구조적으로 불안정하기 때문에 주변의 다른 물질과 쉽게 결합하는 성질이 있다. 또한 산소 자체는 타지 않지만 다른 물질이 타는 것을 돕는 성질이 있다. 산소의 이런 성질을 이용하는 것이 바로 활성화 또는 산화 가속Accelerated Oxidation 원리다. 꼭 산소를 이용하는 것뿐만 아니라 응원이나 포상 휴가, 특별 보너스 등도 모두 일상에서 마치 산소 같은 역할을 하는 것이므로 활성화Activation의 사례로 볼 수 있다.

폭죽

화약과 특정 색깔을 표출하는 원자를 포함한 화합물, 그리고 화약을 빠르게 연소시키는 산화제로 구성됨

산소 절단기

LPG 가스의 불꽃은 1000도까지 밖에 올라가지 않지만, 산소를 투입하면 불꽃의 온도를 2000도까지 올릴 수 있음

염색 및 탈색용 산화제

· 촉매제	· 오존 살균기	· 발효	· 변비약	· 경품 행사
· 사은품	· 인센티브	· 치어리더	· 고압 산소 요법	· 산소 호흡기
· 산소 마스크	· 어항용 산소 발생기	· 아이스 브레이킹	· 칭찬	

39번 비활성화 / 불활성 환경

정상적인 환경을 불활성 환경으로 바꾸자.

산소와 결합하는 것을 억제하자.

진공 속에서 처리하자.

비활성화Inactivation 또는 불활성 환경Inert Environment이란 매우 안정적인 상태를 의미하며, 활성화 원리와는 반대로 산소와의 결합을 방지하는 원리다. 백열전구 내부를 진공 상태로 만들거나, 아르곤과 질소를 혼합한 불활성 가스로 채워 높은 온도에서 필라멘트가 증발하는 현상을 방지하는 것이 좋은 예다. 비기술적 측면에서는 낮잠을 예로 들 수 있다.

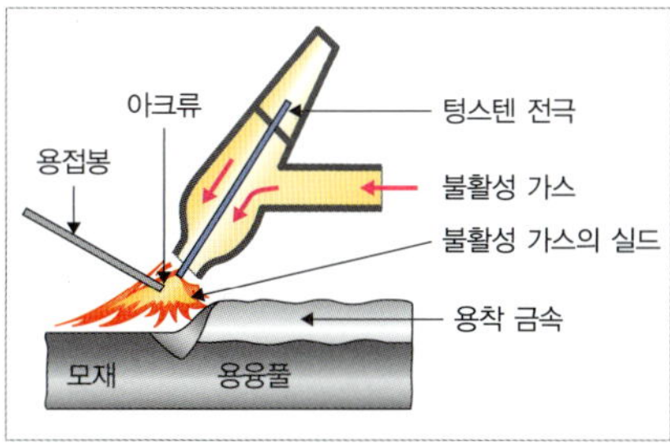

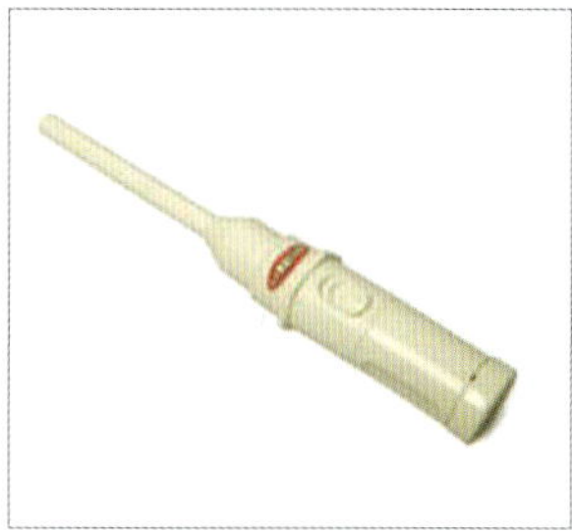

진공 포장기

산소와의 접촉을 차단해서 저장 기간을 증가시킴

MIG (금속 불활성 가스) 용접

용접할 때 용접부 재료의 산화를 막기 위해 아르곤이나 헬륨 같은 불활성 가스로 용접 아크를 감싸게 함

진공 포장 공기 흡입기

· 소화기
· 질소 충전 포장
· 동물의 겨울잠
· 산화 방지 코팅제
· 통조림 보관
· 항균 마스크
· 항산화제
· 급속 냉동 보관
· 지퍼백
· 지사제
· 휴가
· 중화제
· 무균실

40번 복합 재료

동질 재료를 복합 재료로 바꾸자.
여러 재료를 융합해서 새로운 재료를 만들자.

일상에서 사용하는 많은 제품의 소재가 복합 재료Composite Materials 인 경우가 많다. 예를 들어 옷의 재질도 겉감은 모 100%, 속감은 견 95%와 폴리우레탄 5% 등과 같이 혼방인 경우가 많다. 복합 재료 원리는 동질 재료를 복합 재료로 바꿔서 문제를 해결하는 원리다.

복합 재료 원리는 5번 통합이나 6번 다용도 원리와 혼동될 수 있는데, 굳이 구분하자면 복합재료는 재료 수준에서 결합된 것이기 때문에 각각의 본래 기능이나 용도는 대부분 사라진다. 반면 통합이나 다용도 원리가 활용된 것은 각각의 본래 기능이나 용도가 여전히 존재한다.

타이어 코드

고무+섬유+직물+철사 등

방탄유리

유리에 고분자 폴리에틸렌 필름 추가

리트라콘

시멘트에 광섬유를 결합해서 빛을 통과시키는 콘크리트

· 클래드(스테인리스+알루미늄+니켈 등)
· 유리섬유 강화 플라스틱(Glass fiber reinforced plastic)
· 섬유 강화 세라믹(Fibre-reinforced ceramics)
· 철근 콘크리트
· 퓨전 음식
· 퓨전 음악
· 팝페라
· 퓨전 한복
· 칵테일
· 진흙 벽
· 비빔밥

3.3

발명원리 활용하기

3.3.1 분할해보기

기존 임시 신호등은 기둥이 길어서 멀리서도 신호등이 잘 보이는 장점이 있는 반면, 다른 곳으로 이동 설치하는 것이 불편하다는 단점이 있다.

그림 3-6 기존 임시 신호등의 문제점

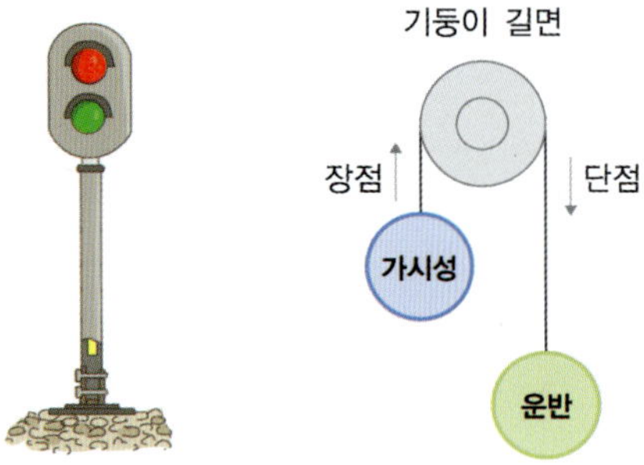

이 문제에 바로 분할 원리를 활용해서 아이디어를 도출할 수 있겠지만, 먼저 문제 상황에 포함된 기술적 모순을 정의한 다음, 단점을 장점으로 바꿀 수 있는 발명원리를 선택해서 아이디어를 도출하는 것이 트리즈의 일반적인 문제 해결 과정이다. 이때 기술적 모순은 항상 TC1과 TC2를 한 쌍으로 정의해야 하고, 아이디어를 도출하기 전에 먼저 기술적 모순을 하나 선택해야 함을 기억하자. 이제 다음과 같은 과정을 통해서 1번 분할 원리로 기존 임시 신호등의 문제를 해결해보자.

단계 1 : 기술적 모순 핵심 정의하기

기존 임시 신호등의 문제점을 기술적 모순으로 표현하면 [표 3–2]와 같다.

표 3-2 기존 임시 신호등의 기술적 모순 핵심 정의

구분	기술적 모순		
	조건	장점	단점
TC1	신호등 기둥을 길게 만들면	신호가 잘 보임	운반이 불편함
TC2	신호등 기둥을 짧게 만들면	운반이 편리함	신호가 잘 안 보임

단계 2 : 기술적 모순 선택하기

TC1과 TC2 가운데 어떤 것을 선택하느냐는 상황에 따라 다르지만, 대개 확보된 장점을 기준으로 기술시스템이 주요 기능을 수행하는 데 더 중요한 것을 선택한다.

표 3-3 기존 임시 신호등의 기술적 모순 선택

선택	선택 이유
TC1	신호등의 신호가 잘 보이는 것이 중요하므로

단계 3 : 단점 해결 아이디어 도출하기

분할 원리를 적용해서 TC1의 단점을 해결하려면 어떻게 해야 할까? 어느 부분을 어떻게 분할할 수 있을까?

표 3-4 기존 임시 신호등의 기술적 모순 해결 아이디어

기술적 모순	단점	분할 아이디어
TC1	운반이 불편함	기둥을 여러 부분으로 분할한 다음, 쉽게 접을 수 있도록 유연한 조인트로 연결한다.

[그림 3-7]처럼 기둥을 분할해서 유연한 조인트로 연결하면 가시성과 운반 편의성이라는 두 가지 특성을 모두 만족시킬 수 있다. 즉 기술적 모순 TC1을 완벽하게 극복할 수 있다.

그림 3-7 분할 원리를 활용한 기존 임시 신호등의 기술적 모순 해결

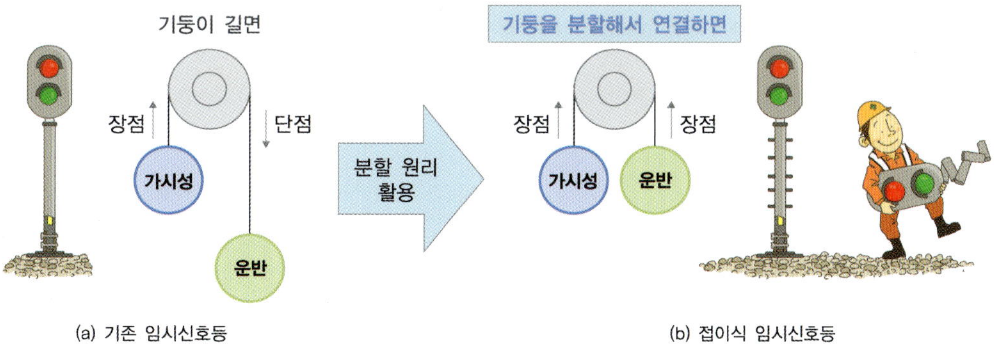

만약 이 문제처럼 분할 원리가 사전에 주어지지 않았다면, 모순 행렬을 이용해서 문제 해결에 적용할 발명원리를 검색해야 하는데, 이에 대해서는 6장에서 자세히 설명한다. 한편 TC2의 단점을 해결하려고 시도했다면, 다른 발명원리를 사용해서 다른 아이디어가 도출되었을 것이다.

3.3.2 포개보면 어떨까?

먼지 제거를 위해 종이봉투 필터를 사용하는 청소기는 종이 섬유가 떨어져서 미세 먼지를 방출하는 문제가 있다. 이 문제를 해결한 차세대 청소기로 사이클론 청소기가 등장했다. 사이클론은 [그림 3-8]처럼 회전 운동을 통해서 먼지를 분리시키는 장치다.

그림 3-8 사이클론의 구조

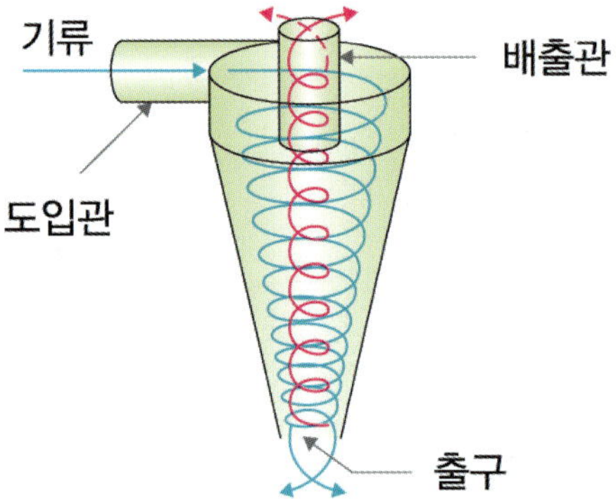

초기 사이클론 청소기는 미세 먼지가 발생하지 않는다는 장점이 있지만, 가끔 큰 오물로 인해 사이클론이 막히는 문제가 발생했다. 막히지 않도록 사이클론을 크게 만들면, 와류 현상이 커져서 미세 먼지가 분리되지 않고 밖으로 배출되는 문제가 생긴다. 다음과 같은 과정을 통해서 7번 포개기 원리로 초기 사이클론 청소기의 문제를 해결해보자.

단계 1 : 기술적 모순 핵심 정의하기

표 3-5 사이클론 청소기의 기술적 모순 핵심 정의

구분	기술적 모순		
	조건	장점	단점
TC1	사이클론의 크기가 크면	막히지 않음	미세 먼지가 분리되지 않음
TC2	사이클론의 크기가 작으면	미세 먼지가 분리됨	막힐 수 있음

단계 2 : 기술적 모순 선택하기

표 3-6 사이클론 청소기의 기술적 모순 선택

선택	선택 이유
TC1	사이클론이 막히면 청소기의 기능을 전혀 못하기 때문에 사이클론이 막히지 않는 것이 더 중요함

단계 3 : 단점 해결 아이디어 도출하기

포개기 원리를 적용해서 TC1의 단점을 해결하려면 어떻게 해야 할까? 무엇을 어떻게 포개면 미세 먼지가 분리되게 만들 수 있을까?

표 3-7 사이클론 청소기의 기술적 모순 해결 아이디어

기술적 모순	단점	포개기 아이디어
TC1	미세 먼지가 분리되지 않음	큰 사이클론 내부에 작은 사이클론을 포개 넣는다.

이 문제를 해결한 것이 바로 [그림 3-9]의 듀얼 사이클론 진공청소기다. 큰 사이클론 내부에 작은 사이클론을 포개 넣어서, 큰 오물에 막히지 않으면서도 흡입된 공기 중 0.01 마이크론 크기의 먼지까지 분리해서, 실내 공기보다 150배나 깨끗한 공기를 배출하는 획기적인 기술이다. 이 청소기를 개발한 영국의 제품 디자이너 다이슨Dyson은 이 청소기 때문에 영국 왕실로부터 기사 작위를 받았다고 하니, 얼마나 혁신적인 제품인지 짐작할 수 있을 것이다.

그림 3-9 다이슨의 듀얼 사이클론 진공청소기

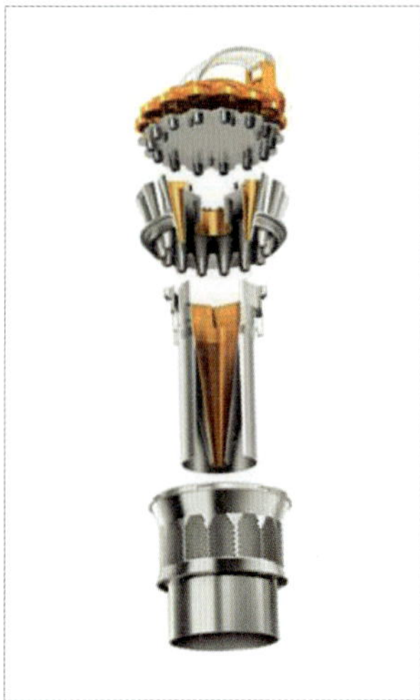

3.3.3 복제해도 될까?

최근 뮤지컬 전성시대라고 할 만큼 많은 뮤지컬이 공연되고 있는데, 뮤지컬 전용 극장에서의 공연은 공연 품질은 좋지만 입장료가 상당히 고가라는 단점이 있다. 일반 고객들은 좋은 품질과 저렴한 입장료 모두를 원하지만, 현실적으로 둘 다를 만족시키기란 매우 어려워 보인다. 그렇다면 어떻게 이 문제를 해결할 수 있을까? 26번 복제 원리를 활용해서 다음과 같은 과정을 통해 뮤지컬의 문제를 해결해보자.

단계 1 : 기술적 모순 핵심 정의하기

표 3-8 뮤지컬의 기술적 모순 핵심 정의

구분	기술적 모순		
	조건	장점	단점
TC1	뮤지컬 전용 극장에서 공연하면	공연 품질 향상	비싼 입장료
TC2	일반 극장 무대에서 공연하면	저렴한 입장료	공연 품질 저하

단계 2 : 기술적 모순 선택하기

TC1과 TC2 가운데 어떤 것을 선택하느냐는 제작자와 고객의 입장이 다를 수 있는데, 여기서는 고객의 입장에서 [표 3-9]와 같이 선택했다.

표 3-9 뮤지컬의 기술적 모순 선택

선택	선택 이유
TC2	입장료를 낮추어 폭넓은 고객층을 확보하는 것이 시급하므로

단계 3 : 단점 해결 아이디어 도출하기

비싼 것을 싼 것으로 대체하는 원리로는 26번 복제와 27번 일회용품을 떠올릴 수 있을 것이다. 복제 원리를 적용한다면 무엇을 어떻게 복제해서 TC2의 단점을 해결할 수 있을까?

표 3-10 뮤지컬의 기술적 모순 해결 아이디어

기술적 모순	단점	복제 아이디어
TC2	공연 품질 저하	뮤지컬 전용 무대에서의 공연을 녹화해서 상영하자. (극장 상영용 뮤지컬)

극장 상영용 뮤지컬이란 극장 상영을 위해 뮤지컬 실황을 다각도에서 촬영해서 편집한 것으로, 뮤지컬 전용 무대의 품질을 유지하면서 저렴한 입장료라는 두 마리 토끼를 모두 잡은 것이라 할 수 있다. [그림 3-10]은 오페라의 유령 제작 25주년을 맞아 2011년 열린 특별 공연 실황을 녹화한 다음, 극장에서 상영한 것의 포스터이다.

그림 3-10 오페라의 유령 극장 상영용 포스터

3.3.4 한 번씩 끊어주기

AA 니켈-수소 충전지 4개를 일반 충전기로 충전하는 데 보통 7~8시간이 소요된다. 급속 충전이 가능하려면 충전 전압과 전류를 올려야 하는데, 그렇게 되면 충전지에 열이 많이 발생해서 충전지 수명이 단축되는 문제가 발생한다.

그림 3-11 일반 니켈-수소 충전지 충전기

그렇다면 어떻게 이 문제를 해결할 수 있을까? 19번 주기적 작용 원리를 활용해서 다음과 같은 과정을 통해 급속 충전기의 문제를 해결해보자.

단계 1 : 기술적 모순 핵심 정의하기

표 3-11 급속 충전기의 기술적 모순 핵심 정의

구분	기술적 모순		
	조건	장점	단점
TC1	충전 전압과 전류를 올리면	충전 시간 감소	충전지 수명 단축
TC2	충전 전압과 전류를 내리면	충전지 수명 연장	충전 시간 증가

단계 2 : 기술적 모순 선택하기

표 3-12 급속 충전기의 기술적 모순 선택

선택	선택 이유
TC1	충전시간이 너무 길다는 소비자 불만이 많기 때문에

단계 3 : 단점 해결 아이디어 도출하기

주기적 작용 원리를 적용해서 충전지 수명 단축 문제를 해결하려면 어떻게 해야 할까? 무엇을 어떻게 주기적으로 작용하게 만들면 충전지 수명을 연장시킬 수 있을까?

표 3-13 급속 충전기의 기술적 모순 해결 아이디어

기술적 모순	단점	주기적 작용 아이디어
TC1	충전지 수명 단축	충전지가 방열할 수 있도록 전류를 연속으로 흐르게 하지 말고 한 번씩 끊어준다.

직류를 연속적으로 흘려서 충전하는 일반 충전기의 충전 방식과는 달리, 주기적 작용 아이디어를 기초로 펄스 직류를 사용해서 충전 시간을 30분으로 단축한 급속 충전기가 개발되었다.

3.3.5 차원 바꿔보기

가끔 많은 가전제품을 한꺼번에 사용할 필요가 있는데, 이때마다 멀티탭을 연결해서 사용하는 건 몹시 번거롭다. 그렇다고 하나의 벽면에 여러 개의 전기콘센트를 설치하면 미관상 좋지 않다.

그림 3-12 콘센트의 문제점

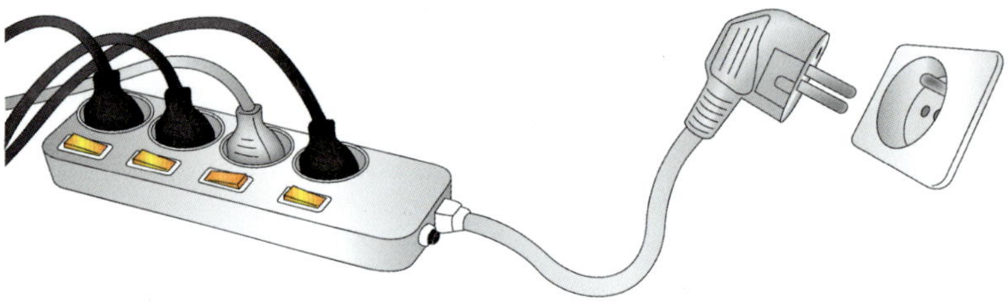

미관을 해치지 않으면서 많은 플러그를 동시에 꽂을 수 있는 콘센트는 없을까? 17번 차원 변경 원리를 활용해서 다음과 같은 과정을 통해 기존 콘센트의 문제를 해결해보자.

단계 1 : 기술적 모순 핵심 정의하기

표 3-14 콘센트의 기술적 모순 핵심 정의

구분	기술적 모순		
	조건	장점	단점
TC1	콘센트를 하나 설치하면	미관상 좋음	사용 불편(플러그 하나만 꽂을 수 있음)
TC2	콘센트를 많이 설치하면	사용 편리(플러그 많이 꽂을 수 있음)	미관상 나쁨

단계 2 : 기술적 모순 선택하기

TC1과 TC2 가운데 어떤 것을 선택하느냐는 사람마다 다를 수 있는데, 여기서는 미관을 중시하는 입장에서 [표 3-15]와 같이 선택했다.

표 3-15 콘센트의 기술적 모순 선택

선택	선택 이유
TC1	미관상 문제가 없어야 하므로

단계 3 : 단점 해결 아이디어 도출하기

2차원 구조의 콘센트에 익숙하지만, 차원 변경 원리를 적용해서 TC1을 해결하려면 어떻게 해야 할까? 어떻게 차원을 바꿔야 하나의 콘센트에 많은 플러그를 동시에 꼽을 수 있을까?

표 3-16 콘센트의 기술적 모순 해결 아이디어

기술적 모순	단점	차원 변경 아이디어
TC1	사용 불편 (플러그 하나만 꼽을 수 있음)	여러 방향에서 플러그를 꼽을 수 있게 3차원으로 만들고, 콘센트를 누르면 튀어나오게 만든다.

차원 변경 아이디어를 통해서 발명된 제품이 바로 [그림 3-13]의 Pop-out socket이다.

그림 3-13 Pop-out socket

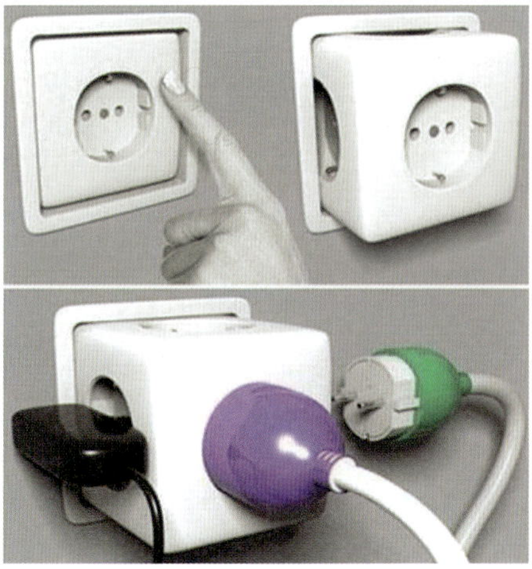

Pop-out socket에는 차원 변경 외에도 다른 발명원리가 숨어 있다. 5개의 소켓이 합쳐진 것이므로 5번 통합 원리가 적용된 것으로 볼 수 있고, 콘센트가 정적이지 않고 누르면 앞으로 튀어나오는 동적인 형태이므로 15번 역동성 원리도 포함되어 있다.

3.3.6 둘 다 만족시키기

기술적 모순이란 서로 상반되는 두 가지 특성이 동시에 요구되는 상황으로, 하나를 얻으면 하나를 잃게 되는 상황이다. 즉 장점과 단점이 공존하는 상태이다. 따라서 기술적 모순을 정의하는 것

이 어렵게 느껴진다면, 장단점을 분석한 다음, 발명원리를 활용해서 단점을 장점으로 바꿔 둘 다 만족시킬 수 있는 방법을 모색할 수 있다.

예를 들어 챙이 큰 밀짚모자는 야외에서는 편리하지만 실내에서는 휴대에 불편하다는 문제가 있는데, 이 문제를 다음과 같이 해결할 수 있다.

단계 1 : 장단점 분석하기

표 3-17 챙이 큰 밀짚모자의 장단점 분석

대상	장점	단점
챙이 큰 밀짚모자	자외선 차단 효과	휴대 불편

그림 3-14 챙이 큰 모자의 장점과 단점

단계 2 : 단점 해결 아이디어 도출하기

챙이 큰 모자는 자외선 차단 효과 하나만 만족시키는데, 어떻게 휴대성까지 둘 다 만족시킬 수 있을까? 이 답을 얻기 위해서 [그림 3-15]와 같이 어떤 발명원리를 활용하면 단점을 장점으로 바꿀 수 있을지 찾아본다.

그림 3-15 챙이 큰 모자의 단점을 해결할 발명원리 찾기

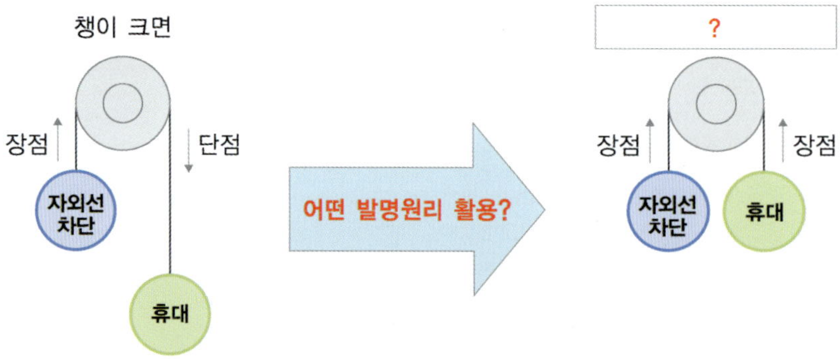

휴대성을 향상시키는 원리로는 1번 분할과 7번 포개기, 15번 역동성 원리 등을 떠올릴 수 있는데, 이들 원리를 활용해서 [표 3-18]과 같이 단점 해결 아이디어를 작성한다.

표 3-18 챙이 큰 밀짚모자의 단점 해결 아이디어 도출

단점	발명원리	아이디어
휴대 불편	15번 역동성	챙을 두루마리 형태로 말아서 보관할 수 있게 만든다.
	1번 분할 및 7번 포개기	챙을 분할해서 포개 접어서 보관할 수 있게 만든다.

단계 3 : 아이디어 스케치하기

역동성 원리를 활용하면 [그림 3-16]의 (a)같은 챙이 큰 두루마리식 모자를, 분할과 포개기 원리를 활용해서 (b)처럼 챙이 큰 접이식 모자를 발명할 수 있다.

그림 3-16 챙이 큰 모자의 단점 해결 아이디어

(a) 두루마리식 모자

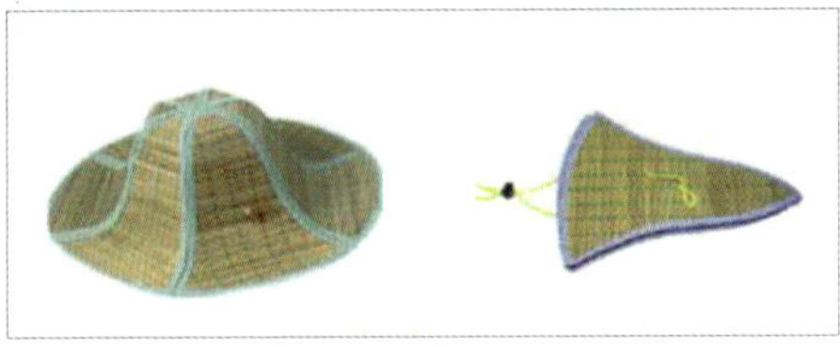

(b) 접이식 모자

이처럼 발명원리를 활용하면 단점을 장점으로 바꿔서 둘 다를 만족시킬 수 있고, 결과적으로 기술적 모순을 해결할 수 있다. 물론 위와 같은 접근법으로 문제를 해결하기 위해서는 40가지 발명원리가 머릿속에 기억되어 구구단처럼 활용할 수 있어야 한다. 겁먹지 말고 쉬운 문제부터 하나씩 도전해 보기 바란다.

학습정리

1. 발명원리가 무엇인지 설명하라.
2. 발명원리 5번과 6번의 차이점이 무엇인지 설명하라.
3. 발명원리 26번과 27번의 차이점이 무엇인지 설명하라.
4. 이동성을 향상시키기에 적합한 발명원리를 모두 나열하라.
5. 발명원리 17번의 적용 사례를 나열하라.

토론실습

토론의 효율을 높이려면?

토론에 앞서 먼저 자신의 생각을 포스트잇이나 작은 메모지에 작성한 후, 팀원들이 돌아가면서 각자 자신의 생각을 발표한 다음 함께 토론한다.

주제 1 포스트잇은 무엇이 초과 또는 부족한 것일까?

3.2절에서 설명한 발명원리 16번 초과나 부족 조치의 사례로 포스트잇을 제시했는데, 포스트잇의 어떤 성질 때문에 초과나 부족 조치가 적용된 것으로 볼 수 있는지, 팀원들과 토론한 다음 팀의 의견을 요약해서 발표하시오.

주제 2 치즈크러스트 피자의 전화위복 요인은 무엇일까?

3.2절에서 설명한 발명원리 22번 전화위복의 사례로 치즈크러스트 피자를 제시했는데, 이 피자의 어떤 점이 전화위복이 되었는지 팀원들과 토론한 다음, 팀의 의견을 요약해서 발표하시오.

실습과제

과제 1

발명원리 4번 '비대칭' 사례 조사하기

비대칭 원리가 적용된 사례에는 어떤 것들이 있을까? 교재에 없는 새로운 사례를 찾아보시오.

과제 2

발명원리 7번 '포개기' 사례 조사하기

포개기 원리가 적용된 사례에는 어떤 것들이 있을까? 교재에 없는 새로운 사례를 찾아보시오.

실습과제

과제 3

발명원리 14번 '구형화 / 곡선화' 사례 조사하기

구형화 / 곡선화 원리가 적용된 사례에는 어떤 것들이 있을까? 교재에 없는 새로운 사례를 찾아보시오.

과제 4

발명원리 1번 '분할', 5번 '통합'이 함께 적용된 사례 조사하기

분할과 통합 원리를 함께 적용한 사례에는 어떤 것들이 있을까? 먼저 개인별로 조사한 후, 팀원들과 검토해보시오.

실습과제

과제 5

크레용팝의 '빠빠빠'에 포함된 발명원리 찾기

2013년 직렬 5기통 댄스로 큰 히트를 기록한 크레용팝의 빠빠빠에는 어떤 발명원리들이 포함되어 있을까? 빠빠빠에 숨겨진 발명원리를 5개 이상 찾아보시오.

빠빠빠의 특징	적용된 발명원리

실습과제

과제 6

발명원리 25번 '셀프서비스' 사례 조사하기

셀프서비스 원리가 적용된 사례에는 어떤 것들이 있는지 조사하고, 각 사례가 어떤 문제를 해결했는지도 함께 답하시오.

과제 7

발명원리 32번 '색 변경' 사례 조사하기

색 변경 원리가 적용되어 우리 삶을 보다 편리하게 또는 안전하게 만든 것에는 어떤 것들이 있는지 조사하고, 각 사례가 어떤 문제를 해결했는지도 함께 답하시오.

실습과제

과제 8

발명원리 35번 '속성 변환' 사례 활용하기

마른 오징어나 청국장 초콜릿처럼 속성 변환 원리가 적용된 먹거리가 많다. 속성 변환을 활용해서 기존에 없던 새로운 먹거리를 제안하시오.

과제 9

핫팩에 적용된 발명원리는?

겨울철에 많이 사용하는 핫팩에는 어떤 발명원리가 포함되어 있을까? 핫팩의 특징별로 어떤 발명원리가 적용되었는지 5개 이상 찾아보시오.

핫팩의 특징	적용된 발명원리

실습과제

과제 10 나만의 명함 만들기

40가지 발명원리 가운데 하나를 선택해서 다음 그림처럼 자신만의 개성을 담은 명함을 만들어 보자. 단, 명함에는 이름, 전화번호, 이메일 주소 등 기본 정보가 포함되어야 한다.

이혼 전문변호사 명함
(1번 분할 원리)

필라테스 전문학원 명함
(15번 역동성 원리)

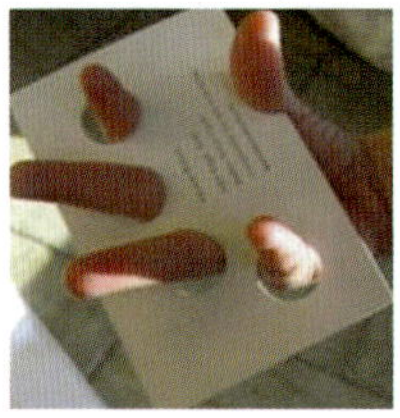

네일아티스트 명함
(31번 다공성 원리)

적용한 발명원리	명함 아이디어

실습과제

과제 11 강의실 의자 개선하기

강의실에서 옆에 빈 의자가 없으면 가방을 무릎 위에 놓거나 바닥에 둬야 하기 때문에 몹시 불편하다. 가방 보관을 위한 새로운 제품을 고안할 수도 있겠지만, 기존의 의자나 책상을 약간 변형하면 문제를 해결할 수 있는데, 이것이 바로 3번 국소적 성질 원리다. 즉 일부만 변형해서 새로운 기능을 부여하는 것이다. 의자를 변형하기로 했다면 어떻게 바꿀 수 있을까? 다음 그림과 같은 기존 아이디어를 참조해서 새로운 아이디어를 도출하시오.

강의실 의자 개선 아이디어 스케치

실습과제

과제 12 카페 고객의 고민 해결하기

최근 우리나라의 커피 소비가 날로 증가하는 추세인데, 카페에 가면 커피 종류가 매우 많다. 한 번에 두 종류의 커피를 맛보고 싶다면 어떻게 해야 할까? 물론 두 잔을 주문하면 되겠지만, 커피 가격도 만만치 않고, 혼자서 두 잔을 마시는 것도 부담스럽다. 이 문제를 해결하기 위해서 기술적 모순 TC1과 TC2를 정의하고, 그중 하나를 선택해서 단점을 해결하는 아이디어를 도출하는 과정을 완성하시오.

■ 단계 1 : 기술적 모순 핵심 정의하기

구분	기술적 모순		
	조건	장점	단점
TC1			
TC2			

■ 단계 2 : 기술적 모순 선택하기

선택	선택 이유

■ 단계 3 : 단점 해결 아이디어 도출하기

기술적 모순	단점	＿＿ 아이디어

아이디어 스케치

PART 2
트리즈와 친해지기

문제란 현재 상태와 기대치 간에 차이가 존재하지만 그 차이를 줄이는 해법을 모르는 상황으로서, 문제 해결 능력 못지않게 새로운 문제를 인식할 수 있는 능력이 21세기 인재에게 요구되는 주요한 역량이다. 이 파트에서는 새로운 문제를 인식하는 방법과 시스템 사고를 통한 문제 인식 방법을 소개하고, 이상성과 IFR 개념을 활용한 문제 해결 방법과 기술적 모순 및 물리적 모순을 극복하는 방법을 소개하였다.

이 파트를 통해서 문제 인식 방법과 시스템 사고 및 이상성과 IFR 개념을 이해하고, 발명원리와 분리원리를 활용해서 어떻게 기술적 모순과 물리적 모순을 극복할 수 있는지 이해할 수 있을 것이다.

PART 2

4장

문제가 있어야 풀지! Problem Awareness

20세기 인재의 핵심 역할이 주어진 문제를 해결하는 것이었다면, 21세기 인재에게 요구되는 핵심 역량은 남들보다 빨리 새로운 문제를 발견하고 창안할 수 있는 문제 인식 능력이다. 이 장에서는 문제란 무엇이며, 트리즈 관점에서의 최소 문제와 최대 문제를 이해한다. 또 문제 인식의 중요성 및 새로운 문제를 창안할 수 있는 몇 가지 방법에 대해 알아본다. 또한 시스템 사고를 통해 넓은 시야로 새로운 문제를 인식하는 방법에 대해서도 소개할 것이다.

4.1 문제와 친해지기

4.2 왜 문제를 찾아야 하는가?

4.3 9개 창으로 문제 보기

학습정리 토론실습 실습과제

학습목표

- 문제가 무엇인지 설명할 수 있다.
- 문제 인식이 왜 중요한지 설명할 수 있다.
- 새로운 문제를 창안하는 방법을 나열할 수 있다.
- 시스템 사고가 무엇인지 설명할 수 있다.
- 시스템 사고를 통해 새로운 문제를 인식할 수 있다.

4.1

문제와 친해지기

4.1.1 문제란 무엇인가?

일반적 관점에서 문제Problem란 한마디로 현재 상태와 기대치(목표) 간에 차이가 존재하는 것으로, 보다 개선된 상태를 원하지만 해법을 모르는 모든 상황이 문제라고 할 수 있다.

그림 4-1 문제의 정의

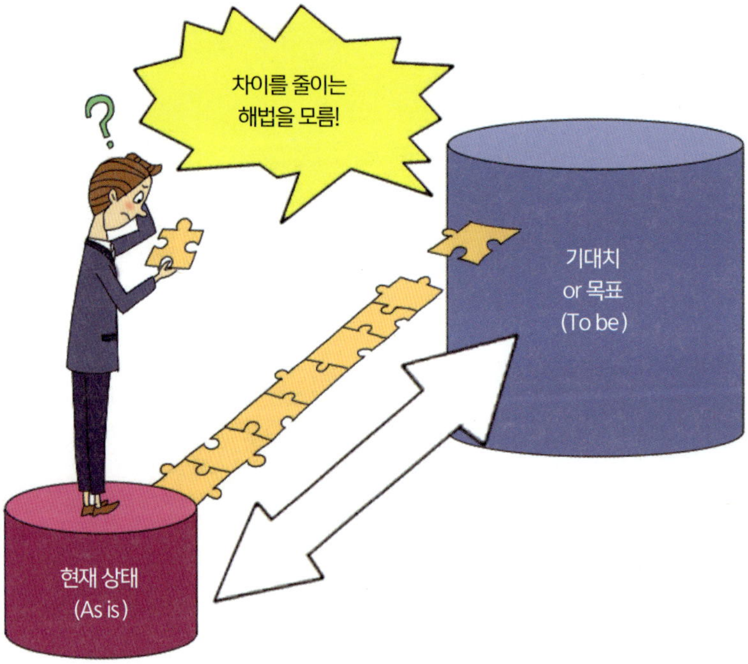

문제란 현재 상태As is와 기대치 또는 목표 상태To be 간에 차이를 인식했을 때 비로소 발생한다. 현재 상태가 아무리 부족해도 그걸 인식하지 못하면 문제는 발생하지 않는다. 반면 현재 상태에 부족한 것이 없어도 기대치가 높으면 문제가 발생하게 된다. 우리 주변의 무궁무진한 문제들 가운데 몇 가지 사례를 소개하면 [표 4-1]과 같다.

표 4-1 문제의 예

문제	현재 상태(As is)	기대치(To be)
진공청소기 소음 문제	큰 소음	무소음
자동차 연비 문제	1리터당 10Km 주행	1리터당 50km 주행
학업 성적 문제	학점 3.5	학점 4.0

개인의 성향이나 상황에 따라 기대치가 다르기 때문에 어떤 상황을 문제로 인식하느냐는 다소 주관적일 수 있다. 예를 들어 현재 학점이 3.5일 때, 기대치가 3.5인 학생에게는 이 학점이 전혀 문제가 되지 않지만, 기대치가 4.0인 학생에게는 문제가 되는 것이다.

한편 인식한 문제의 목표를 어떻게 설정하느냐에 따라 문제의 질이 달라지고, 문제의 질에 따라 해결안의 질에서도 큰 차이가 날 수 있다. 특히 공학 문제에서 이러한 경향이 두드러진다. 따라서 좋은 문제를 설정하기 위해서는 어떤 기술시스템이 도달할 수 있는 가장 이상적인 상태가 무엇인지 판단할 수 있는 능력이 필요하다. 기술시스템의 이상성에 대해서는 5장에서 자세히 소개하였다.

4.1.2 문제 유형

문제의 유형은 연구자에 따라 다양하게 구분되는데, 대표적인 유형을 소개하면 [표 4-2]와 같다.

표 4-2 문제의 유형

유형 / 연구자	구분 1	구분 2	구분 3
스턴버그(Sternburg)	잘 정의된 문제	잘 정의되지 않은 문제	
웨이크필드(Wakefield)	닫힌 문제	열린 문제	
게첼스(Getzels)	제시된 문제	발견된 문제	창안된 문제
딜런(Dillon)	존재하는 문제	부상하는 문제	잠재된 문제

잘 정의된 문제well-defined problem란 조건과 목표, 그리고 문제를 해결하는 각 단계가 명확히 제시된 문제를 의미하며, 반대로 그렇지 않은 문제는 잘 정의되지 않은 문제ill-defined problem로 구분한다. 닫힌 문제closed problem란 정답이 정해져있는 문제를 의미하고, 열린 문제open-ended problem란 정답이 하나로 정해지지 않은 개방형 문제를 의미한다. 잘 정의된 문제나 닫힌 문제가 습득한 지식을 활용하여 푸는 문제라면, 잘 정의되지 않은 문제나 열린 문제는 대부분 창의성이 요구되는 문제다.

학교에서는 주로 닫힌 문제와 잘 정의된 문제의 해결 방법을 배우는 반면, 실무에서는 주로 열린 문제와 잘 정의되지 않은 문제가 주어진다. 그렇기 때문에 특히 직장 초년생은 주어진 문제를 해결할 때 큰 어려움을 겪게 되고, 기업은 학교 교육에 불만을 토로하게 된다. 최근에는 학교 교육에서도 열린 문제를 많이 다루려고 노력하고 있으나, 실무와의 갭gap을 줄이는 것은 쉽지 않아 보인다.

트리즈를 필요로 하는 문제는 대개 열린 문제와 잘 정의되지 않은 문제이다. 트리즈를 활용하면 창의성을 요구하는 문제도 매우 체계적이고 수렴적으로 해결할 수 있다는 장점이 있다. 보통 창의성을 요구하는 문제는 수렴적 사고보다는 발산적 사고를 요구한다고 오해하기 쉬운데, 시행착오를 최소화하고 보다 효율적으로 문제를 해결하기 위해서는 올바른 목표를 설정하고 목표 지향적으로 최종 목표에 수렴하는 능력이 필요하다. 따라서 1장에서 소개한 트리즈의 규칙성regularity 개념과 이상성ideality, 기술시스템 진화 법칙[1] 등을 활용해서 올바른 문제 해결 방향을 결정하는 것이 매우 중요하다.

한편 게첼스와 딜런의 문제 유형은 문제를 크게 '이미 존재하는 문제'와 '새로 만든 문제'로 구분한 것으로, 특히 새로운 문제를 인식하는 걸 강조한 것이다. 제시된 문제나 존재하는 문제는 대개 누구나 쉽게 인식할 수 있는 문제이므로, 문제 해결의 속도가 매우 중요하다. 하지만 발견된 문제나 창안된 문제, 부상하는 문제, 잠재된 문제는 문제 인식 자체가 매우 중요하며, 이런 문제를 남들보다 한 발 앞서 인식하고 해결하는 것이 블루오션을 선점할 수 있는 지름길이다. 따라서 주어진 문제를 해결하는 수동적 자세에서 벗어나, 보다 적극적으로 새로운 문제를 발견하고 창안하는 데 더 많은 시간과 노력을 기울일 필요가 있다.

문제가 올 때까지 기다리지 말고, 문제에 먼저 다가가자!

아인슈타인Einstein도 "과학의 발전은 문제 해결 자체보다 새로운 문제를 설정하는 문제 찾기에 달려있다"고 했는데, 일찍이 문제 인식의 중요성을 강조한 것으로 볼 수 있다.

과학의 발전은 문제 해결 자체보다
새로운 문제를 설정하는
문제 찾기에 달려있다!

1 트리즈의 창시자인 알트슐러는 기술시스템도 예측 가능한 객관적인 법칙에 따라 진화한다는 규칙성을 발견했는데, 이런 규칙성을 정리한 것이 기술시스템 진화 법칙이다.

4.1.3 위기는 곧 기회다!

문제가 발생하면 이를 위기(危機)로 여길 수 있다. 그러나 **위기는 항상 위험(危)과 기회(機)라는 양면성**을 가지며, 문제를 해결하면 위험을 넘어 새로운 기회를 얻을 수 있다. 따라서 보다 적극적으로 문제를 발견하고, 심지어 새로운 문제를 스스로 만들려는 적극적인 자세가 필요하다. 위기를 기회로 전환해서 크게 성공한 몇 가지 사례를 살펴보자.

사례 1 : 일본 아모리현의 합격 사과

1992년 일본 아모리현에서는 사과 수확철에 큰 태풍이 닥쳐 90%에 가까운 사과가 떨어져버리는 피해를 입었다. 모두 다 떨어져버린 90%의 사과를 보며 낙담해 있을 때, 누군가 남아 있는 10% 사과에 관심을 가졌다. 이 사과에 어떤 새로운 가치를 부여할지를 고심한 결과 합격 사과가 탄생하게 된 것이다. 90%의 사과가 떨어진 강한 태풍에도 살아남은 사과를 합격 사과로 홍보하자, 입시 경쟁이 심한 일본에서 대히트를 친 것이다. 이 사과가 일반 사과의 10배 이상의 값으로 팔렸다고 하니, 발상의 전환을 통해 위기를 기회로 바꾼 좋은 사례라 할 수 있다.

사례 2 : 디지털 시대의 아날로그 장난감 레고

경제 전문 포춘지가 세기의 장난감으로 추켜세운 바 있는 레고[Lego]는 디지털 시대의 도래로 큰 위기에 처하게 되었고, 1998년에 창립(1932년) 이후 첫 적자를 기록했다. 1994년 소니의 플레이스테이션이 등장한 지 4년만의 일이다. 2003년에만 본사 인력 8천여 명 가운데 약 3,500명을 감원하는 등 지속적으로 구조 조정을 했지만, 2004년 18억 덴마크 크로네(약 3,024억 원, 2015년 1월 1DKK = 168원 기준)에 이르는 엄청난 적자를 기록했다. 구조 조정만으로는 위기 극복이 어려웠던 것이다.

그림 4-2 레고의 순익 변화 추이

(단위 : DKK 백만)

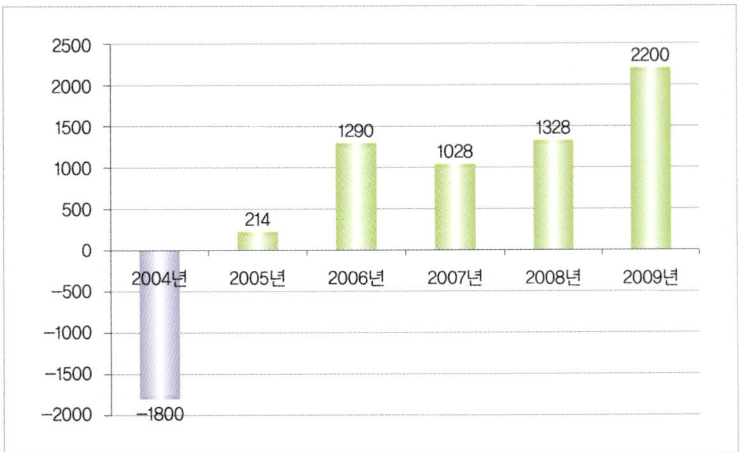

레고는 디지털 시대의 변화를 적극 수용하여 디지털 레고[2]로 거듭나면서, 기업의 핵심 요소인 조립식 장난감에 집중하는 해법을 통해 2005년에 마침내 흑자로 전환했고, 2009년에는 약 22억 덴마크 크로네(한화 약 3696억 원, 2015년 1월 1DDK = 168원 기준)의 순이익을 달성했다. 당시 글로벌 불황으로 인해 장난감 소비가 줄었음에도 불구하고 레고는 사상 초유의 호황을 누렸으며, 2004년부터 2014년까지 10년 간 매출이 네 배나 늘어났다.

아날로그 장난감 회사인 레고는 개방과 공유라는 디지털 비즈니스 환경에 가장 성공적으로 적응한 기업 가운데 하나로 인정받고 있다. 2003년 고객 스스로 온라인에 레고 모델을 설계하는 프로그램인 레고 디지털 디자이너를 공개했고, 1998년 MIT와 손잡고 움직이는 레고 로봇인 마인드스톰을 출시했다. 또한 1999년 성인 마니아층을 겨냥한 스타워즈 시리즈를 출시한 것도 레고가 재기할 수 있는 큰 자양분이 됐다. 레고는 이처럼 끊임없는 진화를 통해 위기를 기회로 전환한 좋은 사례다.

사례 3 : 존슨앤존스의 타이레놀 사건

1982년에 존슨앤존스의 타이레놀을 먹고 7명이나 사망하는 사건이 발생했다. 조사 결과 타이레놀 캡슐에 시안화물(일명 청산가리)이 들어있는 약병이 다수 발견됐다. 존슨앤존스 측은 이 사실을 은폐하지 않고 언론을 통해 적극 알리면서, 천문학적인 비용을 투자해서 시중에 유통된 모든 타이레놀을 즉각 회수 조치했다. 제품 제조에는 전혀 문제가 없었다는 조사 결과가 나온 이후에도, 제품의 안전성을 확보하기 위해 제품 포장을 바꾸고, 의사, 병원, 의약품 유통업자들에게 사건을 알리고 경고 사항을 전달하기 위해 약 5천만 달러를 투자했다. 이런 적극적인 조치로 인해 사건 초기에는 시장 점유율이 35% 하락했지만, 오래지 않아 70%정도까지 회복했다. 소비자를 위험에 빠뜨리는 대신 막대한 비용을 감수하는 편을 택함으로써 소비자의 신뢰를 회복할 수 있었던 것이다. 위기를 슬기롭게 대처해 오히려 전화위복의 기회로 삼은 것이다.

이 밖에도 위기를 기회로 삼은 기업 또는 개인의 사례는 무궁무진하지만, 대부분이 위기가 닥쳤을 때 적극적인 대처 또는 발상의 전환을 통해 위기를 극복함으로써 결과적으로 전화위복이 된 사례라 할 수 있다. 하지만 보다 적극적인 자세는 **위기가 닥치기 전에 미래를 예측해서 스스로 위기, 즉 문제를 만들어서 미리 대처하는 것**이다. 문제를 만드는 것은 위기를 만드는 것이지만, 달리 보면 기회를 만드는 것이다. 앞으로 문제 해결뿐만 아니라 새로운 문제 발견 및 창안에도 많은 관심을 가져야 하는 이유가 바로 여기에 있다. 문제는 곧 기회다!

---

2 온라인에서 레고 모델을 설계하는 레고 디지털 디자이너 프로그램 및 레고 로봇인 마인드 스톰 등과 같은 디지털 기술이 기존 레고에 접목된 것을 디지털 레고라 칭한다.

4.1.4 최소 문제와 최대 문제

트리즈를 활용할 필요가 있는 문제는 하나 이상의 모순을 포함하고 있는 발명문제Inventive Problem인데, 발명문제는 다음과 같이 크게 2가지로 분류할 수 있다.

최소 문제

최소 문제mini problem란 **최소한의 변경으로 시스템을 개선하는 문제**다. 즉 기존 제품의 일부만을 개선하는 문제로, 시스템 변경에 제약이 많고, 최소 자원을 활용해야 한다. 시스템 개선이 상대적으로 쉽게 실행 가능하고 경제적 측면에서도 효과적이므로, 트리즈에서 문제를 해결할 때는 우선적으로 최소 문제로 접근할 것을 권장한다.

최소 문제를 발견하기 위해서는 시스템의 단점이나 한계점에 초점을 맞추어 근본 원인을 분석해야 한다. 근본 원인 분석을 위해 트리즈의 모순 분석이나 기능 분석, 물질-장 분석 등을 이용하거나, 5Whys나 단점 나열법, 원인-결과 체인Cause-Effect Chain, 생선뼈 도표Fishbone Diagram, 파레토 도표Pareto Diagram, 설문 조사, 고객 평가단 운영 등을 활용할 수 있다. 트리즈의 기술적 모순 및 물리적 모순 분석에 대해서는 6장과 7장에서 자세히 설명한다.

최대 문제

최대 문제maxi problem란 **완전히 새로운 차세대 시스템을 개발하는 문제**다. 문제를 유발하는 요소를 제거하거나 다른 요소로 대체해서 원하는 기능을 달성해야 하므로, 자원을 최대로 활용할 수 있다. 또한 최종 시스템의 작동 원리가 기존 시스템과 완전히 달라야 하므로, 해당 분야의 지식을 넘어서는 타 분야의 지식을 요구하는 경우가 많다.

최대 문제를 발견하거나 창안하기 위해서는 미래 기술 또는 트렌드의 변화를 예측하는 능력이 중요하며, 문제를 넓은 시야에서 보는 시스템 사고system thinking와 트리즈의 IFR(이상적 최종 결과) 개념 및 기술시스템 진화 법칙 등에 대한 이해가 필요하다. 시스템 사고에 대해서는 4.3절에서, IFR에 대해서는 5장에서 소개한다.

예를 들어 배의 돛을 구동하는 기어를 개선하는 것은 최소 문제이고, 돛을 사용하지 않고 다른 방법으로 움직이는 배를 만드는 것은 최대 문제로 볼 수 있다.

그림 4-3 최소 문제와 최대 문제 구분 사례

(a) 최소 문제 (b) 최대 문제

어떤 기술시스템에서 새로운 문제를 인식하려 한다면, 단기적으로는 최소 문제에, 장기적으로는 최대 문제에 관심을 두는 것이 좋다. 최소 문제에만 집중하다 보면 블루오션을 선점하지 못하게 되고, 결과적으로 가까운 미래에 도태될 가능성이 높아진다. 최소 문제와 최대 문제의 차이점을 요약하면 [표 4-3]과 같다.

표 4-3 최소 문제와 최대 문제의 차이점

구분	최소 문제	최대 문제
특징	시스템 개선 문제	차세대 시스템 개발 문제
자원 활용	최소 자원	최대 자원
문제 해결 기간	단기	장기
문제 발견 방법	근본 원인 분석	미래 기술 및 트렌드 예측, 시스템 사고, IFR

4.1.5 인식된 문제 기록하기

어떤 문제를 발견했거나 창안했을 때, 그 문제를 기록하는 습관이 중요하다. 인식된 문제perceived problem를 정확히 기록하기 위해서는 6하 원칙에 입각해서 기록하는 것이 가장 좋지만, 최소한 다음과 같이 목적why과 목표what는 반드시 기록하도록 한다.

"어떤 목적을 위해서 어떤 목표를 달성하면 (무엇을 하면/만들면/개발하면) 어떨까?"

즉 어떤 '목적'을 위해서, '무엇'을 하거나 만들거나 개발하면 어떨지를 기록하는 것이다. 예를 들어 냉장고 프레온 가스의 대기 오염 문제를 인식했다면, "대기 오염을 줄이기 위해 프레온 가스를 사용하지 않는 냉장고를 개발하면 어떨까?"라고 기록할 수 있다. 이렇게 작성한 문제가 축적되면 자신만의 문제 은행이 만들어지고, 그 가운데 어떤 문제를 해결하면 특허나 창업으로 연결될 수 있다. 문제를 기록하는 방법이 명확히 정해져 있는 건 아니므로, 인식된 문제를 간단히 기록하는 자신만의 규칙을 정해서 기록하는 것도 좋은 방법이다.

기억에 의존하지 말고 기록하라!
기록되지 않은 기억은 유통기한이 짧다.
머릿속에 오래 담아 두려면 기억하지 말고 '기록'해야 한다.
가슴 속에 깊이 간직하려면 '몸'이라는 방부제를 써야 한다.

잊지 말아야 할 것이 있다면 기억하는 것만으로는 부족하다.
기록해야만 한다.
– 여훈의 '최고의 선물' 중에서

4.2

왜 문제를 찾아야 하는가?

4.2.1 문제 인식 실패의 치명성

문제를 인식하는 것이 얼마나 중요한지를 이해하는 가장 좋은 방법은 문제 인식에 실패한 사례를 통해서 배우는 것이다. 다음과 같은 몇 가지 문제 인식 실패 사례를 통해 문제 인식이 왜 중요한지, 또한 문제를 인식하는 능력이 21세기 인재에게 왜 중요한지를 다시 한 번 생각해 볼 수 있을 것이다.

사례 1 : DEC의 PC 시장 무시

미국의 DEC[Digital Equipment Company]사는 전 세계적으로 잘 알려진 중형급 컴퓨터인 VAX의 제조업체로서, 전통적인 메인프레임과 미니컴퓨터, 마이크로컴퓨터까지 다양한 모델을 갖추고 있던 회사였으며, 1980년대 중반에는 세계 2위의 컴퓨터 업체로 부상했다. 그즈음에 상품기획부서에서 PC 사업으로의 진출을 제안했으나, 당시 공동 창업자이자 CEO인 올센[Ken Olsen]은 가정에서 컴퓨터가 필요한 이유가 전혀 없다고 이를 일축했다. CEO 뿐만 아니라 엔지니어들도 성능이 우수한 중형 컴퓨터 기술이 있는데, 왜 성능이 떨어지는 PC를 개발해야 하는지 납득하지 못하고 PC 개발의 필요성을 받아들이지 않았다. 그 결과 PC와 노트북 시장에 진입할 기회를 놓친 DEC사는 1988년에 결국 컴팩[Compaq]에 합병되어 역사에서 사라지게 되었다.

그림 4-4 PC 시장 진출 기회를 놓친 DEC, 컴팩에 합병

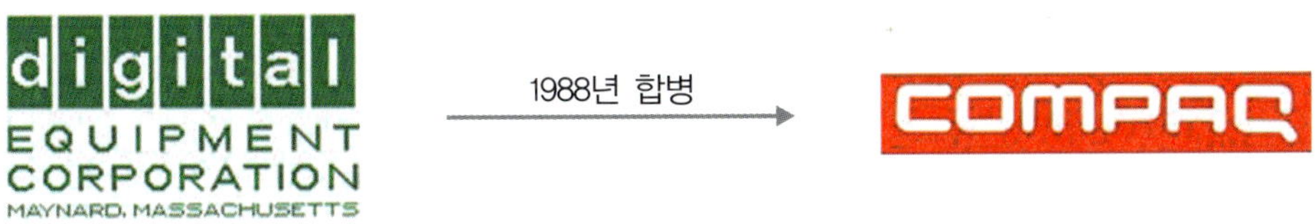

사례 2 : AT&T의 휴대폰

AT&T는 1980년대에 이미 휴대폰을 개발했으나, 그 가치를 과소평가하여 제조 기술을 모토로라[Motorola]에 판매했다. 그 결과 AT&T는 거대한 휴대폰 시장을 선점할 수 있는 기회를 잃어버렸고, 반면에 모토롤라는 거대한 휴대폰 회사로 성장하게 됐다. 이는 미래 기술을 제대로 예측하지 못

해서 새로운 문제를 인식하는 데 실패한 또 다른 사례로 볼 수 있다.

그림 4-5 AT&T의 제조 기술로 탄생한 최초의 휴대폰, 모토로라 다이나택

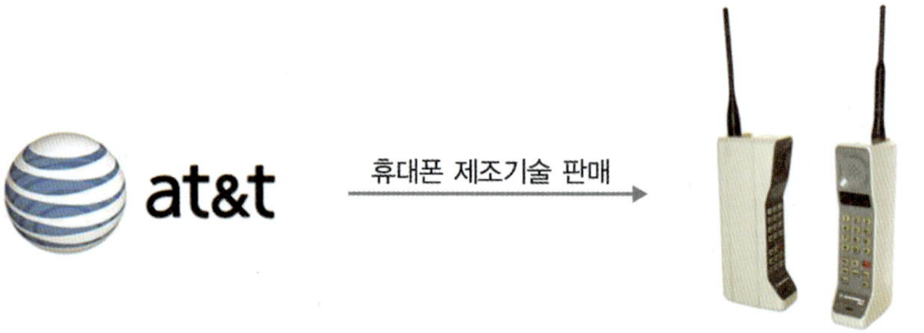

모토로라 다이나택(1983)

사례 3 : 스위스의 시계 제조업

1967년 스위스의 한 연구소에서 태엽을 감지 않는 디지털 방식의 쿼츠Quarts 시계를 최초로 발명했다. 하지만 그 당시 스위스 시계 제조업자들은 이를 무시하고 기계식을 고수했다. 미래 기술 변화를 제대로 예측하지 못한 결과, 새로운 수요를 창출할 수 있는 중요한 문제 인식에 실패하게 된 것이다. 반면에 일본의 시계 제조사인 세이코가 쿼츠 시계의 가능성을 인정하고 대량 생산함으로써 디지털 시계 시장을 선점하게 됐다.

결과적으로 스위스의 시계 제조업은 1970년부터 1982년 사이에 종업원이 65,000명에서 15,000명으로 급감했고, 시장 점유율도 65%에서 10% 미만으로 크게 감소했다. 현재도 스위스 시계의 품질은 인정받고 있지만, 스위스 시계 제조업은 전통적인 기술에 얽매인 나머지 미래의 기술 변화를 제대로 예측하지 못해서 문제 인식에 실패한 대표적인 사례로 꼽힌다.

그림 4-6 스위스 시계 제조업의 쇠퇴를 보여주는 데이터

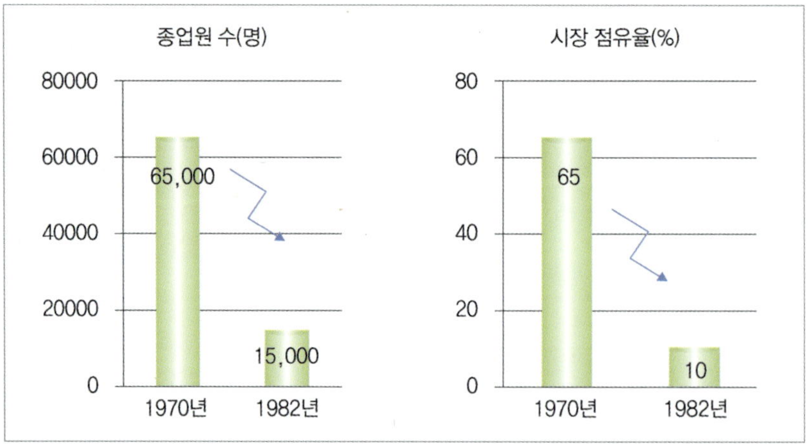

사례 4 : 코닥의 디지털카메라

코닥은 1970년대까지만 해도 가장 대표적인 필름 및 카메라 회사였다. 하지만 경영진은 필름을 사용하지 않는 디지털카메라 시대에 대비해야 한다는 회사 소속 엔지니어의 연구 보고서를 무시했고, 그 후 1980년대에 소니, 캐논, 후지 등이 먼저 디지털카메라를 개발하면서 코닥은 위기에 처하게 된다.

그림 4-7 코닥의 문제 인식 실패 사례

1991년에 코닥은 뒤늦게 디지털카메라를 생산했지만, 급속한 쇠퇴의 길로 들어설 수밖에 없었다. 아이러니하게도 디지털카메라를 맨 처음 개발한 사람은 코닥의 엔지니어였다고 한다. 1975년 디지털카메라를 먼저 발명하고도, 주력 업종인 필름을 잡아먹는 신제품을 개발할 수 없다는 안이한 판단으로 투자와 연구를 미루다가, 결국 131년 전통의 기업이 몰락의 길로 들어선 것이다. 코닥은 문제 인식에 실패한 또 하나의 사례로, 디지털 시대에 영원한 승자는 존재할 수 없으며, 적극적인 문제 인식으로 미래를 준비하지 않으면 어떤 기업이라도 코닥의 전철을 피할 수 없음을 보여준다.

반면에 노키아의 경우에는 1865년 핀란드에서 목재 회사로 출발했으나, 1980년대에는 컴퓨터 제조 회사, 2000년대에는 통신 회사로 탈바꿈했다. 이처럼 노키아는 미래의 기술 변화에 맞춘 발 빠른 변신을 통해 현재 세계적 통신 회사로 성장했다.

또 미국의 석유 기업 쉘Shell도 1969년부터 미래예측연구소를 운영해 오면서, 1970년대 초 1차 오일 쇼크가 나기 전부터 당시 1달러 남짓하던 원유 값이 수십 배로 폭등할 것을 예측하고 값싼 유전을 많이 확보했다. 그 결과 1, 2차 오일 쇼크를 겪으면서 다른 회사보다 빠르게 성장할 수 있었으며, 현재 세계적 석유 기업으로 성장하게 됐다.

위의 사례들을 통해서 문제 인식 여부가 기업의 성패와 어떤 관련성이 있는지 잘 알 수 있을 것이다. 미래의 기술 및 트렌드 변화를 남들보다 빨리 예측해서 적극적으로 대응하지 않는다면, 오늘의 성공이 내일을 보장해주지 않음을 마음 깊이 새길 필요가 있다. 이는 기업뿐만 아니라 개인에도 똑같이 해당되는 것이다.

4.2.2 핵심 인재의 조건, 문제 인식 역량

문제 인식Problem Awareness이란 지금까지 **미처 문제로 인식하지 못했던 것을 새롭게 문제로 인식하는 것**으로, 문제 해결의 첫 단계이다. 이는 새로운 제품이나 새로운 문화, 새로운 프로세스 등 기존에 존재하지 않던 새로운 무엇인가를 탄생시키는 출발점이 된다. 여기에는 이미 존재하는 것의 어떤 부분을 개선해야 할지를 찾아내거나, 아직 존재하지 않는 새로운 것을 개발하는 것 모두가 포함된다.

그림 4-8 문제 인식의 주요 활동

20세기 산업 사회는 모방이 가능한 소품종 대량 생산의 시대로, 20세기 인재의 주된 고민은 주어진 과제를 '어떻게How' 연구, 개발할 것인가에 초점이 맞추어졌다. 하지만 21세기 지식 융합 사회는 다품종 소량 생산의 시대로, 오직 1등 제품만이 생존할 수 있는 시대이자, 사람들의 요구도 매우 다양해진 시대다. 따라서 21세기 인재의 고민은 '어떻게How'뿐만 아니라 '무엇What'에도 초점을 맞춰야 한다. 즉 주어진 문제를 해결하는 역할에서 과감히 벗어나, 남들보다 앞서 문제를 발견하고 나아가서는 문제를 새롭게 만들 수 있는 능력을 갖추어야 한다. 더불어 '왜Why'에 대한 고민도 필요하다. 즉 어떤 문제를 해결해야 하는 분명한 목적을 알고, 또 그 목적을 설명할 수 있는 능력도 필요하다.

그림 4-9 21세기 인재의 주요 역량 변화

산업사회 인재의 고민 (모방이 가능한 소품종 대량생산의 시대)	→	지식융합사회 인재의 고민 (1등만이 생존하는 다품종 소량생산의 시대)
어떻게(How) 연구, 개발할 것인가?		왜(Why), 무엇(What), 어떻게(How) 연구, 개발할 것인가?

기업도 블루오션을 선점하려면 문제가 표면에 드러날 때까지 기다리지 말고 문제를 보다 적극적으로 인식해야 한다. 남들보다 먼저 문제를 발견하고 창안해서, 제품을 개선하고 신제품을 개발해야만 생존 경쟁에서 앞서 나갈 수 있다. 여러 번 강조하지만, 문제 인식 능력은 21세기 인재가 반드시 갖추어야 할 중요한 능력이다.

21세기 인재에게 필요한 능력은?
남들보다 앞서 문제를 발견하고 창안할 수 있는 능력이다.

일본 기업의 경우 약 1만 개의 아이디어 가운데 하나가 신제품으로 탄생된다고 한다. 이는 아이디어가 제품화되기 어렵다는 것을 의미하기도 하지만, 한편으로는 소비자의 요구를 충족시키고 새로운 소비를 유발할 수 있는 아이디어를 착상하는 것, 즉 제대로 된 문제 인식이 얼마나 어렵고 중요한지를 잘 드러낸다. 남들보다 먼저 문제를 인식하기 위해서는 소비자의 요구를 제대로 파악하고, 미래 기술이나 트렌드의 변화를 정확히 예측할 수 있어야 한다.

4.2.3 어떻게 문제를 찾지?

문제가 있어야 문제 해결이 뒤따르게 된다. 따라서 어찌 보면 문제 해결보다 더 중요한 것이 문제 인식이라고 할 수 있다. 최소 문제와 최대 문제를 발견하고 창안하는 방법에 대해서는 4.1.4절에서 간단히 언급했으나, 사실 방법보다 더 중요한 것은 관심이다. 어떤 좋은 방법을 알고 있어도 호기심이나 관심이 없다면 문제를 발견하기 어렵다. 달리 말하면 기술시스템 진화 법칙이나 시스템 사고에 대해 잘 알고 있다고 해서 문제가 저절로 찾아지는 것은 아니라는 것이다.

새로운 문제를 발견하고 창안하겠다는 의도를 갖고, 끊임없이 문제를 찾고, 또 새로 만들려고 노력하는 것만이 문제 찾기의 고수가 되는 지름길이다. 남들보다 앞서 새로운 문제를 창안할 수 있는 체계적인 방법이 존재하는 것은 아니지만, [표 4-4]와 같이 도움이 될 만한 몇 가지 방법을 살펴보자.

표 4-4 문제 창안 방법과 사례

문제 창안 방법	사례
인간의 욕망 분석하기	수제 명품 시계 위블로(Hublot), 피부 재생술
현실과 이상 비교하기	윙수트, 수륙 양용 스포츠카 아쿠아다(Aquada)

문제 창안 방법	사례
사물을 바라보는 관점 바꾸기	고급 이어폰 웨스톤 ES3X, 프라다 포코노백
자연 모방하기	벨크로 테이프(일명 찍찍이), 아로마 가습기 러브팟, 달팽이 전기 오토바이
SF 소설 활용하기	독일 잠수함 U-보트, 와치폰, 유인 우주선 보스톡 1호

인간의 욕망 분석하기

심리학적 연구를 토대로 인간의 욕망을 분석하면 새로운 시각에서 문제를 창안할 수 있다.

예를 들면 인간은 자신의 신분이나 재력을 과시하려는 욕망이 있다. 따라서 상품의 기능도 중요하지만 과시욕을 만족시킬 수 있는 품질과 가격도 중요하다. 이러한 욕망 분석을 통해서 "인간의 과시욕을 만족시키기 위해서, 다이아몬드로 장식한 시계를 만들면 어떨까?" 또는 "다이아몬드로 장식한 양복을 만들면 어떨까?"라는 문제를 창안한 사례가 있다.

그림 4-10 인간의 욕망 분석을 통해서 등장한 명품 시계와 양복

이런 문제 인식을 통해서 2012년 스위스 명품 시계 브랜드 위블로Hublot는 세계 최고가인 500만 달러(약 55억 원)짜리 시계를 공개했다. 이 시계는 백금으로 제작됐으며, 3캐럿짜리 다이아몬드와 1,282개의 다이아몬드로 장식된 것으로, 17명의 장인이 14개월을 투자해서 제작했다고 한다. 또 [그림 4-10]의 양복은 가격이 무려 10억 원이 넘는 것으로, 고급 캐시미어와 실크, 다이아몬드 등을 소재로 600여 시간 공을 들여 만든 작품이다. 이런 제품들은 모두 인간의 욕망 분석을 토대로 후리소매[3] 전략을 이용한 사례다.

욕망 분석을 통해서 창안된 또 다른 문제는 "인간의 젊어지고 싶어 하는 욕망을 만족시키기 위해 노화된 피부를 재생하는 기술을 개발하면 어떨까?"하는 것이다. 이런 문제 인식을 통해서 보톡스나 각종 피부 재생술이 등장했다.

---

3 박리다매(이윤을 적게 보고 많이 팖)의 반대말로, 이윤을 크게 보고 적게 파는 것을 의미하며, 유태인의 돈 버는 비결로 유명하다.

그림 4-11 인간의 욕망 분석을 통해서 등장한 각종 피부미용 시술들

인간의 욕망 분석
노화 < 젊음

→

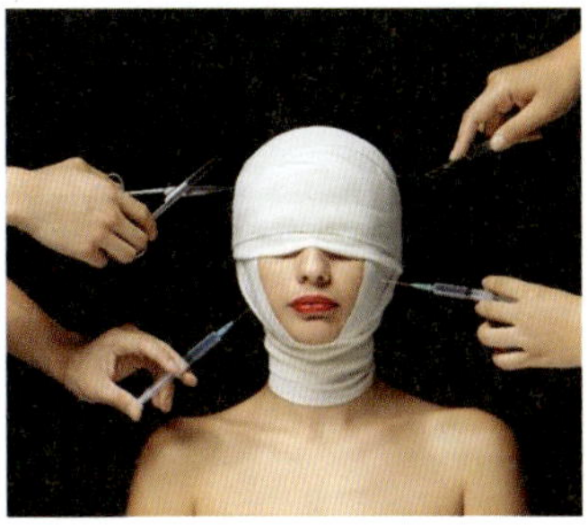

현실과 이상 비교하기

모든 사람이 현실에 만족하여 안주한다면 세상은 발전을 멈추게 될 것이다. 많은 문제가 현실에 대한 불만, 즉 현실과 이상의 차이에서 발생하는 것이다. 문제 창안 관점에서 이런 불만족은 반드시 나쁜 것만은 아니며, 더 나은 세상을 만드는 원동력이 될 수 있다. 따라서 인간의 이상이 무엇인지를 곰곰이 생각하고, 현실과 이상을 비교해보면 많은 새로운 문제를 창안할 수 있다.

그림 4-12 현실과 이상 비교를 통해서 등장한 윙수트

현실		이상
사람은 날 수 없다.	VS	사람은 날 수 있다.

→

예를 들어 힘들게 산 정상에 도달했지만 내려갈 일이 막막할 때, 사람도 날 수 있다면 얼마나 좋을까 상상해볼 수 있을 것이다. 대부분의 사람들은 나는 것을 상상만 할 뿐, 현실에서는 불가능하다고 생각한다. 하지만 이런 현실의 한계를 뛰어넘기 위해 "사람도 때론 날 수 있도록 하늘을 나는 옷을 만들면 어떨까?"라는 문제를 창안하고, 인간의 오랜 꿈을 현실로 만든 것이 바로 '윙수트Wing Suit'다. 윙수트는 2011년에 개봉한 영화 트랜스포머 3에도 등장해서 많은 사람을 감탄하게 만들었는데, 시속 240km의 속도로 날 수 있다고 한다.

현실과 이상을 비교해서 창안된 또 다른 문제는 "자동차로 물 위를 달리기 위해 물에 뜨는 자동차를 개발하면 어떨까?"라는 것이다. 이런 문제 인식을 통해서 2003년 영국의 깁스 테크놀러지스는 아쿠아다Aquada라는 수륙 양용 스포츠카를 세계 최초로 개발했다. 평소에는 아쿠아다를 3인승 로드스터[4]로 타다가, 물속에 들어가서 버튼을 눌러 바퀴를 접으면 아쿠아다는 단 6초 만에 스피드 보트로 변신한다.

---

4 로드스터(Roadster)란 지붕을 자유로이 접을 수 있는 자동차를 말한다.

그림 4-13 현실과 이상 비교를 통해서 등장한 수륙 양용 승용차 아쿠아다

현실		이상
차는 물에 뜰 수 없다.	VS	차도 물에 뜰 수 있다.

사물을 바라보는 관점 바꾸기

제품이나 서비스의 사용 목적이나 장소, 시간, 가격 등에 대한 선입견을 버리고 의식적으로 관점을 바꿔봄으로써 새로운 시각에서 문제를 생성할 수 있다.

그림 4-14 관점 바꾸기를 통해서 등장한 고급 이어폰

기존 관점		관점 변화
저렴할수록 잘 팔린다.	VS	비싸도 잘 팔릴 수 있다.

예를 들어 이어폰의 가격이 저렴할수록 잘 팔릴 것이라는 생각에서 벗어나 비싸도 잘 팔릴 수 있다고 관점을 바꿔보면, "고성능 이어폰을 원하는 신규 고객 확보를 위해 성능이 향상된 고급 이어폰을 개발하면 어떨까?"라는 문제를 창안할 수 있다. 이러한 문제 인식을 출발점으로 출현한 제품 가운데 하나가 '웨스톤 ES3X'라는 제품으로, 가격이 약 127만원에 달한다.

또 다른 예로 명품 가방은 가죽으로 만들어야 한다는 생각에서 벗어나 실용적인 소재로도 얼마든지 명품 가방을 만들 수 있다고 관점을 바꿔보면, "실용적인 명품 가방을 원하는 소비자를 위해, 방수 가능한 포코노Pocono 원단으로 가방을 만들면 어떨까?"라는 문제를 창안할 수 있다. 이런 문제 인식을 통해서 등장한 제품이 바로 이탈리아의 명품 브랜드 프라다의 포코노백이다. 특히 모든 명품 브랜드가 짝퉁 단속을 위해 고심할 때, 프라다측은 "우리는 아무도 카피하지 않는 명품을 만들지 않는다!"라고 선언했다고 하니, 사물을 바라보는 관점만 남다른 것이 아닌가 보다.

그림 4-15 관점 바꾸기를 통해서 등장한 프라다 포코노백

기존 관점		관점 변화
명품가방은 가죽으로 만들어야 한다.	VS	명품가방도 포코노로 만들 수 있다.

자연 모방하기

자연nature은 누구나 무료로 활용할 수 있는 특허 DBDatabase, 데이터베이스다. 자연에서 아이디어를 얻어 개발된 기술이나 제품은 수없이 많다. 이렇게 자연에 관심을 기울이면 많은 새로운 문제를 창안할 수 있다.

예를 들어 엉겅퀴 씨앗이 옷에 달라붙는 것을 보고, "서로 쉽게 달라붙는 소재를 만들기 위해 엉겅퀴 씨앗의 쉽게 달라붙는 특징을 이용하면 어떨까?"라는 문제를 창안할 수 있다. 이런 문제 인식을 통해서 개발된 벨크로 테이프(일명 찍찍이)는 지금도 많은 곳에서 활용되고 있다.

그림 4-16 엉겅퀴 씨앗에서 착안한 벨크로 테이프

다른 예로서 벌집을 관찰하면서 "적은 양의 물로 자연 증발을 최대화할 수 있는 가습기를 만들기 위해 벌집 구조를 활용하면 어떨까?"라는 문제를 창안한 뒤, 아로마 가습기 러브팟lovepot이 탄생했다. 이 제품은 KAIST의 배상민 교수가 천연 울 소재를 벌집 모양으로 구성해서 자연 증발을 최대화한 친환경 가습기로, 2009 굿 디자인 어워드Good Design Award에서 최고의 디자인 제품에 수여하는 G-Mark를 받았다.

그림 4-17 벌집 모양에서 영감을 얻은 친환경 가습기

또 다른 예로는 달팽이 모습을 보고, "새로운 디자인의 오토바이를 개발하기 위해 귀여운 달팽이 모습을 모방하면 어떨까?"라는 문제를 창안했고, 그 결과 놀란 달팽이 모양을 꼭 닮은 전기 오토바이가 등장하게 되었다.

그림 4-18 달팽이 모양을 흉내 낸 전기 오토바이

SF 소설 활용하기

SF(공상 과학) 소설이나 영화라고 하면 비현실적이라고 생각하기 쉽다. 하지만 유명한 SF 소설 속에 등장한 아이디어들을 분석해본 결과, [표 4-5]와 같이 지금까지 이미 많은 아이디어가 실현되었거나 혹은 가까운 미래에 실현 가능성이 높은 아이디어가 많다는 사실을 알 수 있다.

표 4-5 SF 소설 속의 아이디어 분석

공상 과학 소설 작가	공상 아이디어의 총 개수	공상 아이디어의 운명		
		실현되었거나, 가까운 미래에 실현될 것 개수(%)	개념적으로 현실화의 가능성이 확인된 것 개수(%)	잘못되었거나, 실현이 거의 불가능한 것으로 밝혀진 것 개수(%)
베른	108	64(59%)	34(32%)	10(9%)
웰즈	86	57(66%)	20(23%)	9(11%)
벨리에프	50	21(42%)	26(52%)	3(6%)

예를 들면 쥘 베른이 1870년에 쓴 '해저 이만 리'에는 '노틸러스'라는 잠수함이 등장하는데, 약 40년 후인 1차 세계대전(1914. 7 ~ 1918. 11) 당시에 잠수함이 최초로 상용화되었다.

그림 4-19 SF 소설 〈해저 이만 리〉의 노틸러스호가 현실화한 U-보트 잠수함

(a) 쥘 베른의 해저 이만리에 등장하는 노틸러스호

(b) 1차 세계대전 당시 독일의 잠수함 U-보트(1914. 9)

다른 예로 1940년대 인기 소설인 '딕 트레이시'에 '손목시계형 통신기'가 등장하는데, 2009년 LG 전자가 이와 유사한 '와치폰'을 출시했다. 일부 언론에서 이 와치폰을 딕 트레이시 전화라고 칭했다. 물론 와치폰의 개발자가 딕 트레이시라는 소설을 읽고 문제를 창안한 것인지는 알 수 없지만, 1940년대에 상상한 제품이 21세기가 되어서 현실화되었다는 것은 정말 놀라운 일이다.

그림 4-20 SF 소설 〈딕 트레이시〉의 손목시계형 통신기를 현실화한 LG 전자의 와치폰

또 다른 예로 1961년에 발사되어 인류 최초로 지구 궤도를 돈 유인 우주선인 보스톡 1호가 쥘 베른의 소설 '달세계 여행'에서 길이 270m의 대포를 쏘아 달나라로 보낸 포탄선의 형태와 유사함을 확인할 수 있다.

그림 4-21 SF 소설 〈달세계 여행〉의 포탄선이 현실화된 보스톡 1호

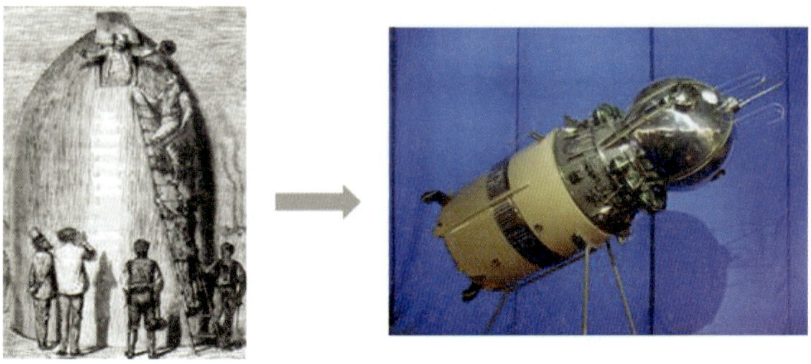

4.3

9개 창으로 문제 보기

4.3.1 시스템 사고란?

시스템 사고System Thinking는 문제를 하나의 시스템으로 이해하고, [그림 4-22]와 같이 9개의 창window을 통해서 문제의 전체적인 모습을 파악하는 창의적 사고 기법이다. 즉 시스템 사고란 하나의 시스템을 보다 넓은 시야에서 본질적으로 이해할 수 있도록 도와주는 사고 기법으로, 다면사고MST : Multi-Screen Thinking 또는 시스템 연산자System Operator라고도 칭한다.

그림 4-22 시스템 사고를 위한 9개의 창

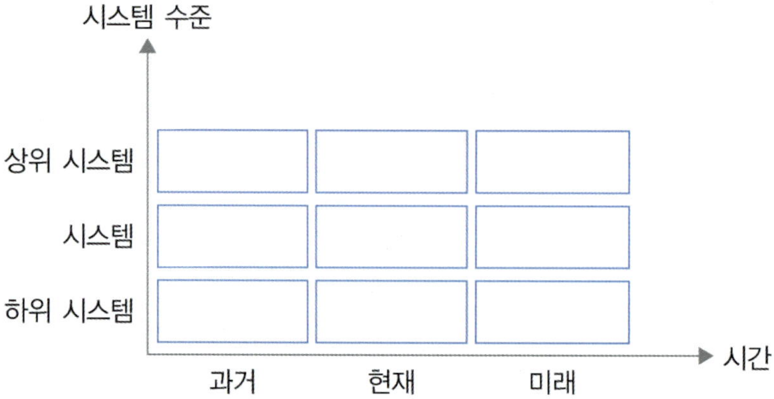

시스템 사고는 문제 인식에만 사용되는 것이 아니다. 하나의 시스템을 과거, 현재, 미래라는 시간 개념으로 나눠서 파악하고, 또한 상위 시스템과 하위 시스템도 함께 검토해 봄으로써 보다 넓은 시야에서 문제를 인식하는 데 효과적일뿐만 아니라, 문제 해결에 활용할 수 있는 자원을 탐색할 때도 효과적이다.

4.3.2 시스템 사고의 시간 개념 구분

시스템 사고에서 과거, 현재, 미래라는 시간 구분은 상황에 따라 [표 4-6]과 같이 거시적 관점과 미시적 관점으로 구분할 수 있다. 예를 들어 어떤 문제가 발생한 시점이 현재라면 거시적 관점에서는 문제 발생 전은 모두 과거, 발생 후는 모두 미래라고 판단한다. 한편 미시적 관점에서는 문제 발생 직전이 과거, 직후가 미래라고 판단한다.

표 4-6 시스템 사고의 시간 개념 구분

구분	과거	현재	미래
거시적 관점	문제 발생 이전	어떤 문제가 발생한 시점	문제 발생 이후
미시적 관점	문제 발생 직전	어떤 문제가 발생한 시점	문제 발생 직후

예를 들어 현재 어떤 제품을 사용하는 중이라면, 미시적 관점에서는 사용을 위해 개봉하기 직전이 과거, 사용 직후 보관함에 넣었을 때를 미래라고 판단할 수 있다. [표 4-7]은 몇 가지 시스템을 거시적 시간 개념에 따라 구분한 사례다.

표 4-7 시스템 사고의 시간 개념 구분 사례

구분	과거	현재	미래
시스템	묘목	목재	건축물
	딸기 파종	딸기 수확	딸기잼
	피처폰	스마트폰	웨어러블 정보 단말기[5]
	수동식 잔디 깎는 기계	반자동 잔디 깎는 기계	지능형 잔디 깎는 로봇

4.3.3 시스템 사고의 시스템 수준 구분

시스템 수준level은 [표 4-8]과 같이 크게 세 가지로 구분할 수 있는데, 이러한 구분은 시스템 사고에서뿐만 아니라 제품이나 기술 혹은 사회 시스템에도 동일하게 적용된다.

표 4-8 시스템 사고에서의 시스템 수준 구분

수준 구분	과거
상위 시스템	· 시스템에 속하지는 않지만 시스템과 상호작용하거나 상호작용할 수 있는 모든 것 · 시스템이 기능을 하는 데 영향을 미칠 수 있는 모든 것(사람, 사회적 트렌드, 장소, 환경, 기후, 법규 등)
시스템	시스템 자체
하위 시스템	시스템을 구성하는 모든 구성요소와 부품들

상위 시스템Super System은 시스템에 속하지는 않지만 시스템에 영향을 주는 모든 것으로, 개발자나 사용자 같은 사람을 포함해서 사회적 트렌드나 장소, 환경, 기후, 법규 등이 모두 해당한다. **하위 시스템Subsystem은 어떤 시스템을 구성하는 모든 구성 요소나 부품**이 될 수 있다.

---

5 웨어러블(Wearable) 정보 단말기란 입거나 쓸 수 있는 정보 단말기를 뜻한다.

[표 4-9]는 현재 시점의 시스템들을 시스템 수준에 따라 구분한 사례다.

표 4-9 시스템 사고의 시스템 수준 구분 사례

수준 구분	현재		
상위 시스템	장소(회의실, 강의실 등), 빛(밝기), 사람의 눈 등	도로, 운전자, 날씨, 교통 법규, 유가 등	통신 규약, 통신망, 기지국, 통신업체, 고객 등
시스템	빔 프로젝트	자동차	스마트폰
하위 시스템	렌즈, 램프, 광학 부품, 케이스, 스위치 등	엔진, 바퀴, 타이어, 프레임, 좌석 등	액정, 버튼, 배터리, 카메라, 마이크, 칩셋, 케이스 등

4.3.4 현명한 문제 인식을 위한 팁

시스템 사고를 통해 보다 넓은 시야에서 새로운 문제를 인식하기 위해서는 다음과 같은 판단 기준을 이해하는 것이 중요하다.

- 현재 시스템에서 문제를 인식할 수도 있지만, 상위 시스템이나 하위 시스템에서 문제를 발견하거나 창안할 수 있다. 시스템의 어떤 문제는 하위 시스템 하나를 교체하거나 상위 시스템 하나만 변경해도 해결되는 경우가 있으므로, 모든 문제를 현재 시스템에서만 찾기보다는 시스템 사고를 통해 넓은 시야를 갖는 것이 매우 중요하다.
- 현재나 미래 시점에서만 새로운 문제를 인식하는 것이 아니라 과거 시점에서도 문제를 발견하거나 창안할 수 있다. 과거 시점에서 문제를 인식한다는 것은 과거로부터 아이디어를 얻는 온고지신의 정신을 의미한다. 예를 들어 과거 한옥의 장점에서 착안해서 현대식 한옥을 짓는 문제를 창안할 수 있다.
- 현재 시스템에서 문제를 인식했을 때는 해결 시점이 매우 중요하므로, 장기적인 문제보다는 단기적으로 해결 가능한 문제가 바람직하다. 현재 시스템이 갖고 있는 문제는 누구나 쉽게 발견할 수 있으므로 누가 먼저 해결하느냐가 시장의 선점 여부를 결정하게 된다. 따라서 현재 시점의 문제를 많은 시간과 노력을 투자해야 하는 중장기 프로젝트로 계획하는 것은 바람직하지 않다.
- 현재 시스템에서 문제를 인식하기보다는 **미래의 상위 시스템에서 문제를 인식하는 것이 가장 바람직하다.** 미래의 기술 또는 트렌드 변화를 예측해서 남들보다 빨리 미래지향적인 문제를 인식하게 되면, 소위 블루오션을 선점할 수 있는 가능성이 훨씬 높아진다. 따라서 특히 미래의 상위 시스템을 예측할 수 있는 역량을 기르는 것이 중요하다.

4.3.5 시스템 사고를 통한 문제 인식 사례

사례 1 : 유리 창문에 대한 새로운 문제 인식

건물이나 주택에서 흔히 볼 수 있는 유리로 된 창문은 더 이상 개선의 여지가 없는 것처럼 보이지

만, 시스템 사고를 통한, 보다 넓은 시야에서 유리 창문을 바라보면 얼마든지 새로운 문제를 인식할 수 있다. 시스템 사고를 통해 새로운 문제를 인식하는 과정은 다음과 같다.

■ 시스템 사고하기

먼저 유리 창문에 대해 시스템 사고를 수행한 결과를 [표 4-10]과 같이 요약할 수 있다.

표 4-10 유리 창문에 대한 시스템 사고

구분	과거	현재	미래
상위 시스템	한옥, 전통, 장인 등	건물, 일조량, 기온 등	스마트 빌딩, 지구 온난화, IoT 기술 등
시스템	창호지 창문	**유리 창문**	지능형 창문(스마트 창문)
하위 시스템	창호지, 문살, 문고리	유리, 창틀, 손잡이 등	각종 센서, e-페이퍼, 프레임 등

■ 시스템 사고를 통해 문제 인식하기

[표 4-10]과 같은 시스템 사고를 통해서 다음과 같은 문제를 인식할 수 있다.

❶ 유리 창문의 하위 시스템인 유리를 대체할, 깨지지 않는 유리를 개발하면 어떨까?

❷ 유리 창문의 하위 시스템인 창틀을 더 가벼우면서도 완벽한 방음, 방풍이 되도록 개선하면 어떨까?

❸ 일조량을 감지해서 자동으로 유리의 색을 변화시키는 지능형 창문을 개발하면 어떨까?

❹ e-페이퍼와 각종 센서를 이용해서 사람이 지나갈 때 광고를 디스플레이 할 수 있는 스마트 창문을 개발하면 어떨까?

❺ 일조량에 따라 건물이 저절로 움직이도록 건축하면 어떨까?

❻ 과거 시스템인 창호지 창문을 아파트에 접목하면 어떨까?

■ 인식된 문제 기록하기

위에서 인식한 문제를 기초로, 목적why과 목표what를 포함해서 간단히 기록하면 [표 4-11]과 같다.

표 4-11 유리 창문에 대해 인식된 문제들

수준 구분	인식된 문제	시간 구분
상위 시스템	일조량을 충분히 활용하기 위해 태양을 따라 움직이는 건물을 지으면 어떨까?	미래
시스템	보다 쾌적한 환경을 위해 일조량을 감지해서 자동으로 유리의 색을 변화시키는 지능형 창문을 개발하면 어떨까?	미래
	건물 창문의 용도를 다양화하기 위해 e-페이퍼와 각종 센서를 이용해서 사람이 지나갈 때 광고를 디스플레이 할 수 있는 광고용 지능형 창문을 개발하면 어떨까?	미래
하위 시스템	보다 안전한 창문을 만들기 위해 깨지지 않는 유리를 개발하면 어떨까?	현재

수준 구분	인식된 문제	시간 구분
하위 시스템	기능이 향상된 창문을 만들기 위해 더 가벼우면서도 완벽한 방음과 방풍이 되는 창틀을 개발하면 어떨까?	현재
	아파트에 창호지 창문을 접목시키기 위해, 창호지를 현대적으로 개량하면 어떨까?	과거

그림 4-23 독일 친환경 도시 프라이부르크의 태양을 따라 회전하는 시범 주택

사례 2 : 우동면에 대한 새로운 문제 인식

우동은 대중적으로 널리 인기 있는 음식이다. 예전에는 우동면발이 탄력이 없고 잘 끊어져서 주로 뜨끈한 국물 맛으로 먹는 경우가 많았지만, 요즘은 면발이 쫄깃하고 매끄럽게 개선되어 다양한 종류의 우동이 판매되고 있다. 만약 우동면 제조사에서 사업 확장을 고려하고 있다면, 시스템 사고를 통해서 우동면의 품질 개선 외에도 다양한 새로운 사업 방향을 모색할 수 있다. 시스템 사고를 통해 새로운 문제를 인식하는 과정은 다음과 같다.

■ 시스템 사고하기

먼저 우동면에 대해 시스템 사고를 수행한 결과를 [표 4-12]와 같이 요약할 수 있다.

표 4-12 우동면에 대한 시스템 사고

구분	과거	현재	미래
상위 시스템	토지, 기후, 제분기, 포장지 등	고객, 제조사, 제조 기계, 마케팅 등	식당, 레시피, 요리사, 계절 등
시스템	밀가루	**우동면**	요리된 우동
하위 시스템	밀	강력분, 중력분, 물, 소금 등	우동면, 국물, 고명 등

■ 시스템 사고를 통해 문제 인식하기

[표 4-12]와 같은 시스템 사고를 통해서 다음과 같은 문제를 인식할 수 있다.

❶ 현재 시스템인 우동면을 만들 때, 강력분과 중력분의 비율을 조정하면 어떨까?

❷ 과거의 하위 시스템인 밀의 품종을 개량하면 어떨까?

❸ 미래의 상위 시스템인 우동 전문식당을 직접 운영하면 어떨까?

❹ 미래의 상위 시스템인 우동 레시피를 새로 개발하면 어떨까?

❺ 미래의 상위 시스템인 계절의 영향을 받지 않도록 시원한 우동을 개발하면 어떨까?

■ 인식된 문제 기록하기

위에서 인식한 문제를 기초로, 목적why과 목표what를 포함해서 간단히 기록하면 [표 4-13]과 같다.

표 4-13 우동면에 대해 인식된 문제들

수준 구분	인식된 문제	시간 구분
상위 시스템	사업 확장을 위해 직접 우동 전문식당을 운영하는 방법을 모색하면 어떨까?	미래
	고객 만족도를 높이기 위해 새로운 우동 요리 레시피를 개발하면 어떨까?	미래
	우동면 판매량의 계절적 영향을 줄이기 위해 시원한 우동을 개발하면 어떨까?	미래
시스템	우동 면발의 품질을 개선하기 위해 강력분과 중력분의 비율을 조정해서 새로운 우동면을 개발하면 어떨까?	현재
하위 시스템	우동면 만드는 과정을 단순화시키기 위해 탄력과 끈기가 우수하도록 밀의 품종을 개량하면 어떨까?	과거

그림 4-24 각종 냉우동

▬ 사례 3 : TV에 대한 새로운 문제 인식

LCD TV에 비해서 훨씬 얇고 가벼워진 LED TV의 가격이 하락함에 따라 벽걸이형 LED TV는 이미 대중화되었고, 최근 곡면 올레드(OLED) TV 가격이 점차 하락함에 따라 대중의 관심을 끌고 있다. 그렇다면 TV는 앞으로 어떤 모습으로 진화하게 될까? 현재 다양한 TV가 공존하고 있으나 그 가운데 벽걸이형 LED TV가 대세를 이루고 있으므로, 벽걸이형 LED TV를 중심으로 시스템 사고를 통해 새로운 문제를 인식하는 과정은 다음과 같다.

■ 시스템 사고하기

먼저 벽걸이형 LED TV에 대해 시스템 사고를 수행한 결과는 [표 4-14]와 같이 요약할 수 있다.

표 4-14 벽걸이형 LED TV에 대한 시스템 사고

구분	과거	현재	미래
상위 시스템	받침대, 공간, 방송국, 시청자 등	벽, 인터넷, 케이블 방송국, 반도체 기술 등	FPR 편광 방식, 3D 안경, SG(셔트글라스) 방식, 디지털 홀로그램 기술 등
시스템	브라운관 TV	**벽걸이형 LED TV**	홀로그램 3D TV
하위 시스템	유리판, 형광면, 버튼, 프레임, 유리관(진공관), 안테나 등	액정 패널, LED 백라이트, 필터, 프레임, 내장형 스피커 등	광학 칩, 공간광변조기, 레이저 등

■ 시스템 사고를 통해 문제 인식하기

[표 4-14]와 같은 시스템 사고를 통해서 다음과 같은 문제를 인식할 수 있다.

❶ 브라운관 TV 모양을 한 복고풍의 LED TV를 개발하면 어떨까?

❷ 3D 안경이 필요 없는 홀로그램 3D TV를 개발하면 어떨까?

❸ 벽걸이형 LED TV 의 하위 시스템인 내장형 스피커를 스테레오형으로 개발하면 어떨까?

❹ 벽걸이형 LED TV 의 하위 시스템인 프레임을 다양화하면 어떨까?

❺ 홀로그래픽 디스플레이용 공간광변조기(SLM)를 개발하면 어떨까?

❻ 홀로그램 3D TV 개발을 앞당길 수 있는 홀로그램 기술을 개발하면 어떨까?

■ 인식된 문제 기록하기

위에서 인식한 문제를 기초로, 목적why과 목표what를 포함해서 간단히 기록하면 [표 4-15]와 같다.

표 4-15 벽걸이형 LED TV에 대해 인식된 문제들

수준 구분	인식된 문제	시간 구분
상위 시스템	홀로그램 3D TV의 개발을 앞당기기 위해 디지털 홀로그램 기술에 투자하면 어떨까?	미래
시스템	다양한 구매자 요구를 충족시키기 위해 복고풍의 브라운관 TV 모양을 한 LED TV를 개발하면 어떨까?	과거
	사용자의 불편을 해소하기 위해 3D 안경이 필요 없는 홀로그램 3D TV를 개발하면 어떨까?	미래
하위 시스템	벽걸이형 LED TV의 오디오 품질 향상을 위해 스테레오형 내장형 스피커를 개발하면 어떨까?	현재
	벽걸이형 LED TV의 인테리어 효과를 향상시키기 위해 프레임의 모양을 다양화하면 어떨까?	현재
	홀로그램 3D TV 개발을 앞당기기 위해 홀로그래픽 디스플레이용 공간광변조기(SLM)를 개발하면 어떨까?	미래

그림 4-25 미국 DARPA에서 개발 중인 무안경 방식의 홀로그램 3D TV

학습정리

1. 문제가 무엇인지 사례를 들어서 설명하라.
2. 최소 문제와 최대 문제의 차이점을 설명하라.
3. 문제 인식이 왜 중요한지 설명하라.
4. 새로운 문제를 창안할 수 있는 방법을 나열하라.
5. 시스템 사고가 무엇인지 설명하라.
6. 시스템 사고의 시스템 수준을 3단계로 구분해서 설명하라.

토론실습

토론의 효율을 높이려면?

토론에 앞서 먼저 자신의 생각을 포스트잇이나 작은 메모지에 작성한 후, 팀원들이 돌아가면서 각자 자신의 생각을 발표한 다음 함께 토론한다.

주제 1 왜 문제를 찾아야하는가?

왜 새로운 문제를 발견하고 창안해야 하는지 팀원들과 토론한 다음, 팀의 의견을 작성해서 발표하시오.

주제 2 자연 모방하기

자연을 모방해서 등장한 기술이나 제품에는 어떤 것이 있는지 각자 찾아본 다음, 팀원들과 토론해서 가장 놀라운 사례를 하나 작성해서 발표하시오.

실습과제

과제 1 문제 찾기

자신의 문제나 주변에서 쉽게 발견할 수 있는 문제를 찾아서 다음 표에 작성하시오.

문제	현재 상태(As is)	기대치(To be)

과제 2 위기를 기회로 전환한 사례 조사하기

위기는 기회가 될 수 있음을 4.1.3절에서 소개한 몇 가지 사례를 통해서 확인할 수 있다. 팀별 또는 개인별로 개인 또는 기업이 위기를 기회로 전환한 사례를 조사해서 작성하시오.

구분	제목	설명
사례 1		
사례 2		
사례 3		

실습과제

과제 3 문제 인식 실패 사례 조사하기

문제 인식에 실패하는 것이 기업에게 얼마나 치명적인 결과를 초래하는지는 4.2.1절에서 소개한 몇 가지 사례를 통해서 확인할 수 있다. 팀별 또는 개인별로 그 밖의 문제 인식 실패 사례를 조사하여 작성하시오.

구분	제목	설명
사례 1		
사례 2		
사례 3		

실습과제

과제 4

최소 문제 인식하기

다음 제품 가운데 하나를 선택한 다음, 선택한 제품의 단점을 기초로 새로운 문제를 발견해서 목적(why)과 목표(what)가 포함되도록 문제를 기록하시오. 단, 기존 제품의 단점이나 한계점을 개선하는 최소 문제를 발견하시오.

운동화

재킷

햄버거

안경

선택한 제품	단점	문제 기록

실습과제

과제 5

최대 문제 인식하기

급속히 진행되고 있는 고령화 사회에 대비하기 위해 다양한 접근 방법을 활용해서 새로운 문제를 창안한 다음, 목적(why)과 목표(what)가 포함되도록 문제를 기록하시오. 단, 기존에 없는 새로운 차세대 제품을 개발하는 최대 문제를 창안하시오.

접근 방법	검토		문제 기록
인간의 욕망 분석	인간 욕망		
	분석 결과		
현실과 이상 비교	현실		
	이상		
관점 변화	기존 관점		
	관점 변화		

실습과제

과제 6 자연을 모방해서 문제 인식하기

다음 자연계 대상 가운데 하나를 선택하여 선택한 대상의 특징을 파악한 후, 그 특징을 어디에 활용할 수 있을지 결정한 다음, 목적(why)과 목표(what)가 포함되도록 문제를 기록하시오.

거미

게코도마뱀

해바라기

흰개미집

선택한 대상	특징	활용할 대상	문제 기록

실습과제

과제 7 시스템 사고를 통해 문제 인식하기

다음 대상 가운데 하나를 선택하여 시스템 사고를 통해 넓은 시야에서 검토한 후, 목적(why)과 목표(what)가 포함되도록 문제를 정의하시오.

스마트폰

책

자동차

아파트

■ 시스템 사고하기

구분	과거	현재	미래
상위 시스템			
시스템		선택한 대상 ( )	
하위 시스템			

■ 시스템 사고를 통해 문제 인식하기

❶

❷

❸

❹

❺

실습과제

- 인식된 문제 기록하기

수준 구분	인식된 문제	시간 구분
상위 시스템		
시스템		
하위 시스템		

PART 2

5장

시스템이 사라졌네 Ideality & IFR

이상성(Ideality)은 비용 및 유해한 효과 대비 기술시스템의 유용한 주된 기능의 정도를 나타내는 개념이다. IFR(Ideal Final Result, 이상적 최종 결과)이란 기술시스템이 기본 기능을 수행하면서, 기술시스템이 자체적으로 문제가 되는 유해한 효과를 비용을 거의 들이지 않고 제거하는 가장 이상적인 상태를 의미한다. 즉 IFR은 이상성이 무한대가 되는 상태로, 트리즈가 지향하는 궁극적인 목표라 할 수 있다. 이 장에서는 이상적 시스템(ideal system)과 이상성 개념, 이상성을 증가시키는 방법에 대해 설명하고, IFR을 정의하는 방법과 IFR을 활용해서 문제를 해결하는 방법을 소개할 것이다. 이 장을 통해 이상성을 증가시켜서 트리즈의 궁극적 목표인 IFR을 달성하는 방법에 대해 이해할 수 있을 것이다.

5.1 이상적 시스템

5.2 이상성을 높이는 방법

5.3 트리즈의 궁극적 목표, IFR

학습정리 토론실습 실습과제

학습목표

- 이상적 시스템이란 무엇인지 설명할 수 있다.
- 이상성이 무엇인지 설명할 수 있다.
- 이상성을 높이는 방법을 나열할 수 있다.
- IFR이 무엇인지 설명할 수 있다.
- IFR을 활용해서 문제를 해결할 수 있다.

5.1

이상적 시스템

5.1.1 단순함의 미학

1994년 9월 28일 자정이 조금 지난 시간에 스웨덴의 스톡홀름과 에스토니아의 탈린 항구를 왕복하는 페리호가 폭풍우로 인해 순식간에 침몰했다. 그 결과는 배에 타고 있던 989명 가운데 852명이 사망하거나 실종되는 대형 해난 사고였다. 사고의 주된 원인은 폭풍우로 인해 자동차가 실려 있던 갑판에 물이 들어와 배가 무게 중심을 잃은 것으로, 구명보트를 띄울 여유도 없이 순식간에 배가 전복된 것이다.

그림 5-1 1994년 페리호 침몰 사고 발생

이 페리호는 1970년대에 처음 건조되었는데, 시간이 지남에 따라 자동차를 이용하는 승객이 많아지면서 더 많은 자동차를 싣기 위해 여러 차례 구조를 변경했고, 그 결과 배의 무게 중심이 상당히 불안정해진 상태였다. 선박 회사도 이런 문제를 인지하고 해결안을 모색했으며, [표 5-1]과 같은 3가지 아이디어를 특허 출원했다. 이는 주로 물이 많이 차는 것을 방지하기 위한 아이디어였는데, 비용 문제로 적용을 미루다가 사고가 발생한 것이다.

표 5-1 선박 회사가 출원한 3가지 특허

출원 시기	특허 핵심	상세 내용
1989		갑판에 격막을 설치해서 물이 들어와도 해당 격막 부분만 물이 차게 됨. 격막으로 인해 자동차를 싣는 공간이 줄어들고 시간도 많이 소요되는 문제가 있음
1991	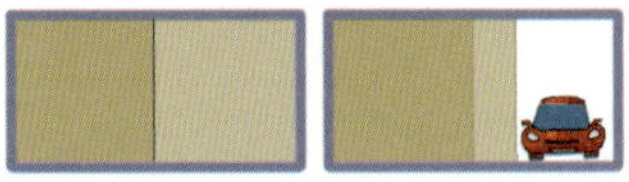	격막을 미닫이문으로 변경함. 자동차 싣는 시간은 단축할 수 있으나 배가 무거워짐
1994		천정에서 내려오는 알루미늄 셔터를 설치해서 문이 차지하는 공간과 무게 문제를 해결함

스웨덴 정부는 선박 회사에 운항 정지 조치를 내렸는데, 회사 입장에서는 3개월 안에 운항을 재개하지 않으면 파산을 피하기 어려운 다급한 상황이었다. 선박 회사는 정부를 설득할 수 있는 혁신적인 개선안을 도출하기 위해 발레리 츄리코프라는 트리즈 전문가의 자문을 받기로 했다.

발레리 츄리코프는 3일간 자문을 했는데, [표 5-2]에서 알 수 있듯이 자문을 시작한 지 얼마 되지 않아 1991년 및 1994년 특허와 동일한 아이디어를 제안했다. 자문 3일째 되는 날, 츄리코프는 비용이 거의 들지 않는 놀라운 아이디어, 즉 갑판에 구멍을 뚫는 아이디어를 제안했고, 이 아이디어는 선박 회사가 운항 정지에서 벗어나는 데 결정적인 역할을 하게 된다. 또한 갑판에 구멍을 뚫는 이 특허는 이후 전 세계적으로 선박에 적용되고 있다.

표 5-2 트리즈 전문가 발레리 츄리코프가 제안한 4가지 아이디어

제안 시점	아이디어 핵심	상세 내용
첫째 날 10:00	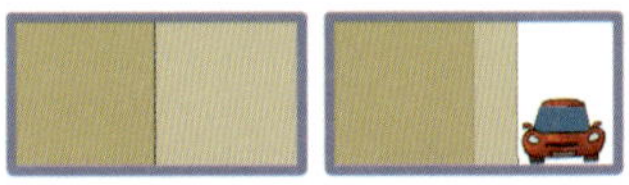	슬라이딩 도어(Sliding door)라 칭함
첫째 날 10:10		아코디언 도어(Accordion door)라 칭함
셋째 날 10:00	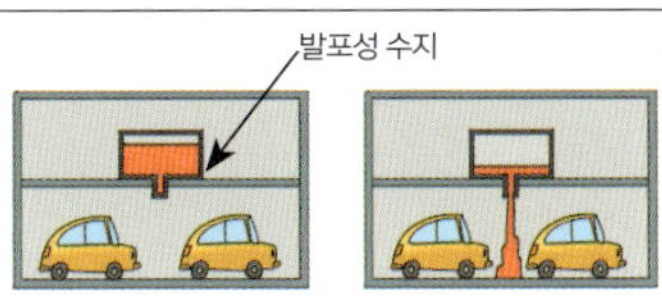	물이 들어오면 천정의 발포성 수지(공기 및 물과 반응해서 단단해지는 성질이 있음)가 쏟아져 내려와 격벽을 만들어서 물을 차단하게 됨
셋째 날 16:00	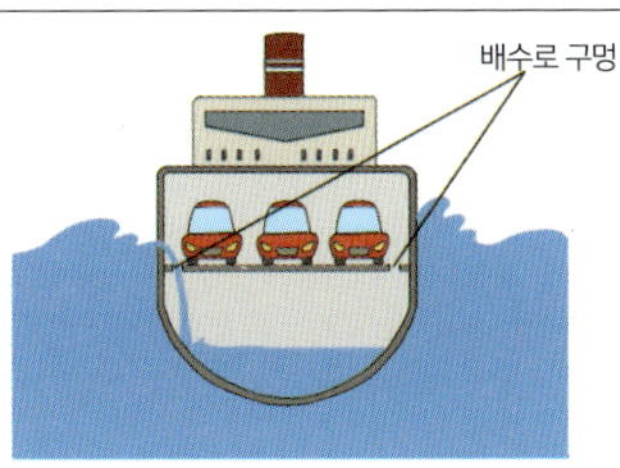	갑판에 구멍을 뚫으면 들어온 물이 아래로 내려가서 배의 균형수 역할을 하게 되므로, 배가 무게 중심을 잡을 수 있어서 승객이 대피할 수 있는 시간을 벌 수 있음 (발명원리 31번 구멍/다공성 물질 원리, 22번 전화위복 원리 적용)

갑판에 구멍을 뚫는 아이디어는 과연 창의적인 아이디어일까? 구멍을 뚫는 아이디어가 뭐 그리 대단한 것이냐고 말하는 사람도 있을 것이다. 그렇다면 그런 간단한 아이디어를 왜 선박 회사의 많은 전문가들은 미처 생각하지 못한 것일까?

많은 사람들은 창의적이라고 하면 누구나 쉽게 생각할 수 없는 어려운 것을 떠올리기 쉽다. 그러나 창의적 아이디어란 어려운 아이디어가 아니라, 의외로 **쉽지만 고정 관념에서 탈피한 아이디어**가 많다. 많은 전문가들이 어떻게 물이 들어오는 것을 막을 수 있을 것인가만 고민할 때, 트리즈 전문가가 어떻게 물을 유용하게 이용할 수 있을까를 고민한 것이 바로 고정 관념의 탈피다. 물이 배에 해롭다는 것을 전제로 고민하는 대신, 해로운 자원Resource인 물을 어떻게 유용하게 사용할지를 고민할 수 있는 능력이 바로 창의성이다.

좋은 아이디어일수록 간단하고 비용이 적게 든다는 것이 트리즈의 기본 철학이며, **좋은 아이디어의 필요충분조건은 참신성과 유용성, 그리고 실용성**이다. 참신성은 남들이 미처 생각하지 못한 것을 생각해내는 것이고, 유용성은 목적을 달성할 수 있는 것이며, 실용성은 비용이 적게 드는 것이다.

좋은 아이디어 = 참신성 + 유용성 + 실용성

선박 회사의 전문가들이 5년에 걸쳐서 도출한 아이디어를 단 하루 만에 도출할 수 있었던 것은 발레리 츄리코프의 개인적인 능력일까, 아니면 트리즈의 힘일까? 5.1.3절에서 소개할 트리즈의 이상성 개념을 이해한다면, 이것이 단순히 츄리코프 개인의 능력만은 아님을 알 수 있을 것이다.

"단순하게 만들기가 가장 어렵다.
단순함의 완벽함이란
더 이상 보탤 게 남아있지 않을 때가 아니라
더 이상 뺄게 없을 때 완성된다."
『어린 왕자』의 작가 생텍쥐페리(1900 ~ 1944)

5.1.2 이상적 시스템이란?

시야가 좁은 기술자가 만드는 시스템은 자칫하면 기술만 앞세워 복잡해질 수 있다. 하지만 사용자 입장에서 보면 시스템이 제공하는 기능이 중요하지, 기술 자체에는 별로 관심이 없는 경우가 많다. 소비자는 가능한 한 사용이 쉽고 비용이 적게 드는 시스템을 선호한다. 심지어 시스템 없이도 원하는 기능이 저절로 수행된다면 더할 나위 없이 좋을 것이다. 따라서 좋은 개발자라면 소비자 입장에서 이상적인 시스템이 무엇인지를 고려할 수 있어야 한다.

트리즈 관점에서 **이상적 시스템Ideal System이란 기능은 존재하지만 시스템은 존재하지 않는 것**이다. 시스템이 존재하지 않으므로 비용은 하나도 들지 않으면서 유용한 기능만 얻을 수 있는 것이 바로 이상적 시스템이다. 여기서 비용이란 단지 생산 단가만을 의미하는 것은 아니며, 소비되는 에너지나 차지하는 공간뿐만 아니라 유해한 효과까지도 포함하는 개념이다.

이상적 시스템의 예를 들면 [그림 5-2]의 셀프 오프닝 캔을 들 수 있다. 예전에는 캔을 열기 위해 반드시 캔 오프너가 필요했다. 하지만 셀프 오프닝 캔은 캔 오프너 없이도 캔을 쉽게 열 수 있다. 캔 오프너라는 기술시스템을 기준으로 봤을 때, 셀프 오프닝 캔은 기능은 존재하지만 시스템은 사라진 이상적 시스템이다.

그림 5-2 셀프 오프닝 캔

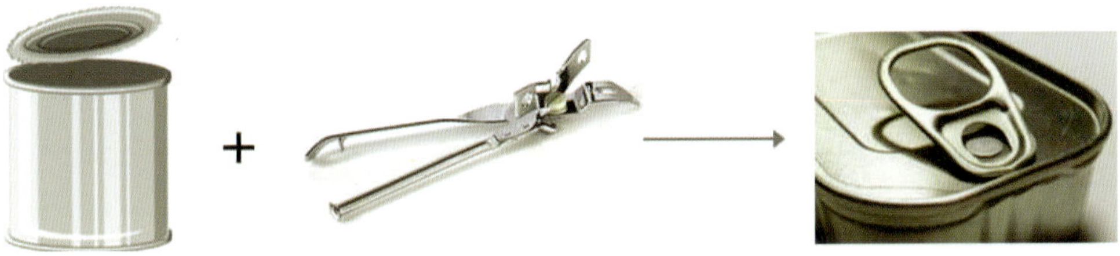

이번에는 클레이 사격clay shooting을 위한 퇴비 피전pigeon을 살펴보자. 전통적으로 사용되어 온 진흙으로 만든 클레이clay 피전은 사격이 끝난 다음 인력을 투입하여 깨진 조각을 수거해야 한다. 하지만 퇴비나 얼음으로 만든 피전은 수거할 필요가 없기 때문에 인건비를 절약할 수 있는 이상적 시스템이다.

그림 5-3 퇴비 피전

공원에서 연못의 물고기에게 먹이를 주기 위해 관리 직원을 고용하는 대신, 관람객들이 물고기에게 먹이를 직접 주도록 물고기 먹이를 판매하는 방식도, 인건비를 절약하고 관람객에게 또 다른 재미도 줄 수 있는 일석이조의 이상적 해결안이다.

또 다른 예로 최근 캠핑 음식으로 주목 받고 있는 발열 식품을 살펴보자. 발열 식품은 아무런 조리기구 없이 끈만 당기면 뜨거워진다. 즉 음식을 데우는 조리기구가 사라졌는데도 음식을 뜨겁게 데울 수 있는 이상적 시스템인 것이다.

그림 5-4 발열 식품

주위를 자세히 살펴보면 [그림 5-5]와 같은 다양한 이상적 시스템을 발견할 수 있을 것이다.

그림 5-5 이상적 시스템 사례들

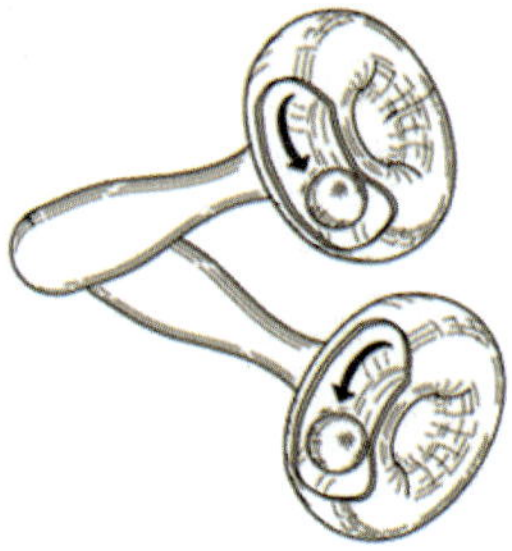

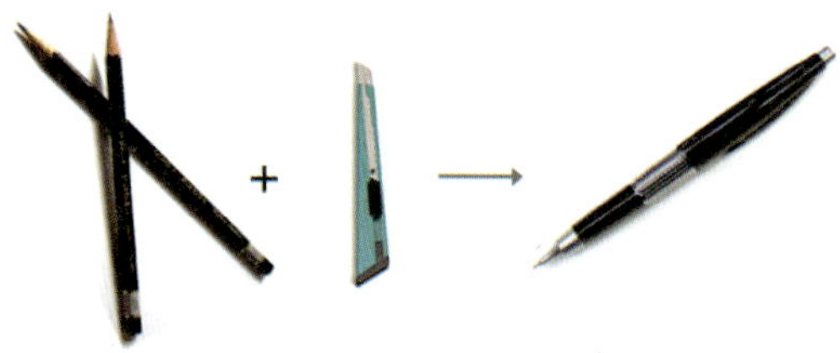

줄 없는 줄넘기

줄은 없지만, 손잡이 안에서 돌아가는 작은 추와 기어 때문에 손잡이를 돌리면서 뛰면 실제로 줄을 넘는 듯한 착각을 하게 되므로, 실제 줄넘기와 운동 효과가 동일함. 2006년 미국 특허

샤프펜슬

칼 없이 연필을 깎는 기능이 존재하는 것과 마찬가지임

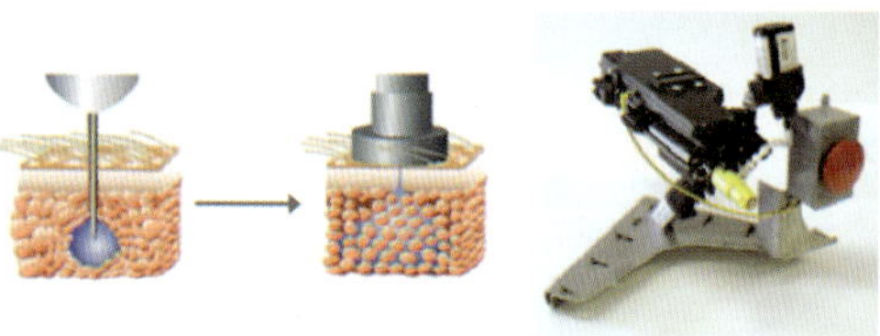

무침 주사기

침 없이도 주사약을 전달할 수 있고, 바늘주사기 사용 시 발생되는 가축의 스트레스, 질병 전파, 경제성 등을 해결함

무전기 자동문

전기 대신 사람의 무게라는 공짜 자원을 활용해서 문이 자동으로 여닫히도록 설계함

5.1.3 이상성이란?

트리즈에서 이상성Ideality이란 기술시스템의 발전에 있어서 점진적인 변화를 측정하기 위한 포괄적인 척도로서, **비용C : Cost 및 유해한 효과HE : Harmful Effect 대비 기술시스템의 주된 유용한 기능Main Useful Function : MUF의 정도**를 나타낸 것이다. 따라서 기술시스템(TS)의 이상성(I)을 의미하는 I(TS)는 다음과 같이 정의할 수 있다.

$$I(TS) = \frac{\text{주된 유용한 기능}}{\text{비용} + \text{유해한 효과}} = \frac{MUF}{C + HE}$$

비용은 주로 생산 비용을 의미하지만, 넓은 의미에서 유해한 효과도 비용에 포함시켜서 이상성을 정의하기도 한다. 유해한 효과란 소비되는 에너지, 차지하는 공간(크기나 무게), 발생하는 환경오염, 부작용 등을 모두 포함한다.

어떤 기술시스템의 문제를 해결한다는 것은 달리 말해 이상성을 증가시켜서 해당 시스템을 이상적 시스템에 보다 가깝게 만드는 것이다. 따라서 모든 기술시스템은 이상성을 증가시키는 방향으로 진화하는 경향이 있는데, 트리즈에서는 이를 이상성 증가 법칙The law of increasing degree of ideality이라고 칭한다. 이상성 증가 법칙에 따라 기술시스템은 이전 시스템의 기능을 여전히 수행하면서도 전혀 다른 시스템으로 바뀌거나, 심지어 존재하지 않는 시스템으로 남게 된다. 즉 기능은 존재하지만 시스템은 사라지게 되는 것이다. 이상성을 증가시키는 방법에 대해서는 5.2절에서 자세히 소개한다.

한편 이상성은 **보통 작용 영역[1]에서 증가**하며, **작용 영역 밖에서는 이상성이 감소할 수도 있다.** 예를 들어 작은 칼로 연필을 깎을 때 손가락이 베일 수 있는데, 이때 작용 영역은 칼과 손가락이 접촉하는 부분이다. 이 작용 영역에서 시스템, 즉 칼이 사라지는 대신, 연필이 샤프펜슬로 진화하면서 연필이라는 시스템은 좀 더 복잡해지고 가격도 비싸졌다. 즉 작용 영역에서 칼이 사라졌기 때문에 이상성이 증가했지만, 이 작용 영역 밖에서는 좀 더 비싼 샤프펜슬을 구입해야 하므로 이상성이 약간 감소한 것으로 볼 수 있다.

그러나 기술시스템의 효율성은 주로 작용 영역 안에서의 효율성이 좌우하기 때문에, 작용 영역 밖에서 이상성이 약간 감소해도 전체적인 이상성은 증가하는 것이 일반적이다. 하지만 작용 영역의 이상성을 높이면서 작용 영역 밖에서의 이상성 감소를 전혀 고려하지 않으면, 전체적인 이상성이 감소되어 해결안의 가치가 낮아질 수 있으므로 주의해야 한다.

---

1 작용 영역(operating zone)이란 문제(또는 모순)가 발생하는 장소(공간)를 뜻한다.

예를 들어 우산을 써도 옷이 젖는 문제를 해결하기 위해 [그림 5-6]과 같은 우산을 쓰면, 우산을 쓴 사람의 옷은 젖지 않겠지만, 공간을 많이 차지해서 주변 사람을 불편하게 할 수 있다. 또 버스를 탈 때 우산을 빨리 접기 힘들고, 바닥에 물이 많이 흘러서 위험할 수도 있다. 따라서 이 아이디어의 경우, 우산을 써도 옷이 젖는 문제가 발생하는 작용 영역에서는 이상성이 향상되었다고 볼 수 있으나, 작용 영역 밖에서의 이상성이 크게 감소되었기 때문에, 트리즈 관점에서 전체적인 이상성이 증가된 아이디어로 보기 어렵다.

그림 5-6 전체적인 이상성이 감소된 사례

기술시스템의 목적은 어떤 '기능'을 제공하는 것이다. 전통적인 공학적 사고에 의하면 "새로운 기능을 제공하기 위해서는 새로운 메커니즘이나 장치를 도입할 필요가 있다."라고 생각하는 것이 지배적이다. 따라서 새로운 기능을 제공하기 위해 시스템은 점점 더 복잡해지게 된다. 하지만 기술시스템의 이상성을 중시하는 트리즈적 사고에 의하면, **"시스템에 새로운 메커니즘이나 장치를 도입하지 않고 어떤 기능을 제공할 필요가 있다."**라고 생각하게 된다. 따라서 메커니즘이나 장치가 아닌 기능에 초점을 맞추게 되고, **이미 존재하는 내외부 자원**을 최대한 활용해서 필요한 기능을 제공하는 방법을 모색하게 된다. 즉 기능은 수행하지만, 메커니즘이나 장치는 사라진 이상적인 해결안을 도출하기 위해 노력하게 되고, 결과적으로 주요 기능은 모두 수행하면서도 비용이 크게 감소되는 시스템을 개발할 수 있게 된다.

그림 5-7 이상성에 의한 트리즈적 사고의 특징

(a) 전통적 기술자의 고민 (b) 트리즈 전문가의 고민

이상성이 증가된 사례는 여러 가전제품에서 쉽게 찾아볼 수 있다. 세탁기의 경우, 1970년대만 해도 가격이 약 1,800달러에 달했지만, 2015년 기준으로 제품 가격이 절반 이하로 하락했다. 반면 성능이나 에너지 효율은 크게 향상되었으므로 전체적으로 이상성이 크게 향상된 것으로 볼 수 있다. 작용 영역을 세탁기 전체로 보지 않고 세탁물과 세제가 접촉하는 부분으로 본다면, 무세제 세탁기는 세제라는 시스템은 사라졌지만 세탁이라는 기능은 여전히 존재하는 이상적 시스템이다.

세탁기의 경우, 가장 이상적인 시스템은 세탁기 없이도 세탁이 가능한 것이다. 만약 세탁이 불필요한 섬유, 또는 자체 세정 기능이 있는 섬유가 개발된다면, 세탁기의 기능은 섬유라는 상위 시스템으로 이동하게 될 것이다. 이는 세탁기는 사라졌지만 세탁이라는 기능은 여전히 존재하는 가장 이상적 시스템으로 볼 수 있다.

또 다른 예로 남아프리카의 한 육류 가공 공장의 사례를 들 수 있다. 이 공장에서 가공된 육류를 미국으로 수송해야 하는데, 육류의 언 상태를 유지하기 위해서 냉동고가 필요하므로 비행기 화물칸에 냉동 시스템을 설치했다. 그런데 경쟁이 심해져서 배송 비용을 낮출 필요가 생겼다. 이 경우 일반적인 접근 방법은 냉동 시스템의 무게를 줄일 수 있는 방법을 모색하거나, 냉동 시스템 대신 육류의 언 상태를 유지시킬 수 있는 새로운 메커니즘이나 장치를 개발하는 것이다.

하지만 이상성을 고려해서 해결 방안을 모색한다면, 먼저 냉동고의 기능이 무엇인지 질문을 하게 된다. 냉동고의 기능은 육류의 언 상태를 유지시키는 것이다. 그렇다면 새로운 메커니즘이나 장치를 개발하는 대신, 기존 자원을 활용해서 냉동고 없이도 육류의 언 상태를 유지시킬 수 있는 방법을 찾아야 한다. 이처럼 시스템의 기능에 집중한 결과, 고도 15,000피트에서 25,000피트 사이를 비행하면 공기의 온도가 화씨 32도(섭씨 0도) 이하가 되므로 냉동 시스템이 불필요하다는 것을 인지하게 되었다. 그 결과 큰 비용을 들이지 않고 이 문제를 해결할 수 있었다고 한다.

5.2

이상성을 높이는 방법

5.2.1 유용한 기능 증가시키기

모든 기술시스템은 이상성을 증가시키는 방향으로 진화하는 경향이 있는데, 이상성을 증가시키는 방법 가운데 하나는 기술시스템이 제공하는 유용한 기능Useful Function을 증가시키는 것이다. 즉 기술시스템이 제공하는 기능의 수나 질을 증가시키는 것이다. 단, 기능의 수나 질이 증가되면서 비용도 크게 증가하면 트리즈 관점에서 이상성이 증가되었다고 보기 어렵다. 따라서 비용은 같거나 감소되면서 기능이 증가하거나, 비용이 약간 증가하면서 상대적으로 기능이 많이 증가해야 이상성이 증가된 것으로 볼 수 있다.

이와 같은 이상성 증가 사례로 가장 적합한 것이 컴퓨터다. 1940년대에 최초의 컴퓨터 애니악ENIAC이 개발된 이후 현재까지 70여 년 사이에 컴퓨터의 무게와 가격은 만분의 1 이하로 낮아졌으면서도, 동시에 연산 속도는 수백만 배 이상 빨라졌다. 즉 이상성이 대략 수백만 배 이상 좋아진 것으로 볼 수 있다.

그림 5-8 유용한 기능 증가에 의한 컴퓨터의 이상성 증가

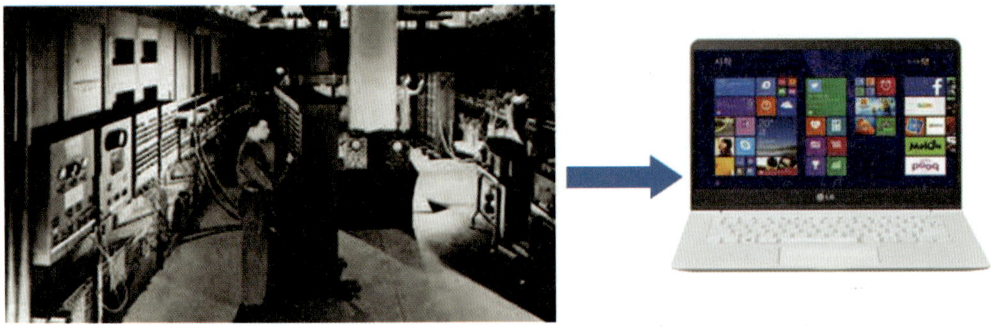

최초의 컴퓨터 ENIAC(1946), 약 30톤

LG 울트라PC 그램 14(2015년), 980g

이밖에도 유용한 기능을 증가시켜서 이상성이 증가된 것으로는 [그림 5-9]와 같은 사례를 들 수 있다.

그림 5-9 유용한 기능 증가에 의한 이상성 증가 사례

스마트폰

기존 휴대폰에 비해 가격이 증가하긴 했지만 상대적으로 기능이 월등히 향상됨

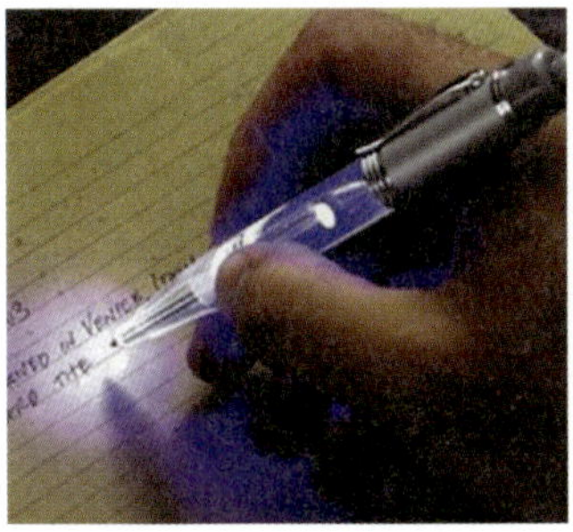

LED 펜

어두운 곳에서 쓸 수 있는 LED 기능이 추가됨

전자책

천권 이상의 책을 저장할 수 있고, 검색, 확대, 조명 기능 등이 추가됨

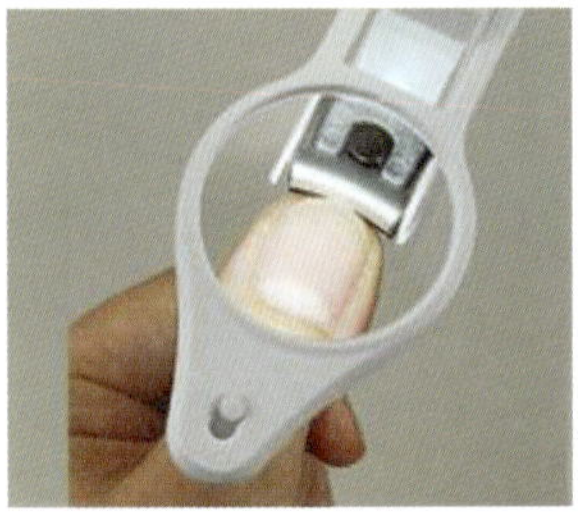

돋보기 손톱 깎기

손톱 깎기에 돋보기 기능이 추가됨

5.2.2 유해한 효과 제거하기

이상성을 증가시키는 또 다른 방법은 유해한 효과를 제거하는 것으로, 사용의 불편을 해소하거나 기술시스템이 유발하는 환경오염이나 부작용을 없애는 것, 사용하는 재료나 에너지 소모를 감소시키는 것 등이 모두 해당한다. 예를 들어 유리컵을 대체하는 종이컵은 유리컵이 깨지기 쉽다는 단점을 해결한 것이므로 유해한 효과 제거에 의한 이상성 증가 사례로 볼 수 있다.

그러나 유해한 효과를 제거하기 위해 많은 비용을 투자해야 한다면, 트리즈 관점에서 이상성이 증가됐다고 보기 어렵다. 예를 들어 날개 없는 선풍기인 에어 멀티플라이어[2]는 손을 다칠 수 있는 날개를 없앴기 때문에, 손이 다치는 문제가 발생할 수 있는 작용 영역에서는 이상성이 증가한 것으로 볼 수 있다. 하지만 일반 선풍기에 비해 가격이 10배 이상 비싸고 소음도 상당하기 때문에 트리즈 관점에서 이상성이 증가되었다고 보기는 어려워 보인다. 하지만 에어 멀티플라이어가 선풍기에는 반드시 날개가 있어야 한다는 고정 관념을 벗어난 매우 창의적인 제품임은 분명하다. 한편 유해한 효과를 감소시켜서 이상성이 증가된 사례는 [그림 5-10]과 같다.

---

2 2014년 4월 소비 전력 40%, 소음 75%를 감소시킨 다이슨 쿨이 출시되었다.

그림 5-10 유해한 효과 제거에 의한 이상성 증가 사례

정원이 딸린 아파트 1층

정원을 제공해서 밖에서 집 내부가 보이기 때문에 1층을 선호하지 않는 요인을 없앰

치즈 바이트 피자

토핑이 없어서 사람들이 잘 먹지 않는 테두리의 단점을 없앰

오토리프트(Autolift) 다리미

손잡이에서 손을 때면 아랫부분에서 다리가 튀어나와 옷이 타는 것을 방지함

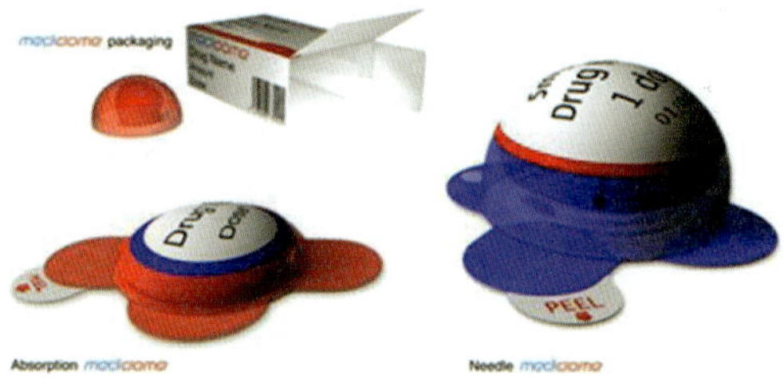

패치형 주사기

통증을 유발하는 바늘을 없앰

5.2.3 비용 줄이기

이상성을 증가시키는 또 다른 방법은 비용을 낮추는 것으로, 비용을 낮추는 대표적인 방법은 [표 5-3]과 같다.

표 5-3 비용 줄이는 방법

No.	방법	세부 내용
1	제공하는 기능 감소시키기	중복되는 기능을 제거하거나 꼭 필요한 기능만 남김
2	작용 도구로 많은 기능 이전하기	시스템의 주 기능을 수행하는 작용 도구로 가능한 많은 기능을 이전시킴
3	상위 시스템으로 기능 이전하기	기능의 일부를 상위 시스템으로 이전함
4	내외부 자원 활용하기	이미 존재하거나 쉽게 이용 가능한 내외부 자원을 이용함
5	트리밍하기	중복되는 부품 제거, 값싼 부품으로 대체, 필요한 부품 축소 또는 단순화, 여러 개의 부품을 하나로 통합하기 등

제공하는 기능 감소시키기

스마트폰으로 통화를 하고, 사진을 찍고, 신문도 보고, SNS를 확인하고, 심지어 모르는 길을 찾

아갈 때 길잡이 역할도 하는 등, 그 기능이 실로 무궁무진하다. 하지만 스마트폰 사용자 가운데 스마트폰의 모든 기능을 사용하는 사람이 얼마나 될까? 많은 사람들이 기존 피처폰feature phone이 제공하던 기능 외에 인터넷 검색과 SNS 정도를 사용하는 것이 고작일 것이다. 비싼 스마트폰을 구입해서 100% 활용하는 사람이 드물다는 뜻이다. 그렇다면 스마트폰은 트리즈의 이상성 관점에서 개선의 여지가 많다. 즉, 제공하는 기능을 감소시키는 대신 가격을 낮추어서 이상성을 증가시킬 필요가 있다.

[그림 5-11]처럼 꼭 필요한 기능만 탑재하고 기능 조작을 단순화시킨 실버폰은 기능 감소를 통한 이상성 증가 사례로 볼 수 있다.

그림 5-11 기능을 감소시킨 실버폰들

(a) 버튼 3개로 만능 통화, 지터벅(2006년)

(b) 실버용 스마트폰, 라쿠라쿠(2013년)

작용 도구로 많은 기능 이전하기

기술시스템에서 주요 기능을 제공하는 부분을 작용 도구working tool라고 한다. 이 작용 도구에 가능한 많은 기능을 이전하면, 제작비용을 낮출 수 있고, 사용이 편리해지며, 많은 시스템을 대신할 수 있게 되므로 이상성이 증가하게 된다.

[그림 5-12]의 크림핑 툴crimping tool은 작용 도구인 끝 부분으로 전선도 끊고 절연체를 벗기는 등의 다양한 기능을 할 수 있다. 그러므로 여러 개의 도구를 구입하지 않아도 되기 때문에 비용이 절약되고 휴대도 편리하다. 즉 이상성이 증가된 것이다. [그림 5-12]의 만능 렌치 역시 작용 도구 하나로 다양한 크기와 모양의 볼트를 조일 수 있는, 이상성이 증가된 사례로 볼 수 있다.

그림 5-12 작용 도구에 많은 기능을 이전한 이상성 증가 사례

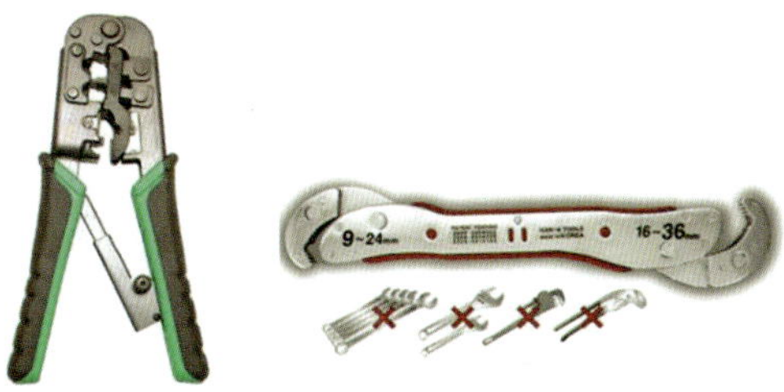

(a) 크림핑 툴

(b) 만능 렌치

상위 시스템으로 기능 이전하기

상위 시스템Super System이란 시스템에 속하지는 않지만 시스템과 상호 작용하거나 상호 작용할 수 있는 모든 것, 그리고 시스템이 기능을 수행하는 데 영향을 미칠 수 있는 모든 것(사용자, 사회적 트렌드, 장소, 환경, 기후, 법규 등)을 의미한다. 시스템의 일부 기능을 상위 시스템에게 이전하면 비용을 크게 줄일 수 있고, 결과적으로 이상성을 향상시킬 수 있다.

예를 들어 열팽창 계수가 서로 다른 두 종류의 금속편을 맞붙인 바이메탈bimetal을 이용해서 온실의 창을 만들면, 창을 수동으로 개폐하지 않고 온도 변화에 따라 자동으로 개폐하게 만들 수 있다. 즉 상위 시스템인 온도가 창을 여닫는 역할을 하게 되고, 결과적으로 소요되는 인력과 시간을 절약할 수 있으므로 이상성이 증가한다.

그림 5-13 상위 시스템(온도)에 기능을 이전시킨 자동 개폐 온실 창

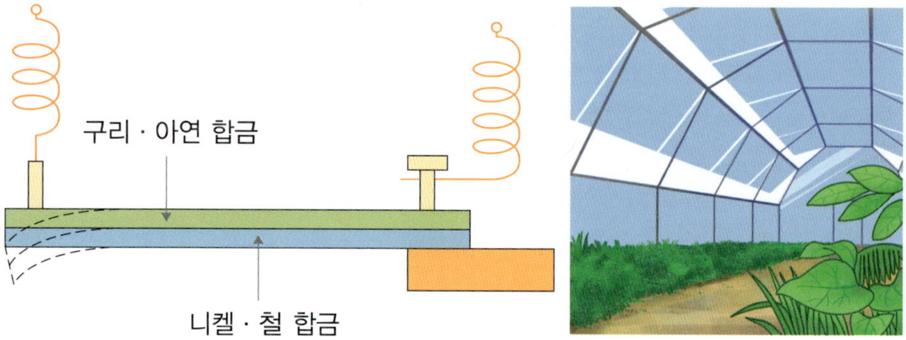

그밖에 공용 안테나나 중앙 제어 냉난방 시스템, 자율 포장대, 무인 판매 시스템 등이 모두 상위 시스템에게 일부 기능을 이전해서 비용을 낮춤으로써 이상성을 증가시킨 사례로 볼 수 있다.

내외부 자원 활용하기

이미 존재하거나 쉽게 이용 가능한 내외부 자원을 잘 이용하면, 비용을 크게 줄일 수 있고, 결과적으로 이상성을 향상시킬 수 있다.

[그림 5-14]의 'Pot-in-Pot Cooler'는 큰 항아리 안에 작은 항아리를 넣고, 두 항아리 사이의 빈 공간을 모래로 채운 다음, 모래에 물을 부어서 만든 항아리 냉장고로, 물이 증발할 때 열을 빼앗아가는 원리를 이용한 것이다. 진흙 항아리와 모래, 물이라는 자원을 이용해서 만든 적정 기술[3] 제품으로, 나이지리아 등 아프리카 지역에서 쉽게 구할 수 있는 자원을 활용해서 비용 대비 효과를 극대화시킨 아이디어다.

---

3 적정 기술(Appropriate Technology)은 낙후 지역의 경제 활성화를 위한, 자원 및 에너지 절약형의 친환경 기술이다.

[그림 5-14]의 'Play Pump Water System'도 아이들이 놀이 기구를 돌리는 힘을 이용하여 지하수를 끌어 올려서 물탱크에 저장하는 플레이 펌프 급수 시스템으로, 적정 기술 제품이다. 초등학교에 설치해서 어린이라는 자원을 활용함으로써 비용을 크게 줄여 이상성을 높인 아이디어다.

그림 5-14 내외부 자원을 활용한 이상성 증가 사례

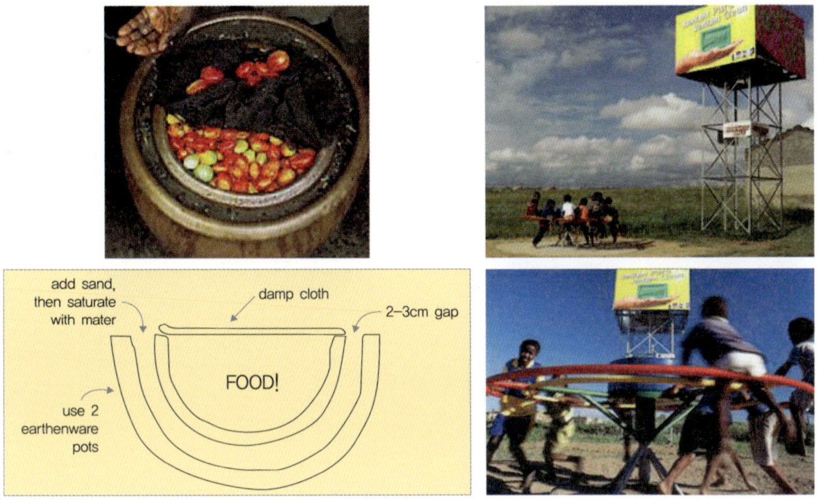

(a) Pot-in-Pot Cooler (b) Play Pump Water System

트리밍하기

트리밍trimming이란 원래 가지치기를 의미하는데, 트리즈에서는 기존 제품의 성능과 품질을 저하시키지 않으면서 기술시스템을 간소화하는 것을 의미한다. 트리밍 방법에는 중복되는 부품 제거하기, 값싼 부품으로 대체하기, 필요한 부품 축소 또는 단순화하기, 여러 개의 부품을 하나로 통합하기 등이 있으며, 이를 통해서 생산 비용을 절감할 수 있다.

예를 들어 [그림 5-15]와 같이 어떤 제품의 케이스를 조립하는 나사를 4개에서 3개로 줄이는 것만으로도 연간 생산 비용을 크게 절감할 수 있고, 결과적으로 이상성을 증가시킬 수 있다.

그림 5-15 부품 트리밍을 통한 이상성 증가 사례

또한 홈바hombar가 설치된 냉장고가 처음 등장했을 때는 [그림 5-16]과 같이 한쪽에 한 개 내지 두 개의 링크(이음쇠)를 사용한 구조로, 개구쟁이 두 명이 매달려도 떨어지지 않게 40kg 정도의 무게를 지탱할 수 있도록 만들었다.

그림 5-16 초기 홈바의 구조

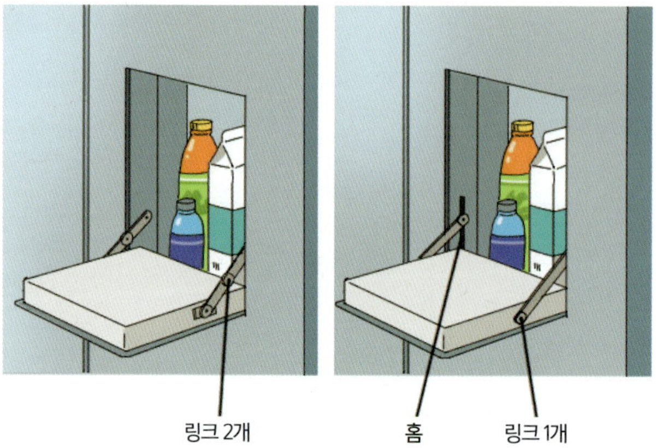

(a) A사의 홈바 구조 (b) B사의 홈바 구조

A사의 홈바는 접이식 링크를 사용해서 양쪽에 4개의 링크를 사용한 구조다. 스테인리스 링크 하나의 가격이 약 1,500원이므로, 링크 값만 6,000원이 소요되는 구조다. B사는 링크가 움직일 수 있도록 안쪽에 작은 홈을 파서, 한쪽에 1개 링크만 사용하는 구조다. B사는 링크 값을 반으로 줄였지만, 이 아이디어는 미국 GE사의 특허이기 때문에 특허료를 대당 3,000원씩 지불해야 하므로 전체 비용은 A사와 동일한 수준이다.

C사는 이 문제를 해결하기 위해서 트리즈 전문가의 자문을 요청했는데, [그림 5-17]처럼 링크 없이도 홈바 문을 여닫을 수 있고, 게다가 60kg의 무게까지 지탱할 수 있는 해결안이 도출되었다. 이 사례도 링크를 트리밍함으로써 이상성을 크게 향상시킬 수 있었던 좋은 사례로 볼 수 있다.

그림 5-17 링크를 없앤 홈바 구조

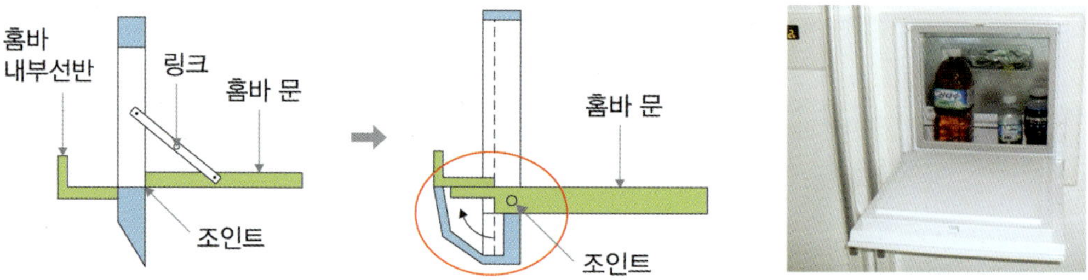

5.2.4 스스로 하게 만들기

이상성을 증가시키는 가장 좋은 방법은 큰 비용 들이지 않고 스스로 하게 만드는 것이다. 예를 들어 여학생들이 호기심으로 립스틱을 바른 자신의 입술을 거울에 찍어보는 장난을 해서 거울이 지저분해지는 일이 발생했다면, 거울을 더 자주 청소하거나, 거울 옆에 립스틱을 지울 수 있는 수건을 걸어두거나, CCTV를 설치해서 처벌하는 등의 방법을 강구할 수 있을 것이다. 하지만 비용이 들지 않는 가장 좋은 방법은 여학생 스스로 거울에 입술을 찍어보는 장난을 안 하게 만드는 것이다.

[그림 5-18]처럼 아주머니가 바닥을 닦은 화장실 대걸레로 거울을 닦는 모습을 여학생에게 보여주면, 이후 절대로 거울에 입술을 찍는 장난은 하지 않을 것이다.

그림 5-18 스스로 하게 만들어서 이상성을 증가시킨 사례

우산 스탠드를 사용하면, 비가 오지 않을 때도 스탠드가 항상 공간을 차지하기 때문에 좁은 사무실이나 현관에서는 사용하기가 불편하다. 그렇다고 우산을 벽에 기대어 세워두면, 쉽게 쓰러져서 발에 걸리기도 하고 불편하다. [그림 5-19]는 우산 스스로 서 있게 만들어서 우산 스탠드를 없앤 이상적 시스템이라 할 수 있다. 이처럼 시스템이 자체적으로 문제를 해결하도록 만들면 이상성을 크게 향상시킬 수 있다.

그림 5-19 스스로 서 있는 우산(Stand Umbrella)

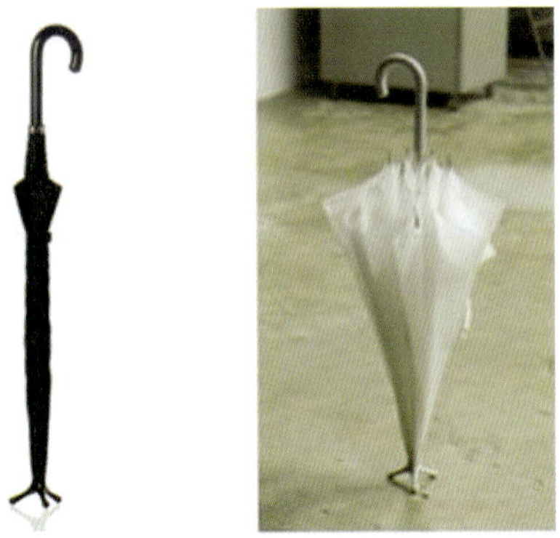

5.3

트리즈의 궁극적 목표, IFR

5.3.1 IFR이란?

IFR(Ideal Final Result, 이상적 최종 결과)이란 **기술시스템이 기본 기능(주된 유용한 기능)을 수행하면서, 비용을 거의 들이지 않고, 기술시스템 스스로(itself) 문제가 되는 유해한(불필요하거나 과도한) 효과를 제거하는 가장 이상적인 상태**를 의미한다. 즉 IFR은 이상성이 무한대(I(S) → ∞)가 되는 상태로, IFR을 실제로 구현한 것이 바로 이상적 시스템이다. 여기서 '스스로(itself)'의 의미는 사람의 관여나 부가적인 에너지 유입, 새로운 하위 시스템(subsystems)의 도입, 상위 시스템(super system)의 간섭 등이 없이 기술시스템이 자체적으로 문제를 해결함을 의미한다.

IFR은 트리즈의 궁극적인 목표이자, 모든 문제 해결자가 궁극적으로 달성해야 하는 최종 목표라고 할 수 있다. 현실적으로 IFR을 달성하는 것은 매우 어렵지만, 설정된 IFR은 낮은 수준의 해결안은 배제시키고 가장 바람직한 해결안을 도출할 수 있도록 도와주는 등대와 같은 역할을 한다.

일반적으로 문제가 인식되면, [그림 5-20]의 (a)처럼 어디에 있을지 모르는 해결안을 찾기 위해 많은 시행착오를 겪게 된다. 반면 트리즈에서는 [그림 5-20]의 (b)처럼 IFR이라는 최종 목표를 설정한 다음, 그 목표를 향해서 해결안을 도출하기 때문에 시행착오를 크게 줄일 수 있다. 또한 궁극적으로 달성해야 하는 목표가 무엇인지 알기 때문에 해결안1이나 해결안2에 만족하기보다는 IFR에 가까운 해결안3을 찾을 가능성이 높다.

그림 5-20 일반 문제 해결 방식과 트리즈 문제 해결 방식 비교

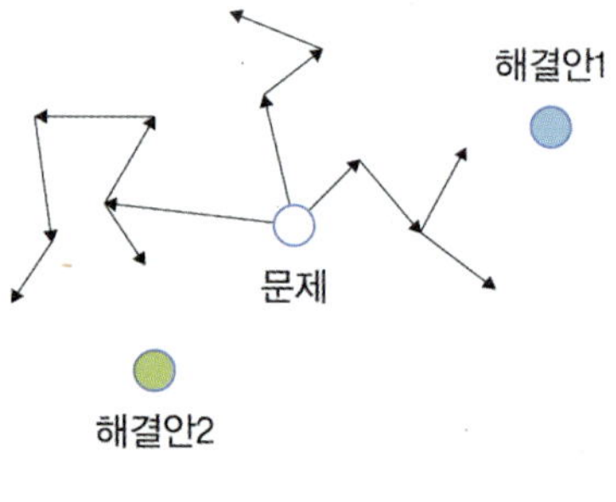

(a) 시행착오적인 일반 문제 해결

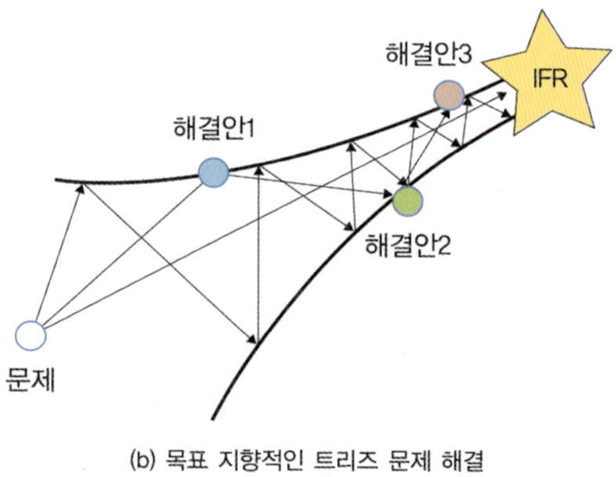

(b) 목표 지향적인 트리즈 문제 해결

모든 기술시스템은 이상성 증가 법칙에 따라 이상성을 증가시키는 방향으로 진화하며, 이 방향을 거스르게 되면 대개 시장에서 도태하게 된다. 따라서 어떤 문제를 해결할 때에는 쉽게 떠오른 아이디어로 성급하게 해결하지 말고 먼저 IFR을 설정한 다음, IFR을 목표로 아이디어를 도출하는 것이 중요하다. IFR은 [표 5-4]와 같은 양식을 이용해서 정의할 수 있다.

표 5-4 IFR 정의 양식

구분		내용
분석	기술시스템	개선 대상이 되는 기술시스템의 이름을 작성함
	기본 기능	기술시스템이 존재하는 이유가 되는 주된 유용한 기능을 작성함
	유해한 효과	기술시스템이 발생시키는 부작용이나 불필요하거나 과도해서 문제가 되는 효과를 작성함
	내외부 자원	유해한 효과를 제거하기 위해 쉽게 활용할 수 있는 내부 및 주변 자원을 나열함
IFR 정의		(기본 기능을 수행하면서) 비용을 거의 들이지 않고 [기존 자원]을 활용해서 [기술시스템]이 자체적으로 [유해한 효과를 제거한 상태]가 되는 IFR을 작성함

IFR을 정의하기 전에 우선 문제가 발생한 기술시스템이 무엇이며, 그 기술시스템의 기본 기능이 무엇인지, 그리고 문제가 되는 유해한 효과는 무엇이며, 문제 해결에 쉽게 활용할 수 있는 내외부 자원에는 어떤 것들이 있는지 분석한다. 그리고 분석된 내용을 기초로 IFR을 정의하는데, 기술시스템이 기본 기능을 수행해야 함은 당연한 것이므로, 이를 생략하고 IFR을 간단히 정의할 수 있다. 단, 유해한 효과를 제거하다가 기본 기능을 손상시켜서는 안 됨을 명심해야 한다. IFR 정의에 익숙해지면 [표 5-4]의 분석 단계를 생략하고 바로 IFR을 정의해도 된다.

예를 들어 우산 스탠드가 없어서 벽에 기대어 세워두면 쉽게 쓰러져버려 불편한 우산의 IFR을 [표 5-5]와 같이 정의할 수 있다.

표 5-5 우산의 IFR 정의

구분		내용
분석	기술시스템	우산
	기본 기능	비를 막음
	유해한 효과	세워두면 잘 쓰러짐
	내외부 자원	우산대, 우산 천, 손잡이, 고리, 우산 꼭지, 비, 바람 등
IFR 정의		(비를 잘 막으면서) 비용을 거의 들이지 않고 [우산 꼭지]를 활용해서 [우산]이 자체적으로 [잘 서있게] 된다.

[표 5-5]에서 알 수 있듯이 기술시스템의 IFR은 인식된 유해한 효과가 무엇이냐에 따라 달라질 수 있다. 만약 유해한 효과로 우산이 잘 뒤집어지는 점을 인식했다면, 우산의 IFR 정의는 달라질 것이다.

이와 같이 IFR을 설정하면 다음과 같은 효과를 기대할 수 있다.

- **시행착오 없이 이상성을 증가시키는 방향으로 해결안을 도출할 수 있다.**

- **생각의 틀에서 벗어나서 아이디어를 도출할 수 있다.**
- **가용한 자원을 최대한 활용해서 유해한 효과(기능)를 제거할 수 있다.**
- **한계가 아닌 완벽함에 주의를 집중할 수 있다.**
- **장점을 최대화하고 단점을 최소화하는 방법을 찾을 수 있다.**

그렇다면 과연 어떻게 IFR을 달성할 수 있을까? **IFR을 달성하는 방법**은 여러 가지가 있겠지만, 특히 다음 네 가지에 주목하자.

❶ 비용 제로(zero)에서 출발한다.

❷ 기존 자원을 최대한 활용한다.

❸ 스스로(자체적으로) 하도록 만든다.

❹ 모순을 해결한다.

위의 네 가지 방법 가운데 모순 해결에 대해서는 6장과 7장에서 자세히 소개하므로, 이 장에서는 나머지 세 가지에 초점을 맞추어 설명한다.

5.3.2 IFR 달성 사례

사례 1 : 휘어진 파이프 파손 문제

[그림 5-21]과 같이 휘어진 파이프 속을 금속 볼ball이 빠르게 지나가고 있다. 그런데 금속 볼이 파이프의 휘어진 부분을 지날 때 파이프 내벽과 부딪치면서 내벽이 마모되어 결국 파손되는 문제가 발생한다.

이 문제를 궁극적으로 해결하려면 어떻게 해야 할까? 먼저 [표 5-6]과 같이 IFR을 설정한 다음, IFR을 달성할 수 있는 해결안을 도출하도록 하자.

그림 5-21 금속 볼에 의해 손상된 파이프

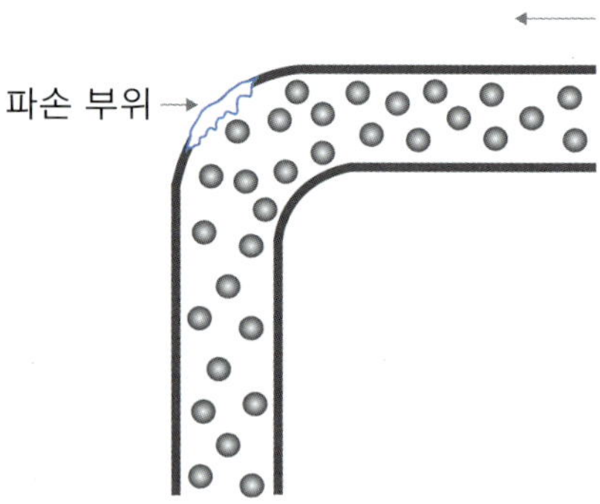

표 5-6 휘어진 파이프의 IFR 정의

구분		내용
분석	기술시스템	파이프
	기본 기능	금속 볼을 통과시킴
	유해한 효과	금속 볼에 의해 휘어진 부분이 파손됨
	내외부 자원	파이프, 금속 볼, 공기
IFR 정의		(금속 볼을 잘 통과시키면서) 비용을 거의 들이지 않고 [기존 자원]을 활용해서 [파이프]가 자체적으로 [휘어진 부분의 파손을 방지] 한다.

그림 5-22 파이프 파손 문제의 IFR 달성 아이디어

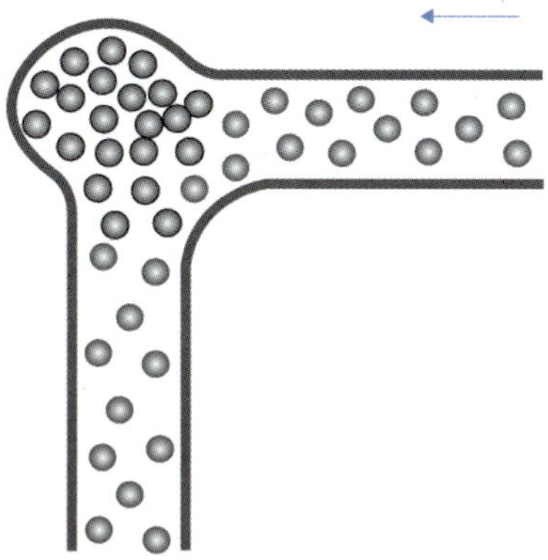

만약 IFR을 정의하는 단계에서 구체적으로 어떤 자원을 활용해야하는지 결정하기 어렵다면, [표 5-6]처럼 그냥 '기존 자원'으로 표현한 다음, 아이디어 도출 단계에서 활용할 자원을 선택할 수도 있다.

휘어진 부분에 금속을 덧대거나 외부에 자석을 설치해서 금속 볼이 이동하지 못하게 하는 방안을 강구할 수 있으나, 모두 시스템이 복잡해지는 방법이다. 시스템이 복잡하지 않으려면, 기존 자원인 파이프나 금속 볼, 공기 등을 최대한 활용해서 파이프가 자체적으로 유해한 효과를 제거하도록 해야 한다.

[그림 5-22]처럼 파이프의 휘어진 부분의 형태를 주머니 모양으로 변형하면, 그 속에 금속 볼이 채워져서, 금속 볼이 이동할 때 볼들끼리 부딪치게 되므로 파이프 내벽이 손상 없이 보호된다. 이 해법은 기존 자원인 금속 볼과 파이프가 자체적으로 내벽을 보호하는 방식으로, 큰 비용을 들이지 않고 문제를 해결한, IFR을 달성한 아이디어라고 할 수 있다.

사례 2 : 물고기의 신선도 유지 문제

바다에서 잡은 물고기를 수조에 담아 도시의 횟집으로 운송하다보면, 물고기의 신선도가 떨어지고 죽기도 하는 문제가 발생한다.

이 문제를 궁극적으로 해결하려면 어떻게 해야 할까? 먼저 [표 5-7]과 같이 IFR을 설정한 다음, IFR을 달성할 수 있는 해결안을 도출하도록 하자.

그림 5-23 수조 안 물고기의 신선도 문제

표 5-7 물고기 신선도 유지 문제의 IFR 정의

구분		내용
분석	기술시스템	수조
	기본 기능	물고기를 보관함
	유해한 효과	물고기의 신선도가 떨어짐
	내외부 자원	물고기, 수조, 물, 산소 공급기, 운송차
IFR 정의		(물고기를 잘 보관하면서) 비용을 거의 들이지 않고 [기존 자원]을 활용해서 [수조]가 자체적으로 [물고기의 신선도를 유지] 한다.

흔들림이 적은 운송차로 교체하거나, 산소 공급기를 추가로 설치하는 등의 방법은 모두 추가 비용이 발생한다. IFR을 달성하기 위해서는 비용을 거의 들이지 않고, 기존 자원인 물고기나 수조, 물 등을 활용해서 수조가 자체적으로, 즉 부가 장치 없이 수조만으로 물고기의 신선도를 유지할

수 있도록 해야 한다.

[그림 5-24]처럼 물고기들의 천적인 새끼 상어 한 마리를 수조 안에 넣으면, 물고기들이 새끼 상어에게 잡아먹히지 않기 위해 계속 움직이게 되고, 결과적으로 물고기의 신선도를 유지할 수 있다. 새끼 상어 한 마리를 추가하기는 했으나, 수조에 부가 장치를 하지 않고 물고기의 신선도를 유지하는 방식으로, 큰 비용을 들이지 않고 문제를 해결한, IFR이 달성된 아이디어라고 할 수 있다.

그림 5-24 수조 안 물고기의 신선도 문제의 IFR 달성 아이디어

사례 3 : 금속 용기의 부식 문제

어떤 회사에서 개발 중인 내구성이 강한 금속 재료가 산[acid]에 얼마나 잘 견디는지를 실험하기 위해 [그림 5-25]와 같이 금속으로 만든 용기 안에 산을 채운 다음, 그 안에 시험 재료를 넣고 다양한 온도와 압력에서 재료의 부식성을 실험했다. 그런데 산을 담은 금속 용기 자체가 부식되어 그 용기를 자주 교체해야 하는 문제가 발생했다.

그림 5-25 실험 환경

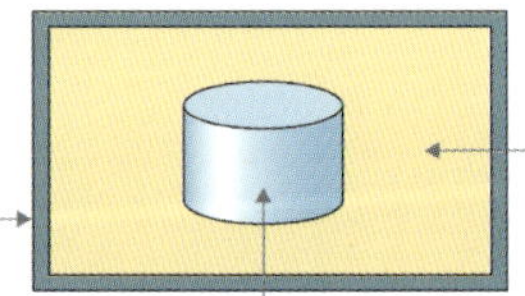

이 문제를 궁극적으로 해결하기 위해 먼저 [표 5-8]과 같이 IFR을 설정한 다음, IFR을 달성할 수 있는 해결안을 도출하도록 하자.

표 5-8 실험 환경의 IFR 정의

구분		내용
분석	기술시스템	금속 용기
	기본 기능	실험 재료(시험 재료와 산 용액)를 담아서 유지함
	유해한 효과	산에 부식됨
	내외부 자원	시험 재료, 산 용액, 금속 용기
IFR 정의		(실험 재료를 담아 유지하면서) 비용을 거의 들이지 않고 [시험 재료]를 활용해서 [금속 용기]가 자체적으로 [산에 부식되지 않게] 한다.

실험 환경에 포함된 기술시스템은 금속 용기와 시험 재료인데, 이 가운데 문제가 발생한 것은 금속 용기이므로, [표 5-8]에서 금속 용기를 문제가 되는 기술시스템으로 선택했다.

그림 5-26 금속 용기의 부식 방지 문제의 IFR 달성 아이디어

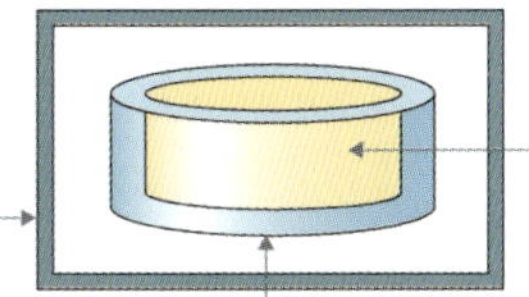

산에 부식되지 않는 금속으로 용기를 만들거나, 금속 용기를 일정한 시간마다 교체하는 등의 방안을 강구할 수 있으나, 모두 추가 비용이 발생하는 방식이다. IFR을 달성하기 위해서는 비용을 거의 들이지 않고, 기존 자원인 시험 재료나 산 용액을 활용해서 금속 용기가 산에 부식되지 않도록 만들어야 한다.

[그림 5-26]처럼 시험 재료로 실험 용기를 만들어 그 안에 산 용액을 담은 후 금속 용기 안에 넣으면, 원래의 금속 용기가 산과 직접 접촉하지 않으므로 부식되지 않게 된다. 따라서 이 방식은 큰 비용을 들이지 않고 금속 용기의 부식 문제를 해결한, IFR이 달성된 아이디어라고 할 수 있다.

사례 4 : 하마의 사망률 증가 문제

어느 동물원에서 하마의 사망률이 증가하기에 이를 조사해 본 결과, 하마 우리의 진흙 온도가 하마에게 맞지 않기 때문임을 알게 됐다. 하마에게 가장 적합한 온도를 알아내기 위해서 매주 진흙의 온도를 다르게 가열해서 하마의 반응을 살펴봤지만 알아낼 수가 없었다. 어떻게 하마에게 가장 적당한 진흙 온도를 알아낼 수 있을까? 이 문제를 궁극적으로 해결하기 위해 먼저 [표 5-9]와 같이 IFR을 설정한 다음, IFR을 달성할 수 있는 해결안을 도출하도록 하자.

표 5-9 하마의 사망률 증가 문제의 IFR 정의

구분		내용
분석	기술시스템	하마 우리
	기본 기능	하마의 생활공간
	유해한 효과	하마의 사망률이 증가함
	내외부 자원	울타리, 진흙, 진흙 가열 시스템, 하마, 온도
IFR 정의		(하마의 생활공간으로서의 역할을 유지하면서,) 비용을 거의 들이지 않고 [기존 자원]을 활용해서 [하마 우리]가 자체적으로 [하마의 사망률을 감소]시킨다.

IFR을 달성하기 위해서는 비용을 거의 들이지 않고, 기존 자원인 울타리나 진흙, 하마 등을 이용해서 하마 우리가 자체적으로, 즉 하마 우리에 부가 장치를 하지 않고도 하마의 사망률을 감소시킬 수 있어야 한다. 어떤 자원을 어떻게 활용해야 할까?

[그림 5-27]처럼 하마 우리를 몇 구역으로 나눈 다음, 구역별로 진흙을 각각 다른 온도로 가열한다. 그리고 하마가 자유롭게 이동하도록 풀어두면, 자신들이 좋아하는 온도의 진흙이 있는 우리 쪽으로 옮겨갈 것이다. 따라서 이 해법은 큰 비용을 들이지 않고 기존 우리에서 문제를 해결한,

IFR이 달성된 아이디어라고 할 수 있다.

그림 5-27 하마의 사망률 증가 문제의 IFR 달성 아이디어

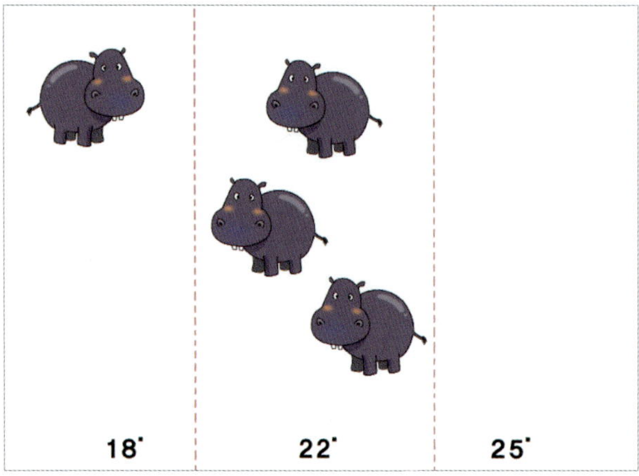

5.3.3 IFR을 활용한 문제 해결

이전 절의 사례들처럼 구체적인 문제점이 주어진 경우가 아니라면, 특정 기술시스템을 대상으로 문제 탐색에서부터 출발해야 한다. IFR 개념을 활용하여 문제를 해결하는 과정은 [그림 5-28]과 같이 표현할 수 있다.

그림 5-28 IFR을 활용한 문제 해결 과정

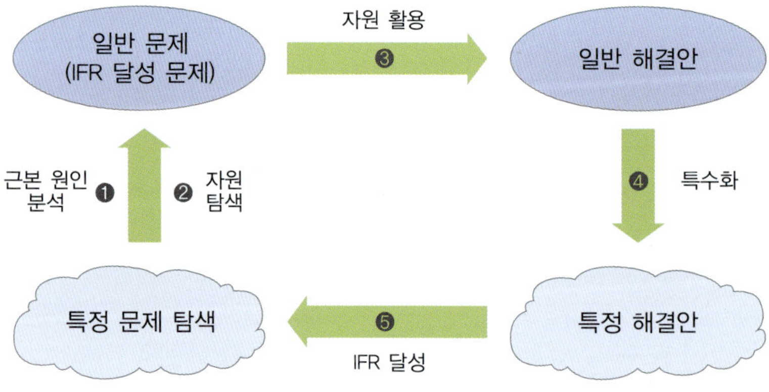

IFR을 활용해서 문제를 해결하는 과정을 보다 세분화하면 [그림 5-29]와 같이 6단계로 진행할 수 있다.

그림 5-29 IFR을 활용한 문제 해결 6단계

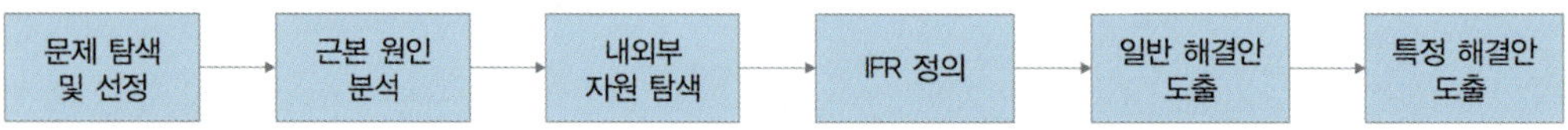

[그림 5-29]의 단계별 주요 내용을 요약하면 [표 5-10]과 같다.

표 5-10 IFR을 활용한 문제 해결 6단계의 단계별 주요 내용

순서	단계	주요 내용
1	문제 탐색 및 선정	특정 기술시스템의 문제점들을 찾은 다음, 그 가운데 하나를 선정함
2	근본 원인 분석	선정한 문제가 발생하게 된 근본 원인을 찾음
3	내외부 자원 탐색	문제의 근본 원인을 해결하는 데 쉽게 활용할 수 있는 기술시스템 내외부의 자원을 찾음
4	IFR 정의	(기본 기능을 수행하면서) 비용을 거의 들이지 않고, 탐색한 자원을 활용해서 기술시스템이 자체적으로 문제의 근본 원인을 해결한 상태인 IFR을 정의함
5	일반 해결안 도출	IFR을 달성할 수 있는 일반적인 해결 방향을 도출한 다음, 최적해를 선정함
6	특정 해결안 도출	최적의 일반 해결안을 기초로 IFR을 달성할 수 있는 구체적인 해결안을 도출함

[표 5-10]의 각 단계별로 보다 세부적인 수행 내용은 다음과 같다.

단계 1 : 문제 탐색 및 선정

특정 기술시스템이 내포하고 있는 문제점(단점, 부족한 점 등)들을 찾은 다음, 그 가운데 하나를 선정한다. 원치 않는 유해한 효과가 있거나, 유용한 기능이 부족하거나 너무 과도한 경우, 큰 비용이 요구되는 상황 등이 모두 문제가 될 수 있다. 발견한 문제점들과 문제 유형, 그리고 선정된 문제를 간단히 기록한다. 문제 유형은 유해한 효과, 유용한 기능 부족, 유용한 기능 과도, 큰 비용 등으로 구분해서 작성한다.

예를 들어 생수를 담는 페트병의 문제 탐색 및 선정 결과는 [표 5-11]과 같이 기록할 수 있다.

표 5-11 패트병의 문제 탐색 및 선정

No.	문제	문제 유형	선정 여부
1	병에 입을 대고 마셔야 한다.	유용한 기능 부족	○
2	환경을 오염시킨다.	유해한 효과	
3	휴대가 불편하다.	유용한 기능 부족	

단계 2 : 근본 원인 분석

선정된 문제가 발생한 근본 원인을 분석한 다음, [표 5-12]와 같이 작성한다. 근본 원인이 명확해서 쉽게 찾아지는 경우도 있지만, 그렇지 않다면 5Whys나 원인-결과 도표, 파레토 도표 등을 활용하여 근본 원인을 분석한 다음, 가장 중요한 원인을 하나 선택해야 한다.

표 5-12 패트병 문제의 근본 원인 분석

선정된 문제	근본 원인
병에 입을 대고 마셔야 한다.	컵이 없기 때문에

단계 3 : 내외부 자원 탐색

선정된 문제의 근본 원인을 해결하는 데 쉽게 활용할 수 있는, 기술시스템 내외부의 자원을 찾는다. 자원에는 물질material뿐만 아니라 장[4]field이나 시간, 공간도 포함되며, 넓게는 각종 정보(특허, 제품의 역사, 기능, 고객의 니즈 등)도 자원으로 볼 수 있다.

앞에서 분석한 페트병 문제의 근본 원인을 해결하기 위해 쉽게 활용할 수 있는 기술시스템 내외부 자원은 [표 5-13]과 같다.

표 5-13 페트병 문제의 근본 원인 해결을 위한 자원 탐색

구분	자원
내부 자원	병뚜껑
외부 자원	컵, 빨대, 나뭇잎 등

단계 4 : IFR 정의

기술시스템의 기본 기능을 수행하면서, 비용을 거의 들이지 않고, 탐색한 자원을 활용해서 기술시스템 스스로 문제의 근본 원인을 해결한 상태인 IFR을 다음과 같이 정의한다. 앞에서 언급한 것처럼 기술시스템이 기본 기능을 수행해야 한다는 점을 생략하고 간단히 정의할 수 있으나, 문제의 근본 원인을 제거하기 위해 기본 기능을 약화시켜서는 안 됨을 명심해야 한다.

(기본 기능을 수행하면서) 비용을 거의 들이지 않고,
[탐색한 자원]을 활용해서 [기술시스템]이 자체적으로
[문제의 근본 원인을 제거한 상태]가 된다.

[표 5-13]에서 탐색한 내외부 자원을 활용해서 페트병 문제의 IFR을 정의하면 다음과 같다.

(물은 안전하게 보관하면서) 비용을 거의 들이지 않고,
[병뚜껑이나 빨대]를 활용해서
[페트병]이 자체적으로 [컵 역할]을 한다.

물론 활용할 자원으로 병뚜껑이나 빨대 대신 컵이나 나뭇잎 같은 다른 자원을 활용할 수도 있다. IFR 정의 단계에서 어떤 자원을 활용할지 결정하기 어렵다면, 그냥 [기존 자원]이라고 표현한 다음, 해결안 도출 단계에서 활용할 자원을 선택해도 된다.

단계 5 : 일반 해결안 도출

IFR을 달성할 수 있는 일반적 해결 방향을 도출한 다음, 최선의 해결 방향인 최적해best idea를 하

---

4 장(field)이란 트리즈에서는 기계장, 음향장, 열장, 화학장, 전기장, 자기장, 전자기장 등을 의미한다.

나 선정한다. 일반적 해결 방향은 질문 형태로 작성하거나, 핵심 아이디어만 간단히 기록하면 된다. 페트병의 IFR을 달성하기 위한 일반 해결안은 [표 5-14]와 같다.

표 5-14 페트병의 IFR 달성을 위한 일반 해결안

No.	일반 해결안	최적해
1	병뚜껑이 컵 역할을 하도록 만들 수 있을까?	○
2	빨대가 컵 역할을 하도록 만들자.	

단계 6 : 특정 해결안 도출

선정된 최적의 일반 해결안을 기초로, 전문지식과 경험을 총동원해서 IFR을 달성할 수 있는 구체적인 해결안을 도출한다. 이 단계에서는 자세한 아이디어 스케치 또는 사진과 함께 상세한 설명을 기록하도록 한다. 페트병 문제의 경우, [표 5-14]에서 선정된 최적해를 기초로 [표 5-15]와 같은 특정 해결안을 도출할 수 있다.

표 5-15 페트병의 IFR 달성을 위한 특정 해결안

아이디어 스케치	설명
	병뚜껑을 크게 만들어서 컵 역할을 하도록 만든다. (발명원리 3번 국소적 성질 원리 또는 발명원리 7번 포개기 원리)

5.3.4 IFR을 활용한 문제 해결 사례

사례 1 : 우산 문제 해결

우산의 기원은 기원전 11세기로 거슬러 올라가는데, 그 당시 중국에서 지위의 상징으로 나무 살과 가죽으로 된 우산이 사용되었다고 한다. 천과 살로 이루어진 박쥐 형태의 현대적 개념의 우산은 18세기 중반에 영국의 무역업자 조나스 한웨이Jonas Hanway가 발명한 것으로, 19세기부터 일반화되었다. 18세기 중반에 발명된 박쥐 형태의 우산은 지금도 크게 변화되지 않고 있다. IFR을 활용해서 우산의 문제를 해결하는 과정은 다음과 같다.

그림 5-30 조나스 한웨이가 발명한 현대식 우산

■ 문제 탐색 및 선정

우산의 문제 탐색 및 선정 결과는 [표 5-16]과 같다.

표 5-16 우산의 문제 탐색 및 선정

No.	문제	문제 유형	선정 여부
1	강한 바람에 쉽게 뒤집힌다.	유해한 효과	○
2	두 명이 함께 쓰기 어렵다.	유용한 기능 부족	
3	손으로 들어야 한다.	유해한 효과	
4	앞이 잘 안 보인다.	유용한 기능 부족	
5	잃어버리기 쉽다.	유해한 효과	
6	휴대가 불편하다.	유용한 기능 부족	
7	말리는 데 시간이 걸린다.	유용한 기능 부족	
8	우산대가 녹슨다.	유해한 효과	
9	다리 쪽이 젖는다.	유용한 기능 부족	
10	가방이 젖는다.	유용한 기능 부족	

그림 5-31 미국 대통령도 경험하는 뒤집힌 우산

■ 근본 원인 분석

우산의 여러 문제들 가운데 선정된 문제에 대한 근본 원인 분석 결과는 [표 5-17]과 같다.

표 5-17 우산 문제의 근본 원인 분석

선정된 문제	근본 원인
강한 바람에 쉽게 뒤집힌다.	바람이 쉽게 빠져나가지 못하기 때문에

■ 내외부 자원 탐색

선정된 문제의 근본 원인을 해결하는 데에 쉽게 활용할 수 있는 자원은 [표 5-18]과 같다.

표 5-18 우산 문제의 근본 원인 해결을 위한 자원 탐색

구분	자원
내부 자원	대(pole), 살(rib, stretcher), 천(canopy), 손잡이, 꼭지
외부 자원	비, 바람

■ IFR 정의

[표 5-18]에서 탐색한 내외부 자원을 활용해서 우산 문제의 IFR을 다음과 같이 정의했다.

비용을 거의 들이지 않고 [대나 살, 천, 손잡이]를 활용해서
[우산]이 자체적으로 [강한 바람에도 뒤집어지지 않게] 된다.

■ 일반 해결안 도출

우산의 IFR을 달성하기 위한 일반 해결 방향을 [표 5-19]와 같이 도출했다.

표 5-19 우산의 IFR 달성을 위한 일반 해결안

No.	일반 해결안	최적해
1	우산대로 바람이 빠져나가게 만들 수 있을까?	
2	우산살로 바람이 빠져나가게 만들 수 있을까?	
3	우산 천으로 바람이 빠져나가게 만들자.	○
4	우산 손잡이로 바람이 빠져나가게 만들자.	

■ 특정 해결안 도출

우산이 쉽게 뒤집히는 문제의 경우, [표 5-19]에서 선정된 최적해를 기초로 [표 5-20]과 같은 특정 해결안을 도출할 수 있다.

표 5-20 우산의 IFR 달성을 위한 특정 해결안

아이디어 스케치	설명
	우산 천을 윗부분과 아랫부분으로 나눈 다음, 중간 부분은 두 장을 겹쳐서, 그 사이로 바람이 쉽게 빠져나가게 만든다. (발명원리 1번 분할 원리 또는 3번 국소적 성질 원리)

아이디어 스케치	설명
	우산 천을 비대칭으로 만들어서 바람이 쉽게 빠져나가게 만든다. (발명원리 4번 비대칭 원리)

앞의 [표 5-16]에서 어떤 문제를 선정했느냐에 따라 얼마든지 새로운 우산 아이디어가 도출될 수 있다. 작용 영역을 우산 전체로 본다면, 우산이 사라져도 우산의 기능은 여전히 남아 있는 것이 가장 이상적 시스템이라 할 수 있다.

사례 2 : 내식성 실험 문제 해결

불투명한 테스트 용기 안에 [그림 5-32]와 같이 필라멘트 filament 시료에 표준 중량(0.2 ~ 2kg)의 물질을 매달아 시료가 끊어지는 시점을 측정하는 내식성 실험을 하고 있다. 그런데 시료가 끊어지는 시점을 소리로 인지해야하기 때문에 정확한 실험이 어렵다. IFR을 활용해서 내식성 실험 문제를 해결하는 과정은 다음과 같다.

그림 5-32 필라멘트 내식성 실험 환경

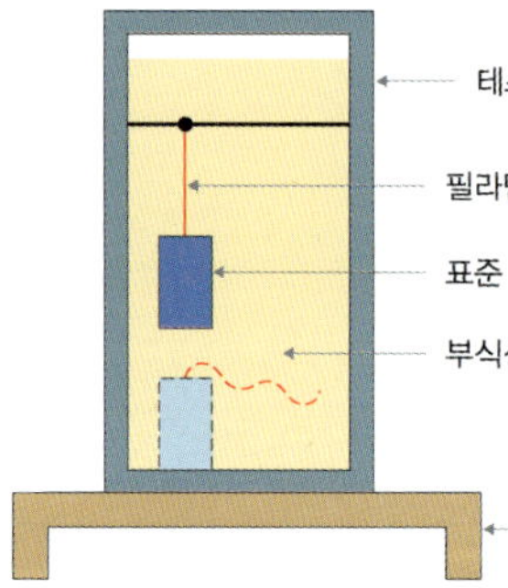

■ 문제 탐색 및 선정

필라멘트 내식성 실험의 문제 탐색 및 선정 결과는 [표 5-21]과 같다.

표 5-21 필라멘트 내식성 실험의 문제 탐색 및 선정

No.	문제	문제 유형	선정 여부
1	실험자가 24시간 곁에 있어야 한다.	유해한 효과	○
2	잠깐 조는 순간에 떨어지면 그 소리를 못 들을 수 있다.	유해한 효과	

■ 근본 원인 분석

필라멘트 내식성 실험 문제 가운데 선정된 문제에 대한 근본 원인 분석 결과는 [표 5-22]와 같다.

표 5-22 필라멘트 내식성 실험 문제의 근본 원인 분석

선정된 문제	근본 원인
실험자가 24시간 곁에 있어야 한다.	끊어지는 시점을 소리로 인지해야 하므로

■ 내외부 자원 탐색

선정된 문제의 근본 원인을 해결하는 데 쉽게 활용할 수 있는 자원은 [표 5-23]과 같다.

표 5-23 필라멘트 내식성 실험 문제의 근본 원인 해결을 위한 자원 탐색

구분	자원
내부 자원	테스트 용기, 필라멘트 시료, 표준 중량 물질, 부식성 용액
외부 자원	테이블

■ IFR 정의

[표 5-23]에서 탐색한 내외부 자원 가운데 테스트 용기 또는 테이블을 활용해서 내식성 실험 문제의 IFR을 다음과 같이 정의했다.

비용을 거의 들이지 않고 [테스트 용기나 테이블]을 활용해서
[테스트 용기]가 자체적으로 [필라멘트 시료가 떨어진 시점을 알려] 준다.

■ 일반 해결안 도출

내식성 실험 문제의 IFR을 달성하기 위한 일반 해결 방향은 [표 5-24]와 같다.

표 5-24 필라멘트 내식성 실험 문제의 IFR 달성을 위한 일반 해결안

No.	일반 해결안	최적해
1	테스트 용기를 어떻게 만들면 시료가 떨어진 시점을 실험자에게 알려줄 수 있을까?	○
2	테이블을 어떻게 만들면 시료가 떨어진 시점을 실험자에게 알려줄 수 있을까?	

■ 특정 해결안 도출

[표 5-24]에서 선정된 최적해를 기초로 [표 5-25]와 같이 특정 해결안을 도출했다.

표 5-25 필라멘트 내식성 실험 문제의 IFR 달성을 위한 특정 해결안

아이디어 스케치	설명
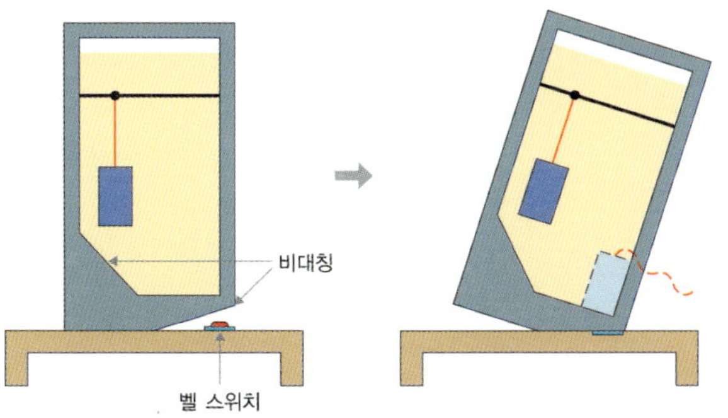	테스트 용기의 내부와 외부를 비대칭으로 만들어서 필라멘트 시료가 부식되어 떨어지면 표준 중량 물질의 무게로 인해 테스트 용기가 기울게 된다. 그 결과 탁자 위의 벨 스위치가 눌려서 벨이 울리면서 실험자가 쉽게 인지할 수 있다. (발명원리 4번 비대칭 원리 및 28번 기계시스템 대체 원리)

[표 5-25]의 해결안은 탁자 위에 벨 스위치도 설치해야 하므로, 탁자라는 외부 자원도 이용한 아이디어다. 하지만 이 아이디어는 큰 비용을 들이지 않고, 실험자가 24시간 테스트 용기 곁에 있지 않아도 테스트 용기가 자체적으로 시료가 떨어진 시점을 알려주는, IFR에 가까운 해결안으로 볼 수 있다.

사례 3 : 알약 제조 공정 문제 해결

[그림 5-33]은 제약 회사에서 사용하는, 파우더를 압축해서 둥근 알약을 제조하는 기계다. 작은 벙커bunker는 파우더powder로 채워져 있고, 파우더가 한번 공급되면 압축기에서 대략 20~25개의 알약이 생산된다. 각 알약은 세워진 상태로 굴러서 통로를 통해 테이블로 이동하고, 테이블 위에서 박스로 포장된다.

그림 5-33 알약 제조 공정

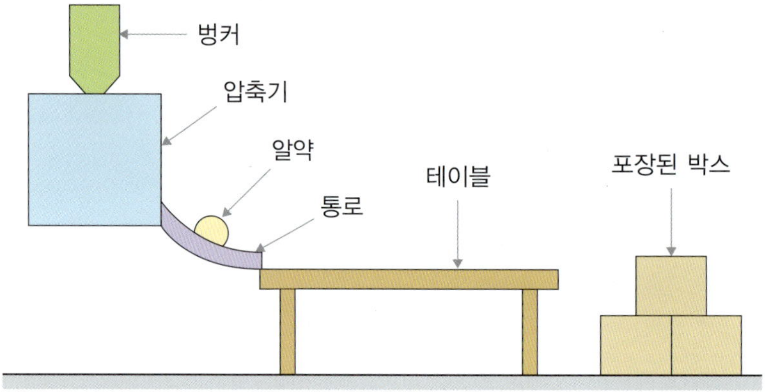

그런데 마지막 알약은 대체로 파우더가 부족해서 불완전한 경우가 많다. 특히 마지막 알약은 금이 가거나 부스러진 상태인 경우가 많은데, 이것이 통로를 통해 테이블로 이동하면 테이블을 어지럽혀서 완전한 알약도 지저분해진다. IFR을 활용해서 이 문제를 해결하는 과정은 다음과 같다.

■ 문제 탐색 및 선정

알약 제조 공정의 문제 탐색 및 선정 결과는 [표 5-26]과 같다.

표 5-26 알약 제조 공정의 문제 탐색 및 선정

No.	문제	문제 유형	선정 여부
1	불완전한 알약이 제조된다.	유용한 기능 부족	
2	불완전한 알약이 테이블을 어지럽힌다.	유해한 효과	○

■ 근본 원인 분석

알약 제조 공정의 문제 가운데 선정된 문제에 대한 근본 원인 분석 결과는 [표 5-27]과 같다.

표 5-27 알약 제조 공정 문제의 근본 원인 분석

선정된 문제	근본 원인
불완전한 알약이 테이블을 어지럽힌다.	불완전한 알약이 테이블로 이동되므로

■ 내외부 자원 탐색

선정된 문제의 근본 원인을 해결하는 데 쉽게 활용할 수 있는 자원은 [표 5-28]과 같다.

표 5-28 알약 제조 공정 문제의 근본 원인 해결을 위한 자원 탐색

구분	자원
내부 자원	벙커, 압축기, 통로
외부 자원	테이블, 박스

■ IFR 정의

[표 5-28]에서 탐색한 내외부 자원 가운데 압축기나 통로를 활용해서 알약 제조 공정의 IFR을 다음과 같이 정의했다.

비용을 거의 들이지 않고 [압축기나 통로]를 활용해서 [기존의 알약 제조 공정]이 자체적으로 [불완전한 알약이 테이블로 이동되지 않게] 한다.

■ 일반 해결안 도출

알약 제조 공정 문제의 IFR을 달성하기 위한 일반 해결 방향은 [표 5-29]와 같다.

표 5-29 알약 제조 공정 문제의 IFR 달성을 위한 일반 해결안

No.	일반 해결안	최적해
1	압축기를 어떻게 개선하면 불완전한 알약이 테이블로 이동하지 않게 될까?	
2	통로를 어떻게 개선하면 불완전한 알약이 테이블로 이동하지 않게 될까?	○

■ 특정 해결안 도출

[표 5-29]에서 선정된 최적해를 기초로 [표 5-30]과 같이 특정 해결안을 도출했다.

표 5-30 알약 제조 공정 문제의 IFR 달성을 위한 특정 해결안

아이디어 스케치	설명
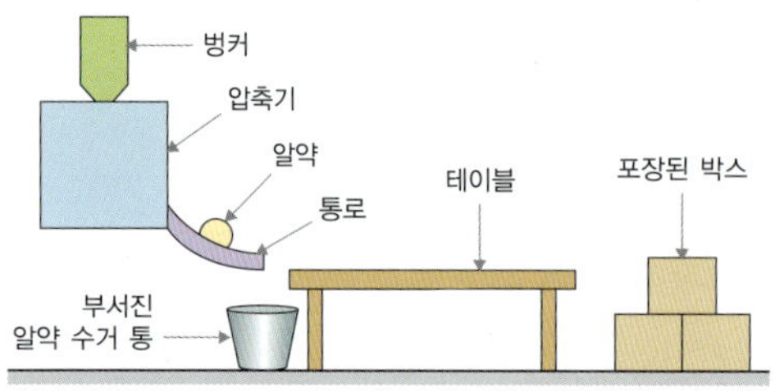	테이블을 오른쪽으로 약간 이동시켜서 통로와 테이블 사이에 알약의 지름보다 약간 작은 간격을 만들고 그 아래 수거통을 놓으면, 그 간격보다 작은 불완전한 알약들은 테이블로 이동하지 않고 수거통으로 떨어지게 된다. (발명원리 3번 국소적 성질 또는 31번 구멍/다공성 물질)

이 문제를 해결하는 한 가지 방법은 직원이 테이블을 감시하고 있다가 불완전한 알약을 제거하는 것이다. 하지만 [표 5-30]의 해결안은 알약이 이동하는 통로와 탁자 사이에 작은 간격을 만들어서 불완전한 알약이 스스로 수거통에 떨어지게 만든 것이다. 이는 기존의 알약 제조 공정을 그대로 유지하면서도 간편하게 문제를 해결한 IFR에 매우 가까운 해결안으로 볼 수 있다.

"명료한 것은 단순함에서 비롯된다.
명료한 것은 결코 복잡하거나 모호하지 않다.
복잡하게 표현한다는 것은
사물의 본질과 핵심을 잘 모른다는 반증이다.
복잡함은 장황함에서 나오기 때문이다."
레오나르도 다빈치(1452 ~ 1519)

학습정리

1. 이상적 시스템이 무엇인지 설명하라.
2. 이상성이 무엇이며, 어떻게 이상성을 표현하는지 설명하라.
3. 이상성을 높이는 방법을 나열하라.
4. IFR이 무엇인지 설명하라.
5. IFR을 활용한 문제 해결의 6단계를 나열하라.

토론실습

토론의 효율을 높이려면?

토론에 앞서 먼저 자신의 생각을 포스트잇이나 작은 메모지에 작성한 후, 팀원들이 돌아가면서 각자 자신의 생각을 발표한 다음 함께 토론한다.

주제 1 이상성을 높이는 방법은?

어떻게 해야 기술시스템의 이상성을 높일 수 있는지 팀원들과 토론한 다음, 팀의 의견을 작성해서 발표하시오.

주제 2 왜 IFR이 중요한가?

문제를 해결할 때 IFR이라는 최종 목표를 설정한 다음 해결안을 도출하는 것이 왜 중요한지 팀원들과 토론한 다음, 팀의 의견을 작성해서 발표하시오.

실습과제

과제 1 이상적 시스템 조사하기

팀별 또는 개인별로 주변에서 볼 수 있는 이상적 시스템은 어떤 것이 있는지 조사해서 작성하시오.

No.	이상적 시스템	이유 설명
1		
2		
3		

과제 2 이상성 증가 사례 조사하기

팀별 또는 개인별로 다양한 방법으로 이상성이 증가된 사례에는 어떤 것이 있는지 조사해서 작성하시오.

이상성 높이는 방법		사례
유용한 기능 증가시키기		
유해한 효과 제거하기		
비용 줄이기	제공하는 기능 감소시키기	
	작용 도구로 많은 기능 이전하기	
	상위 시스템으로 기능 이전하기	
	내외부 자원 활용하기	
	트리밍하기	
스스로 하게 만들기		

실습과제

과제 3 IFR 정의하기

팀별 또는 개인별로 다음 제품 가운데 하나를 선택해서 IFR을 정의하시오. 만약 선택한 제품이 여러 개의 유해한 효과를 포함하고 있다면, 임의로 하나를 선택해서 작성하시오.

세탁기

자전거

키보드

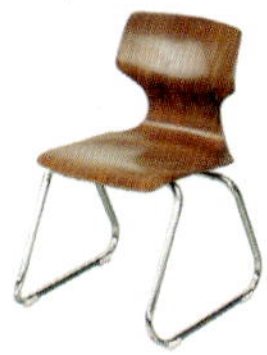

의자

구분		내용
분석	기술시스템	
	기본 기능	
	유해한 효과	
	내외부 자원	
IFR 정의		

실습과제

과제 4 IFR을 활용한 문제 해결

다음 제품 가운데 하나를 선택한 다음, IFR을 활용해서 선택한 제품의 문제를 해결하여 블루오션을 선점할 수 있는 이상적 해결안을 제안하시오.

맥주캔

여성용 모자

운동화

백팩

▪ 문제 탐색 및 선정

No.	문제	문제 유형	선정 여부
1			
2			
3			
4			
5			

▪ 근본 원인 분석

선정된 문제	근본 원인

▪ 내외부 자원 탐색

구분	자원
내부 자원	
외부 자원	

실습과제

■ IFR 정의

■ 일반 해결안 도출

No.	일반 해결안	최적해
1		
2		
3		
4		
5		

■ 특정 해결안 도출

아이디어 스케치	설명

PART 2

6장

모순투성이 세상에서 살아남는 법, 하나

– 발명원리로 기술적 모순 극복하기
Technical Contradiction & Inventive Principles

발명원리는 트리즈 창시자인 알트슐러가 전 세계 수백만 건의 특허 분석을 통해서, 기술적 모순 해결에 공통적으로 사용된 40가지 원리를 정리한 것이다. 이 장에서는 모순 행렬과 공학 변수가 무엇인지 설명하고, 모순 행렬을 사용해서 발명원리를 탐색하는 방법을 소개한다. 또한 발명원리를 활용해서 기술적 모순을 극복하는 방법을 살펴보고, 다양한 기술적 모순 극복 사례를 제시할 것이다.

6.1 발명원리 탐색기, 모순 행렬

6.2 발명원리로 기술적 모순 극복하기

6.3 기술적 모순 극복 사례

학습정리 토론실습 실습과제

학습목표

- 모순 행렬과 공학 변수가 무엇인지 설명할 수 있다.
- 문제의 핵심 영역에서 기술적 모순을 정의할 수 있다.
- 기술적 모순이 내포한 공학 변수를 선택할 수 있다.
- 모순 행렬을 이용해서 발명원리를 탐색할 수 있다.
- 발명원리를 활용해서 기술적 모순을 극복할 수 있다.

6.1

발명원리 탐색기, 모순 행렬

6.1.1 모순 행렬

모순 행렬contradiction matrix이란 어떤 기술적 모순을 해결하는 데 가장 많이 활용된 발명원리를 [그림 6-1]과 같이 39행 39열의 2차원 행렬로 표현한 것으로, 트리즈 창시자인 알트슐러가 수백만 건의 특허 분석을 기초로 완성한 것이다. 행과 열에 표시된 39개의 특성은 시스템의 주요 특성을 나타내는 공학 변수로, 6.1.3절에서 자세히 설명한다. 하나의 기술적 모순을 해결하기 위해 40가지 발명원리를 하나씩 모두 적용해 보는 것은 비효율적이므로, 통계적으로 어떤 기술적 모순을 해결하는 데 가장 많이 사용된 발명원리를 쉽게 찾을 수 있도록 고안된 게 바로 모순 행렬이다. 모순 행렬의 전체 형태는 [그림 6-1]과 같고, 자세한 내용은 부록을 참조하기 바란다.

그림 6-1 모순 행렬

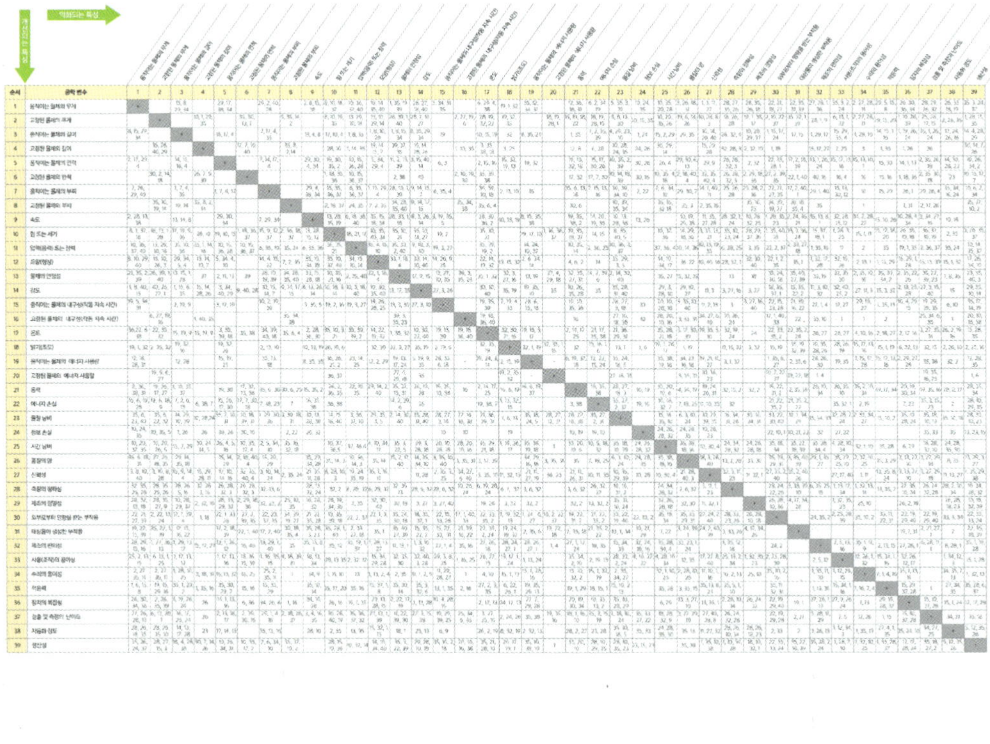

최근에 알트슐러가 고안한 모순 행렬 외에도 비즈니스 모순 행렬과 IT 모순 행렬, SW 모순 행렬이 고안되었는데, 분야별로 주요 특성을 나타내는 변수에는 차이가 있으나 근본적인 용도는 동일하다.

6.1.2 발명원리 탐색법

모순 행렬의 **세로축에서는 개선되는 특성**improving feature**을, 가로축에서는 악화되는 특성**worsening feature을 찾은 다음, 이 **두 가지 특성이 교차하는 위치**를 확인한다. 그러면 **두 가지 특성 간의 기술적 모순을 해결하는 데 통계적으로 가장 많이 사용된 2~4개의 발명원리를 쉽게 찾을 수 있다.**

예를 들어 [그림 6-2]와 같이 9번 '속도'라는 특성이 개선될 때, 7번 '움직이는 물체의 부피' 라는 특성이 악화되는 경우, 7번, 29번, 34번 발명원리를 활용하면 해결안을 도출할 확률이 높음을 알 수 있다. 나열된 발명원리의 순서는 활용 빈도를 표현한 것으로, 세 가지 원리 가운데 통계적으로 7번 원리를 활용해서 해결된 특허가 가장 많음을 의미한다.

그림 6-2 모순 행렬에서 발명원리 탐색하기

개선되는 특성 \ 악화되는 특성		1 움직이는 물체의 무게	2 고정된 물체의 무게	3 움직이는 물체의 길이	4 고정된 물체의 길이	5 움직이는 물체의 면적	6 고정된 물체의 면적	7 움직이는 물체의 부피	8 고정된 물체의 부피	9 속도	10 힘 또는 세기	11 압력(응력) 또는 장력	12 모양(형상)
1	움직이는 물체의 무게	+		15, 8, 29,34		29, 17, 38, 34		29, 2, 40, 28		2, 8, 15, 38	8, 10, 18, 37	10, 36, 37, 40	10, 14, 35, 40
2	고정된 물체의 무게		+		10, 1, 29, 35		35, 30, 13, 2		5, 35, 14, 2		8, 10, 19, 35	13, 29, 10, 18	13, 10, 29, 14
3	움직이는 물체의 길이	8, 15, 29, 34		+		15, 17, 4		7, 17, 4, 35		[illegible]	[illegible]	1, 8, 35	1, 8, 10, 29
4	고정된 물체의 길이		35, 28, 40, 29		+		17, 7, 10, 40		35, 8, 2,14	[illegible]	[illegible]	1, 14, 35	13, 14, 15, 7
5	움직이는 물체의 면적	2, 17, 29, 4		14, 15, 18, 4		+		7, 14, 17, 4		29, 30, 4, 34	19, 30, 35, 2	10, 15, 36, 28	5, 34, 29, 4
6	고정된 물체의 면적		30, 2, 14, 18		26, 7, 9, 39		+				1, 18, 35, 36	10, 15, 36, 37	
7	움직이는 물체의 부피	2, 26, 29, 40		1, 7, 4, 35		1, 7, 4, 17		+		29, 4, 38, 34	15, 35, 36, 37	6, 35, 36, 37	1, 15, 29, 4
8	고정된 물체의 부피		35, 10, 19, 14	19, 14	35, 8, 2, 14			❸	+		2, 18, 37	24, 35	7, 2, 35
9	속도	2, 28, 13, 38		13, 14, 8		29, 30, 34		7, 29, 34		+	13, 28, 15, 19	6, 18, 38, 40	35, 15, 18, 34
10	힘 또는 세기	8, 1, 37, 18	18, 13, 1, 28	17, 19, 9, 36	28, 10	19, 10, 15	1, 18, 36, 37	15, 9, 12, 37	2, 36, 18, 37	13, 28, 15, 12	+	18, 21, 11	10, 35, 40, 34
11	압력(응력) 또는 장력	10, 36, 37, 40	13, 29, 10, 18	35, 10, 36	35, 1, 14, 16	10, 15, 36, 28	10, 15, 36, 37	6, 35, 10	35, 24	6, 35, 36	36, 35, 21	+	35, 4, 15, 10
12	모양(형상)	8, 10, 29, 40	15, 10, 26, 3	29, 34, 5, 4	13, 14, 10, 7	5, 34, 4, 10		14, 4, 15, 22	7, 2, 35	35, 15, 34, 18	35, 10, 37, 40	34, 15, 10, 14	+

7, 29, 34

여기서 잠깐 알트슐러의 Matrix-64

1964년 알트슐러가 처음 만든 모순 행렬은 다음 그림처럼 간단했으나, 여러 차례 개정을 통해서 현재의 39×39 모순 행렬이 탄생했다.

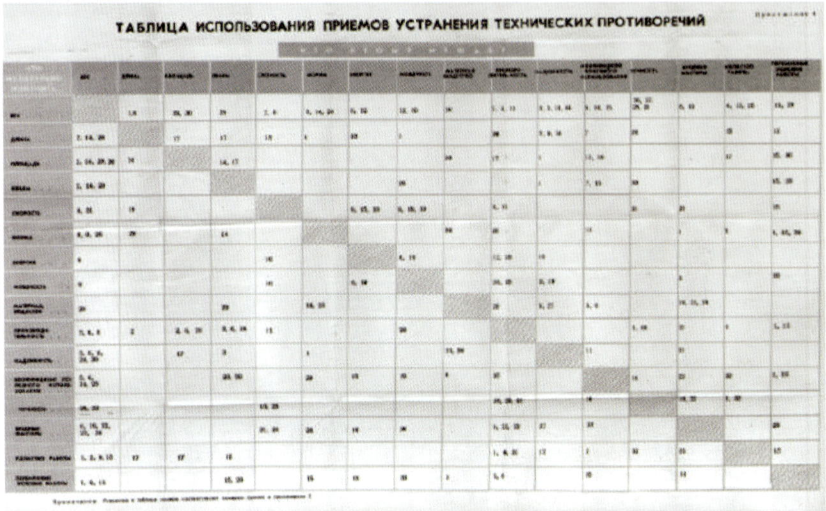

여기서 잠깐 스마트폰용 모순 행렬 앱, 온라인 모순 행렬

인쇄된 모순 행렬은 크기가 상당히 커서 사용이 불편하므로 스마트폰용(안드로이드용) 앱을 활용하면 편리하다. 온라인상(http://www.triz40.com)에서도 모순 행렬을 제공하고 있다. 탐색한 발명원리를 클릭하면 간단한 설명과 함께 여러 가지 사례도 확인할 수 있다.

TRIZ 모순행렬

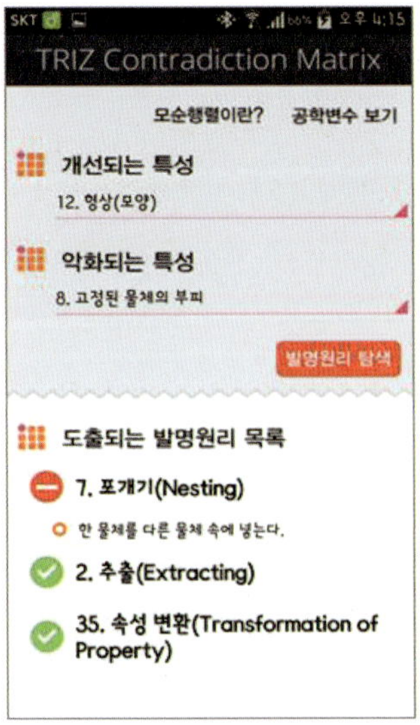

여기서 잠깐 **알트슐러가 개발한 모순 행렬 컴퓨터 유로트론(EUROTRON)**

1969년에 알트슐러는 발명원리를 쉽게 탐색할 수 있는 모순 행렬 기계인 유로트론(EUROTRON)을 발명했다. 이 기계는 다이얼로 개선되는 특성과 악화되는 특성을 선택하면 적용할 수 있는 발명원리를 알려주는 일종의 단순한 컴퓨터였다.

6.1.3 공학 변수란?

공학 변수Engineering Parameters란 트리즈에서 **시스템의 주요 특성을 나타내기 위해 사용하는 기술적 변수와 특징을 표현**하는 용어로, 1946년부터 1970년대까지 트리즈의 창시자인 알트슐러와 그의 동료들이 전 세계 특허를 조사해서 추출한 것이다. [표 6-1]과 같이 공학 변수는 39가지가 있으며, 각각에 대한 설명은 부록으로 대신한다.

표 6-1 39가지 공학 변수

순서	공학 변수
1	움직이는 물체의 무게(Weight of moving object)
2	고정된 물체의 무게(Weight of stationary object)
3	움직이는 물체의 길이(Length of moving object)
4	고정된 물체의 길이(Length of stationary object)
5	움직이는 물체의 면적(Area of moving object)
6	고정된 물체의 면적(Area of stationary object)
7	움직이는 물체의 부피(Volume of moving object)
8	고정된 물체의 부피(Volume of stationary object)
9	속도(Speed)
10	힘 또는 세기(Force or Intensity)
11	압력(응력) 또는 장력(Pressure or Stress)
12	모양(형상)(Shape)

순서	공학 변수
13	물체의 안정성(Stability of object's composition)
14	강도(Strength)
15	움직이는 물체의 내구성(Duration of action of moving object)
16	고정된 물체의 내구성(Duration of action of stationary object)
17	온도(Temperature)
18	밝기(조도)(Illumination intensity)
19	움직이는 물체의 에너지 사용량(Use of energy by moving object)
20	고정된 물체의 에너지 사용량(Use of energy by stationary object)
21	동력(Power)
22	에너지 손실(Loss of energy)
23	물질 낭비(Loss of substance)
24	정보 손실(Loss of Information)
25	시간 낭비(Loss of Time)
26	물질의 양(Quantity of substance)
27	신뢰성(Reliability)
28	측정의 정확성(Measurement accuracy)
29	제조의 정밀성(Manufacturing precision)
30	외부로부터 영향을 받는 부작용(Object-affected harmful factors)
31	대상물이 생성한 부작용(Object-generated harmful factors)
32	제조의 편의성(Ease of manufacturing)
33	사용(조작)의 용이성(Ease of operation)
34	수리의 용이성(Ease of repair)
35	적응력(Adaptability or versatility)
36	장치의 복잡성(Device complexity)
37	검출 및 측정의 난이도(Difficulty of detecting and measuring)
38	자동화 정도(Extent of automation)
39	생산성(Productivity)

공학 변수에 대한 설명 가운데 '움직이는 물체moving object'란 스스로 또는 외부의 힘에 의해서 공간적 위치를 쉽게 변화시킬 수 있는 것을 의미하며, '고정된 물체stationary object'란 스스로 또는 외부의 힘에 의해서 공간적 위치를 쉽게 변화시킬 수 없는 것을 의미한다. 예를 들어 책이나 자동차는 움직이는 물체에 해당하고, 교량이나 건물은 고정된 물체로 구분할 수 있다.

6.2

발명원리로 기술적 모순 극복하기

6.2.1 발명원리만 알면 문제없어

기술적 모순이란 기술시스템에 부과되는 상반된 요구 상황으로, 두 가지 특성을 모두 만족시키고 싶은데 불가능한 상황이다. 예를 들면, 힘(출력)도 좋고 연비도 좋은 자동차를 원하지만, 현실에서는 힘이 좋으면 연비가 나쁘고, 연비가 좋으면 힘이 떨어지기 때문에 어느 하나를 포기할 수밖에 없는 상황이 바로 기술적 모순이다. 그렇다면 과연 두 마리 토끼를 모두 잡는 것은 불가능한 것일까?

그림 6-3 자동차의 기술적 모순 상황

사람은 모순에 직면하면 대개 모순을 회피하거나 적당히 타협하려는 심리적 타성이 있다. 즉 모순을 근본적으로 해결하기보다는 절충안을 찾아서 적당히 해결하려는 것이다. 하지만 트리즈에서는 모순을 근본적으로 제거함으로써 문제를 궁극적으로 해결하는 것이 목표이다. 그렇다면 어떻게 기술적 모순을 근본적으로 제거해서 두 마리 토끼를 모두 잡을 수 있을까? 그 해답은 바로 발명원리에 있다. [그림 6-4]에 표현한 것처럼 기술적 모순 분석과 발명원리를 활용하면 기술적 모순을 근본적으로 제거한 해결안을 도출하는 것이 가능하다.

그림 6-4 발명원리를 활용한 기술적 모순 해결 접근법

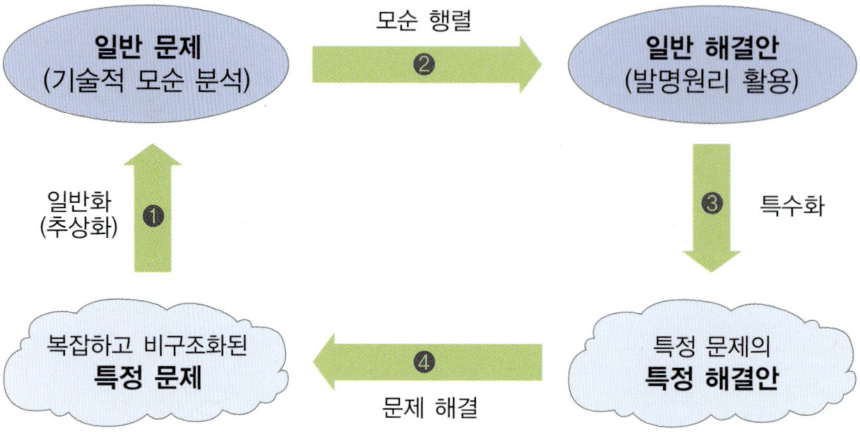

[그림 6-4]의 기술적 모순 해결 접근법을 좀 더 자세히 설명하면 다음과 같다.

❶ 복잡하고 비구조화된 특정 문제가 인식되면, 기술적 모순 분석을 통해서 일반 문제로 모델링한다. 즉 특정 문제를 기술적 모순을 해결해야 하는 일반 문제로 변환한다.

❷ 모순 행렬을 이용해서 기술적 모순을 제거하는 데 사용할 발명원리를 탐색한 다음, 그 발명원리를 활용해서 일반 해결안을 도출한다.

❸ 이 일반 해결안을 기초로, 지식과 경험을 총 동원해서 특정 해결안을 도출한다.

❹ 기술적 모순을 근본적으로 제거한 특정 해결안을 이용해서 특정 문제를 해결한다.

6.2.2 발명원리로 기술적 모순 극복하는 법

발명원리를 활용해서 기술적 모순을 극복할 수 있는 아이디어를 도출하는 방법을 보다 세분화하면, [그림 6-5]와 같이 6단계로 진행할 수 있다.

그림 6-5 발명원리를 활용한 기술적 모순 극복 6단계

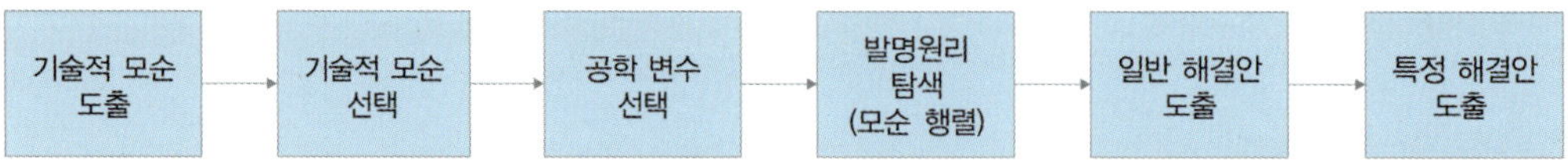

[그림 6-5]의 단계별 주요 내용을 요약하면 [표 6-2]와 같다.

표 6-2 발명원리를 활용한 기술적 모순 극복 6단계의 단계별 주요 내용

순서	단계	주요 내용
1	기술적 모순 도출	특정 문제의 핵심 영역에 포함된 기술적 모순을 찾아서 두 가지 유형(TC1과 TC2)으로 정의한다.
2	기술적 모순 선택	TC1과 TC2 가운데 하나를 선택한다. (특정 문제가 일반 문제로 바뀌게 됨)
3	공학 변수 선택	선택한 기술적 모순에 포함된 개선되는 특성과 악화되는 특성에 해당하는 공학 변수를 선택한다.

순서	단계	주요 내용
4	발명원리 탐색	모순 행렬을 이용해서 2~4개의 발명원리를 탐색한다.
5	일반 해결안 도출	탐색한 발명원리를 활용해서 일반적인 해결 방향을 도출한다.
6	특정 해결안 도출	최선의 일반 해결안을 선택한 다음 특정 문제를 위한 구체적인 해결안을 도출한다.

[표 6-2]의 각 단계별 세부 수행 내용은 다음과 같다.

단계 1 : 기술적 모순 도출

인식된 특정 문제의 핵심 영역에 포함된 기술적 모순을 찾은 다음, [표 6-3]과 같은 형식으로 두 가지 유형(TC1과 TC2)의 기술적 모순을 핵심만 정의한다. 일반적으로 어떤 문제 상황에 기술적 모순이 하나만 존재하는 것이 아니므로, 문제의 근본 원인을 내포하고 있는 핵심 영역을 결정한 다음, 그 영역에서 기술적 모순을 찾아야 한다. 문제 상황이 단순한 경우라 할지라도 핵심 영역에서 기술적 모순을 찾는 것은 쉬운 일이 아니므로 많은 연습이 필요하다.

표 6-3 기술적 모순의 핵심 정의 형식

구분	기술적 모순		
	조건	장점	단점
TC1	어떤 조건 C	개선되는 특성 A	악화되는 특성 B
TC2	반대 조건 -C	개선되는 특성 B	악화되는 특성 A

단계 2 : 기술적 모순 선택

기술적 모순을 해결하기 위해서는 먼저 TC1이나 TC2 가운데 하나를 선택해야 하는데, 이때 비로소 특정 문제가 하나의 기술적 모순을 해결해야 하는 일반 문제로 변환된다. TC1과 TC2 가운데 어떤 것을 선택하느냐는 상황에 따라 다르지만, 대개 확보된 장점을 기준으로 기술시스템이 주요 기능을 수행하는 데 더 중요한 비중을 차지하는 것을 선택한다. 즉 특성 A가 더 중요하면 TC1을, 특성 B가 더 중요하면 TC2를 선택한다. 이 단계에서는 [표 6-4]와 같이 선택한 기술적 모순과 선택 이유를 기록하도록 한다.

표 6-4 기술적 모순 선택 기록 양식

선택한 기술적 모순	선택 이유
TC1 or TC2	(TC1 또는 TC2를 선택한 이유를 간단히 작성함)

단계 3 : 공학 변수 선택

선택한 기술적 모순 TC1 또는 TC2에 포함된 개선되는 특성과 악화되는 특성에 해당하는 공학 변수를 선택하고, [표 6-5]에 기록한다. 개선되는 특성은 기술적 모순이 내포하는 장점에 해당하고, 악화되는 특성은 단점에 해당한다.

표 6-5 공학 변수 선택 기록 양식

구분	개선되는 특성 (장점)	악화되는 특성 (단점)
선택한 기술적 모순		
공학 변수		

단계 4 : 발명원리 탐색

모순 행렬을 이용해서 개선되는 특성과 악화되는 특성이 교차하는 지점에서 2~4개의 발명원리를 탐색하여 [표 6-6]에 기록한다.

표 6-6 발명원리 탐색 결과 기록 양식

공학 변수		발명원리 탐색 결과
개선		
악화		

단계 5 : 일반 해결안 도출

탐색한 2~4개의 발명원리를 활용해서 일반적인 해결 방향을 도출한다. 실제로 2~4개의 발명원리 가운데 어떤 것이 가장 이상적인 해결 방향을 제시할지 모르기 때문에, 탐색한 모든 발명원리를 활용해서 아이디어를 도출하도록 하자. 이 단계에서는 구체적인 해결안을 도출하기보다는 일반적인 문제 해결 방향의 핵심 아이디어만 간단히 [표 6-7]에 기록한다.

표 6-7 발명원리를 활용한 일반 해결안 기록 양식

발명원리	일반 해결안

단계 6 : 특정 해결안 도출

특정 해결안을 도출하기 위해 먼저 일반 해결안들을 평가하여 가장 우수한 아이디어를 하나 선정한다. 특정 해결안을 도출하기 위해서는 단순히 유추적 사고력만 필요한 것이 아니라 문제와 관련된 지식과 경험이 수반되어야 한다. 특정 해결안은 단점을 장점으로 바꿔서 두 마리 토끼를 모두 잡을 수 있는 구체적인 해결안이어야 한다. 이 단계에서는 자세한 아이디어 스케치 또는 사진과 함께 상세한 설명을 [표 6-8]과 같은 양식에 기록한다.

표 6-8 특정 해결안 기록 양식

아이디어 스케치	설명

이러한 과정이 실제로 어떻게 적용되는지 예를 들어 살펴보기로 하자.

6.2.3 피자 박스의 기술적 모순 극복

한 번에 여러 개의 피자를 배달할 때에는 피자 박스를 여러 개 쌓아서 배달한다. 이때 피자의 열로 인해 박스가 아래로 처지면서 피자가 박스에 눌러 붙어 고객이 불만을 제기하는 문제가 발생했다. 고객 불만 해소를 위해서 한 박스씩 배달하면, 배달 효율이 너무 나빠져서 영업 이익이 크게 감소할 수 있다.

그림 6-6 피자가 박스에 눌러 붙은 상태

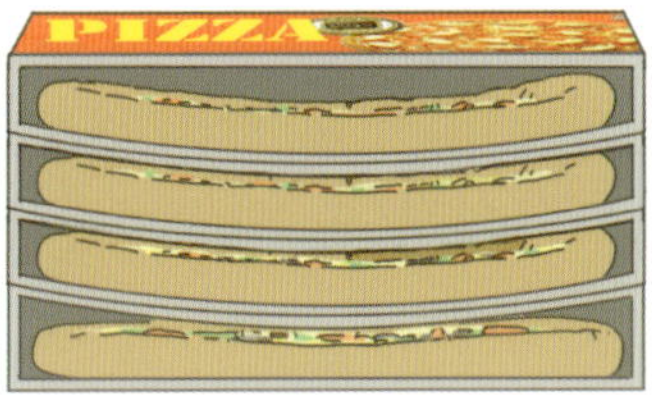

이와 같은 특정 문제를 기술적 모순 분석과 발명원리를 활용해서 해결하는 과정을 살펴보자. 문제의 핵심 영역을 어디로 보느냐에 따라 기술적 모순이 달라질 수 있는데, 여기서는 피자 박스를 핵심 영역으로 보고 해결하는 과정을 소개한다.

단계 1 : 기술적 모순 도출

문제의 핵심 영역을 피자 박스로 봤기 때문에 [표 6-9]와 같이 기술적 모순을 도출했다. 단, 하나의 핵심 영역에도 여러 개의 기술적 모순이 존재할 수 있으며, [표 6-9]는 그 가운데 하나라고 할 수 있다.

표 6-9 피자 박스의 기술적 모순 핵심 정의

구분	기술적 모순		
	조건	장점	단점
TC1	두꺼운 재료로 피자박스를 만들면	강도 증가 (피자가 눌러 붙지 않음)	부피 증가, 재료비 증가
TC2	얇은 재료로 피자 박스를 만들면	부피 감소, 재료비 절약	강도 감소 (피자가 눌러 붙음)

단계 2 : 기술적 모순 선택

표 6-10 피자 박스의 기술적 모순 선택

선택한 기술적 모순	선택 이유
TC2	영업 이익을 위해서 배달이 용이하고 재료비가 절약되는 얇은 재료를 사용해서 문제를 해결하는 것이 더 바람직하다고 판단함

단계 3 : 공학 변수 선택

TC2는 부피가 작고 재료비가 절약되는 두 가지 개선되는 특성과, 강도가 감소하는 한 가지 악화되는 특성을 포함하고 있다. 피자 박스는 외부의 힘에 의해 공간적인 위치를 쉽게 변화시킬 수 있으므로 움직이는 물체로 볼 수 있으며, 재료비 절약은 물질이 낭비되지 않고 개선되는 것으로 볼 수 있다.

표 6-11 피자 박스의 TC2에 포함된 공학 변수 선택

구분	개선되는 특성 (장점)	악화되는 특성 (단점)
기술적 모순(TC2)	부피 감소, 재료비 절약	강도 감소
공학 변수	7(움직이는 물체의 부피), 23(물질 낭비)	14(강도)

단계 4 : 발명원리 탐색

개선되는 특성이 2개(7번과 23번)이므로 [표 6-12]와 같이 모순 행렬을 두 번 검색해서 발명원리를 탐색한다. 이때 개선되는 두 개의 특성 가운데 더 중요한 것을 선택해서 한 번만 탐색할 수도 있다.

표 6-12 피자 박스의 기술적 모순(TC2) 해결에 활용할 발명원리 탐색 결과

공학 변수		발명원리 탐색 결과
개선	7(움직이는 물체의 부피)	9(사전 반대 조치), 14(구형화/곡선화), 15(역동성), 7(포개기)
악화	14(강도)	
개선	23(물질 낭비)	35(속성 변환), 28(기계시스템 대체), 31(구멍/다공성 물질), 40(복합 재료)
악화	14(강도)	

단계 5 : 일반 해결안 도출

피자 박스의 기술적 모순 TC2를 해결하기 위해서는 악화되는 특성인 '강도'를 증가시켜야 하는데, 앞에서 탐색한 8개의 발명원리 가운데 어떤 것이 가장 좋은 해결 방향을 제시할지 모르기 때문에 [표 6-13]처럼 모두 적용해 보는 것이 좋다.

표 6-13 피자 박스의 기술적 모순(TC2) 해결을 위한 일반 해결안 도출

발명원리	일반 해결안
9(사전 반대 조치)	피자 박스에 미리 어떤 반대조치를 해서 강도를 증가시키자.
14(구형화/곡선화)	피자 박스를 곡면으로 만들어서 강도를 증가시키자.
15(역동성)	피자 박스를 역동적으로 만들어서 강도를 증가시키자.
7(포개기)	피자 박스의 얇은 재료를 여러 겹으로 포개서 강도를 증가시키자.
35(속성 변환)	피자 박스의 재료인 종이의 속성을 피자의 열기로 딱딱하게 변화시켜서 강도를 증가시키자.
28(기계시스템 대체)	피자 박스를 기계시스템으로 대체해서 강도를 증가시키자.
31(구멍/다공성 물질)	피자 박스의 재료를 다공성 물질로 바꿔서 강도를 증가시키자.
40(복합 재료)	피자 박스의 재료를 복합 재료로 바꿔서 강도를 증가시키자.

단계 6 : 특정 해결안 도출

이 단계에서는 우선 단계 5에서 찾은 일반적인 해결 방향 가운데 최적해(best idea)를 선택한다. 그다음, 전문 지식과 경험을 총동원해서 얇은 재료이지만 강도가 증가되어 피자가 눌러 붙지 않는 피자 박스를 만들 수 있는 구체적인 아이디어를 도출해야 한다. 여기서는 일반 해결안 가운데 14번 구형화/곡선화 원리를 적용한 아이디어를 선택한 후, [표 6-14]와 같은 특정 해결안을 도출했다.

표 6-14 피자 박스의 문제 해결을 위한 특정 해결안

아이디어 스케치	설명
그림 6-7 곡선화 원리를 활용한 피자 박스 해결안 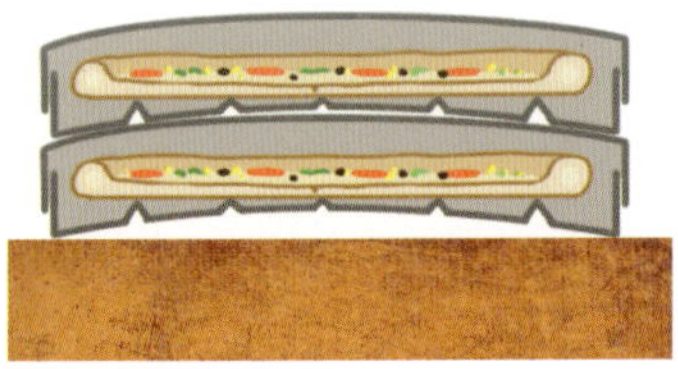	피자 박스를 평면이 아닌 곡면으로 만들면 강도가 증가되어, 기존의 얇은 재료로 만들어도 피자 박스가 아래로 처지지 않게 된다.

6.2.4 말뚝의 기술적 모순 극복

건설 현장에서 많이 사용되는 말뚝(pile)은 박을 때는 끝이 뾰족한 것이 좋지만, 건물의 안전성을 생각하면 끝이 뭉툭한 것이 좋다. 특히 얼어 있는 땅에 뾰족한 말뚝을 박은 경우에는 봄이 되어 땅이 녹으면 말뚝이 흔들릴 수 있다. 한편 현재 한파로 인해 공사가 계속 지연되고 있어서 공사 기한을 맞추기 어려운 상황이다.

그림 6-8 말뚝의 문제점

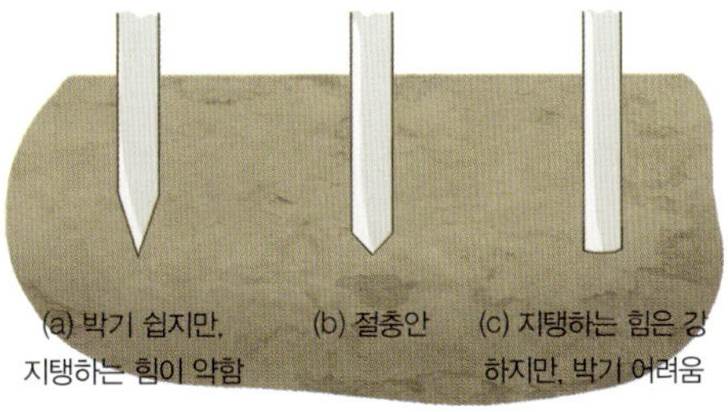

위와 같이 말뚝에 대해 인식된 특정 문제를 기술적 모순 분석과 발명원리를 활용해서 해결하는 과정은 다음과 같다.

단계 1 : 기술적 모순 도출

문제의 핵심 영역을 말뚝의 끝 부분으로 보면, [표 6-15]와 같이 기술적 모순을 도출할 수 있다. 만약 핵심 영역을 말뚝의 기둥으로 본다면, 기술적 모순도 달라진다.

표 6-15 말뚝의 기술적 모순 핵심 정의

구분	기술적 모순		
	조건	장점	단점
TC1	말뚝의 끝이 뾰족하면	박기 쉬움	지탱하는 힘이 약함
TC2	말뚝의 끝이 뭉툭하면	지탱하는 힘이 강함	박기 어려움

단계 2 : 기술적 모순 선택

표 6-16 말뚝의 기술적 모순 선택

선택한 기술적 모순	선택 이유
TC1	공사 기한을 맞추려면 건설 현장의 업무 효율이 중요하므로

* 만약 건축물의 안전성을 우선 고려한다면 TC2를 선택해야 한다.

단계 3 : 공학 변수 선택

말뚝을 박기 쉽다는 것은 말뚝에 힘(물체의 조건을 변화시키기 위한 상호작용)을 덜 가해도 박을 수 있다는 의미이며, 지탱하는 힘이 약하다는 것은 말뚝의 안정성이 부족하다는 의미이다. 따라서 공학 변수를 다음 표와 같이 선택할 수 있다. 만약 말뚝을 박기 쉽다는 점을 작업이 쉬운 것으로 보면, 공학 변수로 33번 사용의 용이성을 선택할 수도 있다.

표 6-17 말뚝의 TC1에 포함된 공학 변수 선택

구분	개선되는 특성 (장점)	악화되는 특성 (단점)
기술적 모순(TC1)	박기 쉬움	지탱하는 힘이 약함
공학 변수	10(힘)	13(물체의 안정성)

단계 4 : 발명원리 탐색

표 6-18 말뚝의 기술적 모순(TC1) 해결에 활용할 발명원리 탐색 결과

공학 변수		발명원리 탐색 결과
개선	10(힘)	35(속성 변환), 10(사전 조치), 21(고속 처리)
악화	13(물체의 안정성)	

단계 5 : 일반 해결안 도출

탐색된 발명원리를 활용하여 말뚝의 기술적 모순 TC1을 해결하기 위해 [표 6-19]처럼 악화되는 특성인 '지탱하는 힘이 약한 것'을 개선할 수 있는 아이디어를 도출한다.

표 6-19 말뚝의 기술적 모순(TC1) 해결을 위한 일반 해결안 도출

발명원리	일반 해결안
35(속성 변환)	말뚝의 속성을 변화시켜서 처음에는 끝이 뾰족하지만 박은 후에는 뭉툭하게 변하도록 만들자.
10(사전 조치)	말뚝에 어떤 사전조치를 해서 안정성을 향상시키자. 말뚝에 어떤 사전조치를 해서 박은 후에 끝이 뭉툭해지게 만들자.
21(고속 처리)	말뚝을 아주 빨리 박아서 안정성을 높이는 방법을 찾자.

단계 6 : 특정 해결안 도출

말뚝의 끝이 뾰족하면서도 지탱하는 힘이 강하도록 하는 구체적인 해결안을 도출하기 위해, 10번 사전 조치 원리를 적용한 일반 해결안을 기초로 [표 6-20]과 같은 특정 해결안을 도출했다.

표 6-20 말뚝의 문제 해결을 위한 특정 해결안

아이디어 스케치	설명
그림 6-9 사전 조치 원리를 활용한 말뚝 문제 해결안 (1) 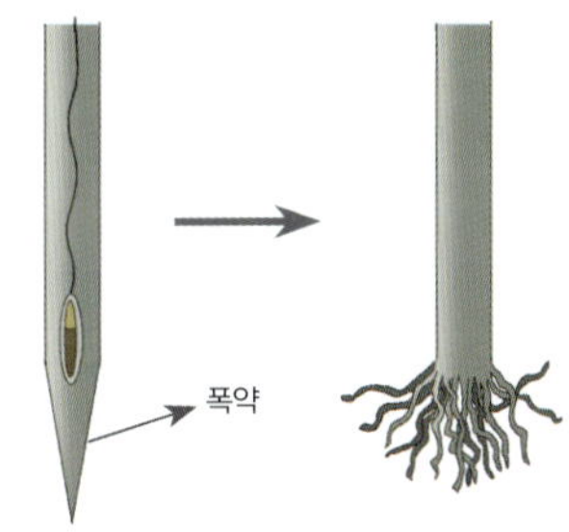 (a) 박기 전 (b) 박은 후	말뚝의 뾰족한 끝 부분에 아주 작은 폭약을 사전에 설치해서, 박을 때는 끝이 뾰족하지만, 박은 후에는 폭약을 터뜨려 끝이 뭉툭해지게 만든다.
그림 6-10 사전 조치 원리를 활용한 말뚝 문제 해결안 (2) 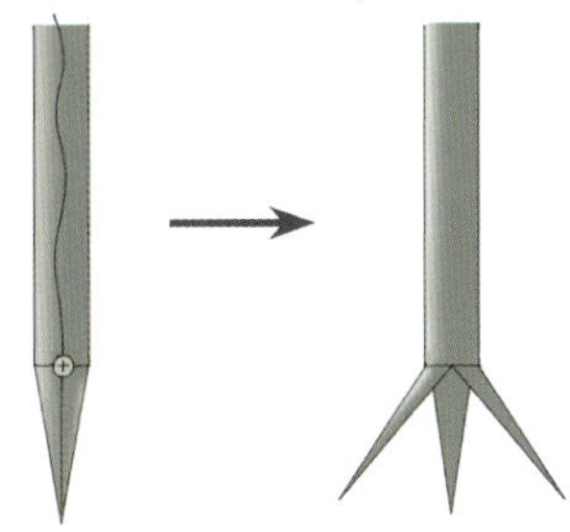 (a) 박기 전 (b) 박은 후	박을 때는 끝이 뾰족하지만, 박은 후에는 끝부분이 벌어지도록 만든다. 그 결과로 말뚝의 지탱하는 힘이 강해진다.

6.3

기술적 모순 극복 사례

6.3.1 여객기 엔진의 기술적 모순 극복

여객기의 엔진은 날개 아래쪽에 위치한다. 여객기의 성능 향상을 위해 엔진 출력을 높이려면 공기 흡입량을 늘려야하므로, 이를 위해서는 엔진 입구의 단면적이 커져야 한다. 그런데 엔진 입구가 커지면 엔진과 지면과의 거리가 줄어들어서 이착륙 시 사고의 위험이 증가하게 된다.

그림 6-11 여객기 엔진의 위치

위와 같이 인식된 여객기 엔진의 문제를 기술적 모순 분석과 발명원리를 활용해서 해결하는 과정은 다음과 같다.

단계 1 : 기술적 모순 도출

문제의 핵심 영역을 엔진 입구로 보고 [표 6-21]과 같이 기술적 모순을 정의한다.

표 6-21 여객기 엔진의 기술적 모순 핵심 정의

구분	기술적 모순		
	조건	장점	단점
TC1	엔진 입구의 단면적이 크면	엔진 출력 향상	지면과의 안전거리 감소(사고 위험 증가)
TC2	엔진 입구의 단면적이 작으면	지면과의 안전거리 확보(사고 위험 감소)	엔진 출력 저하

단계 2 : 기술적 모순 선택

표 6-22 여객기 엔진의 기술적 모순 선택

선택한 기술적 모순	선택 이유
TC2	여객기의 사고 위험을 줄이는 것이 최우선되어야 하므로

단계 3 : 공학 변수 선택

TC2는 개선되는 특성으로는 지면과의 안전거리 확보를, 악화되는 특성으로 엔진 출력 저하를 포함하고 있다. 지면과의 안전거리 확보는 시스템이 주어진 조건 하에서 의도된 기능을 일정하게 수행할 수 있음을 의미하므로, 공학 변수로 27번 '신뢰성'을 선택했다. 엔진 출력 저하는 결국 비행기가 속도를 낼 수 있는 힘이 부족하다는 말이므로 공학 변수로 10번 '힘'을 선택했다.

표 6-23 여객기 엔진의 TC2에 포함된 공학 변수 선택

구분	개선되는 특성 (장점)	악화되는 특성 (단점)
기술적 모순(TC2)	지면과의 안전거리 확보(사고 위험 감소)	엔진 출력 저하
공학 변수	27(신뢰성)	10(힘)

단계 4 : 발명원리 탐색

표 6-24 여객기 엔진의 기술적 모순(TC2) 해결에 활용할 발명원리 탐색 결과

공학 변수		발명원리 탐색 결과
개선	27(신뢰성)	8(평형추), 28(기계시스템 대체), 10(사전 조치), 3(국소적 성질)
악화	10(힘)	

단계 5 : 일반 해결안 도출

탐색된 발명원리를 활용하여 여객기 엔진의 기술적 모순 TC2를 제거하기 위해, [표 6-25]처럼 악화되는 특성인 '엔진 출력 저하'를 해소할 수 있는 아이디어, 즉 엔진 입구의 단면적을 늘일 수 있는 아이디어를 도출한다.

표 6-25 여객기 엔진의 기술적 모순(TC2) 해결을 위한 일반 해결안 도출

발명원리	일반 해결안
8(평형추)	엔진의 어떤 부족한 것을 보완해서 엔진 출력을 향상시키자. 엔진의 어떤 부족한 것을 보완해서 엔진 입구의 단면적이 커지게 만들자.
28(기계시스템 대체)	엔진을 어떤 시스템으로 대체해서 엔진 출력을 향상시키자. 엔진을 어떤 시스템으로 대체해서 엔진 입구의 단면적이 커지게 만들자.
10(사전 조치)	엔진에 어떤 사전 조치를 해서 엔진 출력을 향상시키자. 엔진에 어떤 사전 조치를 해서 엔진 입구의 단면적이 커지게 만들자.

발명원리	일반 해결안
3(국소적 성질)	엔진의 어떤 부분을 다르게 만들어서 엔진 출력을 향상시키자. 엔진의 어떤 부분을 다르게 만들어서 엔진 입구의 단면적이 커지게 만들자.

단계 6 : 특정 해결안 도출

지면과의 안전거리를 확보하면서도 엔진 입구가 커지도록 만드는 구체적인 해결안을 도출하기 위해, 3번 국소적 성질 원리를 적용한 일반 해결안을 기초로 [표 6-26]과 같은 특정 해결안을 도출했다.

표 6-26 여객기 엔진의 문제 해결을 위한 특정 해결안

아이디어 스케치	설명
그림 6-12 국소적 성질 원리를 활용한 여객기 엔진 문제 해결안 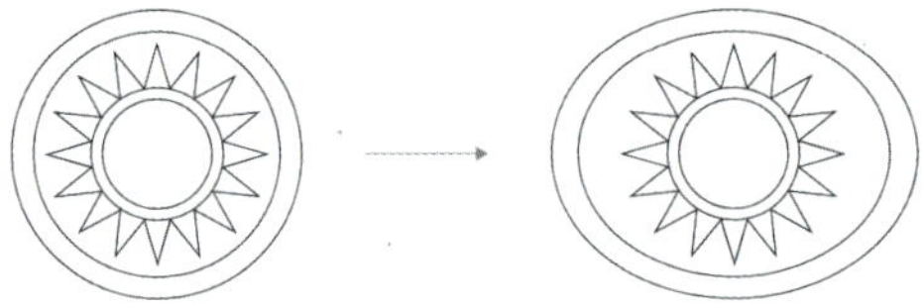 	지면과의 안전거리를 유지할 수 있도록 엔진의 세로 길이는 그대로 두고, 엔진 입구의 단면적을 크게 만들기 위해서 엔진의 가로 길이만 늘여서 정원형이 아닌 타원형으로 만든다.

[그림 6-12]의 아이디어를 기초로 실제로 개발된 여객기 엔진의 흡입구 모습은 [그림 6-13]과 같다.

그림 6-13 타원형 엔진 흡입구의 실제 모습

6.3.2 운동화의 기술적 모순 극복

운동화를 손으로, 특히 내부까지 깨끗하게 세탁하는 게 쉬운 일은 아니다. 그렇다고 외부만 씻고 내부를 제대로 씻지 않으면, 땀 냄새가 나서 주변 사람들을 불쾌하게 만들 수 있다.

그림 6-14 운동화 세탁의 문제점

위와 같이 인식된 운동화 문제를 기술적 모순 분석과 발명원리를 활용해서 해결하는 과정은 다음과 같다.

단계 1 : 기술적 모순 도출

운동화에는 여러 가지 기술적 모순이 포함되어 있는데, 현재 상황은 운동화의 세탁과 관련된 문제이므로 [표 6-27]과 같은 기술적 모순을 도출했다.

표 6-27 운동화의 기술적 모순 핵심 정의

구분	기술적 모순		
	조건	장점	단점
TC1	외부만 세탁하면	세탁이 쉬움	악취가 남
TC2	내부까지 세탁하면	악취가 안 남	세탁이 어려움

단계 2 : 기술적 모순 선택

표 6-28 운동화의 기술적 모순 선택

선택한 기술적 모순	선택 이유
TC2	악취가 나면 대인관계가 곤란해질 수 있으므로 내부까지 세탁해야 함

단계 3 : 공학 변수 선택

TC2는 개선되는 특성으로는 악취가 안 나는 것을, 악화되는 특성으로는 세탁이 어려운 점을 포함하고 있다. 악취는 운동화가 생성한 일종의 부작용이라고 볼 수 있고, 세탁이 어렵다는 점은 세척할 때 힘이 많이 든다는 것이므로, [표 6-29]와 같은 공학 변수를 선택했다.

표 6-29 운동화의 TC2에 포함된 공학 변수 선택

구분	개선되는 특성 (장점)	악화되는 특성 (단점)
기술적 모순(TC2)	악취가 안 남	세탁이 어려움
공학 변수	31(대상물이 생성한 부작용)	10(힘)

단계 4 : 발명원리 탐색

표 6-30 운동화의 기술적 모순(TC2) 해결에 활용할 발명원리 탐색 결과

공학 변수		발명원리 탐색 결과
개선	31 (대상물이 생성한 부작용)	35(속성 변환), 28(기계시스템 대체), 1(분할), 40(복합 재료)
악화	10 (힘)	

단계 5 : 일반 해결안 도출

탐색된 발명원리를 활용하여 운동화의 기술적 모순 TC2를 제거하기 위해 [표 6-31]처럼 악화되는 특성인 '세탁이 어렵다'는 문제를 해결하는 아이디어를 도출한다.

표 6-31 운동화의 기술적 모순(TC2) 해결을 위한 일반 해결안 도출

발명원리	일반 해결안
35(속성 변환)	운동화의 어떤 속성을 변화시켜서 세탁할 때 힘이 덜 들게 만들자.
28(기계시스템 대체)	운동화의 어느 부분을 시각이나 후각 등 사람의 감각을 이용하도록 만들어서 세탁이 수월하게 만들자.
1(분할)	운동화의 어떤 부분을 분할해서 세탁이 편리하게 만들자.
40(복합 재료)	운동화의 어떤 부분의 재료를 어떤 복합 재료로 변경해서 세탁이 편리하게 만들자. 운동화의 어떤 부분의 재료를 어떤 복합 재료로 변경해서 세탁이 불필요하게 만들자.

단계 6 : 특정 해결안 도출

내부까지 세탁해도 세탁이 쉽도록 하는 구체적인 해결안을 도출하기 위해, 1번 분할 원리를 적용한 일반 해결안을 기초로 [표 6-32]와 같은 특정 해결안을 도출했다.

표 6-32 운동화의 문제 해결을 위한 특정 해결안

아이디어 스케치	설명
그림 6-15 분할 원리를 활용한 운동화 문제 해결안 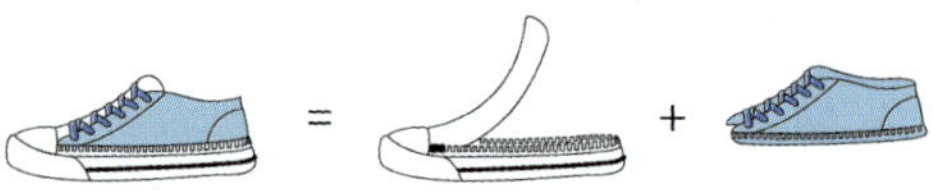	운동화의 아랫부분(아웃솔)과 윗부분(어퍼)을 분리한 후 지퍼로 연결해서 만들면, 세탁할 때 쉽게 분리해서 세탁할 수 있다.

[그림 6-15]의 아이디어를 기초로 윗부분(어퍼)을 자유롭게 교체할 수 있는 분리형 운동화가 실제로 특허 출원되었다. [그림 6-16]은 2008년 대한민국 세계 여성 발명대회에서 선보인 지퍼 분리형 운동화로, 이 특허는 평범한 가정주부였던 60대 여성이 발명한 것이다.

그림 6-16 지퍼 분리형 운동화, 체인지 파트너

6.3.3 유리 앰플의 기술적 모순 극복

유리 앰플 주사제는 전체 주사제 사용량의 약 50%를 차지하고 있는데, 유리 앰플을 개봉할 때 발생하는 아주 미세한 유리파편이 주사제에 들어가서 인체에 심각한 문제를 유발할 수 있다. 유리 앰플을 사용하는 주된 이유는 내용물의 화학적 변질을 방지할 수 있고 저렴하기 때문이다.

그림 6-17 유리 앰플 개방의 문제점

위와 같이 인식된 유리 앰플 문제를 기술적 모순 분석과 발명원리를 활용해서 해결하는 과정은 다음과 같다.

단계 1 : 기술적 모순 도출

유리 앰플에도 여러 가지 기술적 모순이 포함되어 있는데, 현재 상황은 앰플 개봉 시 발생하는 미세한 유리 파편이 인체에 심각한 문제를 유발하는 것이므로, [표 6-33]과 같이 기술적 모순을 도출했다.

표 6-33 유리 앰플의 기술적 모순 핵심 정의

구분	기술적 모순		
	조건	장점	단점
TC1	유리 재질로 만들면	주사제의 안전한 보관	유리파편 발생
TC2	플라스틱 재질로 만들면	유리파편 발생 방지	주사제의 화학적 변질

단계 2 : 기술적 모순 선택

표 6-34 유리 앰플의 기술적 모순 선택

선택한 기술적 모순	선택 이유
TC1	주사제의 화학적 변질은 인체에 훨씬 유해하기 때문에

단계 3 : 공학 변수 선택

TC1은 개선되는 특성으로는 주사제의 안전한 보관, 악화되는 특성으로는 유리파편 발생을 포함하고 있다. 주사제를 변질 없이 안전하게 보관하면 주사제라는 물질이 낭비되는 것을 방지할 수 있고, 유리파편이 발생한다는 것은 유리 재질로 인한 일종의 부작용으로 볼 수 있으므로, [표 6-35]와 같이 공학 변수를 선택했다. 한편 주사제가 안전하게 보관된다는 것은 앰플이 보관 기능을 제대로 수행한다는 의미이므로 개선되는 특성으로 27번 '신뢰성'을 선택할 수 있다. 또한 유리파편 발생은 앰플의 재료인 유리가 안정적이지 않은 것으로 볼 수 있으므로, 악화되는 특성으로 13번 '물체의 안정성'을 선택할 수도 있다.

표 6-35 유리 앰플의 TC1에 포함된 공학 변수 선택

구분	개선되는 특성 (장점)	악화되는 특성 (단점)
기술적 모순(TC1)	주사제의 안전한 보관	유리파편 발생
공학 변수	23(물질 낭비)	31(대상물이 생성한 부작용)

단계 4 : 발명원리 탐색

표 6-36 유리 앰플의 기술적 모순(TC1) 해결에 활용할 발명원리 탐색 결과

공학 변수		발명원리 탐색 결과
개선	23(물질 낭비)	10(사전 조치), 1(분할), 34(폐기와 재생), 29(공기, 유압 활용)
악화	31(대상물이 생성한 부작용)	

단계 5 : 일반 해결안 도출

탐색된 발명원리를 활용하여 유리 앰플의 기술적 모순 TC1을 제거하기 위해 [표 6-37]처럼 악화되는 특성인 '유리파편 발생'을 방지할 수 있는 아이디어를 도출한다.

표 6-37 유리 앰플의 기술적 모순(TC1) 해결을 위한 일반 해결안 도출

발명원리	일반 해결안
10(사전 조치)	유리 앰플에 어떤 사전 조치를 해서 유리파편 발생을 방지하자.
1(분할)	유리 앰플을 분할하여 만들어서 유리파편 발생을 방지하자.
34(폐기와 재생)	유리 앰플을 개봉할 때 발생하는 유리파편이 완전히 사라지도록 만들자.
29(공기, 유압 활용)	공기나 유압을 활용해서 유리파편 발생을 방지하는 방법을 모색하자.

단계 6 : 특정 해결안 도출

유리 재질로 앰플을 만들어도 유리파편이 발생하지 않도록 하는 구체적인 해결안을 도출하기 위해 10번 사전 조치 원리를 적용한 일반 해결안을 기초로 [표 6-38]과 같은 특정 해결안을 도출했다.

표 6-38 유리 앰플의 모순 해결을 위한 특정 해결안 (1)

아이디어 스케치	설명
그림 6-18 사전 조치 원리를 활용한 유리 앰플 문제 해결안 	커피믹스의 이지 컷(easy cut)처럼 강한 힘을 주지 않아도 유리 앰플의 목 부분이 쉽게 분리되도록 만들어 유리파편이 발생하지 않도록 한다.

유리앰플 주사제 사용의 유해성이 알려지면서 2000년대 중반부터 식약처에서는 [그림 6-19]와 같이 유리파편의 발생 방지를 위해 사전 조치를 해 둔 양질의 원 포인트 앰플(one point ampoule)이나 컬러 브레이크 앰플(color-break ampoule)의 사용을 권장하고 있다.

그림 6-19 사전 조치가 된 유리 앰플들

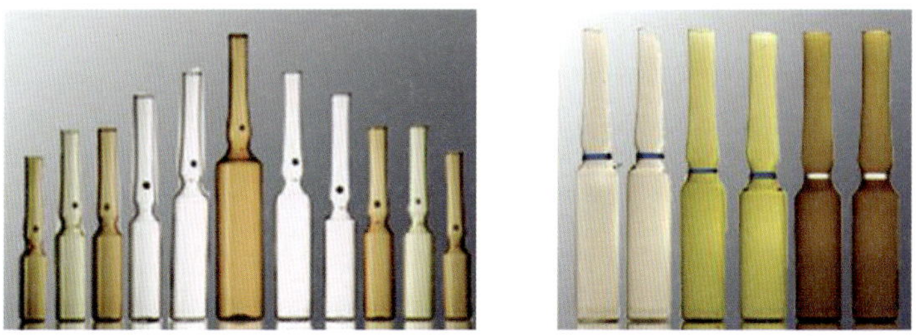

(a) 원 포인트 앰플(one point ampoule)　(b) 컬러 브레이크 앰플(color-break ampoule)

한편 1번 분할 원리를 적용한 일반 해결안을 기초로 [표 6-39]와 같은 특정 해결안을 도출할 수도 있다.

표 6-39 유리 앰플의 모순 해결을 위한 특정 해결안 (2)

아이디어 스케치	설명
그림 6-20 분할 원리를 활용한 유리 앰플 문제 해결안 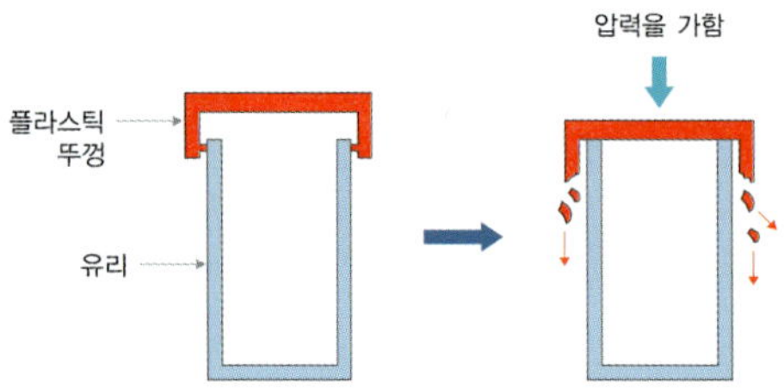	주사제 보관 부분과 봉합 부분을 분할해서 플라스틱 뚜껑이 있는 유리 앰플을 만든다. 플라스틱 뚜껑을 위에서 누르면 연결 부분이 떨어져나가므로 앰플을 쉽게 열 수 있다. 또한 연결 부분의 플라스틱 파편은 밖으로 떨어져나가므로 주사제 내부로는 들어가지 않는다.

[표 6-39]의 해결안의 경우, 주사제가 보관되는 부분은 유리 재질이기 때문에 화학적 변질을 방지할 수 있고, 가볍게 눌러서 플라스틱 뚜껑을 쉽게 열 수 있기 때문에 플라스틱 파편이 주사제 안으로 들어가는 것을 방지할 수 있는 좋은 아이디어이다. 하지만 유리 앰플에 비해 제조비용이 증가하는 게 단점이다.

6.3.4 깔때기의 기술적 모순 극복

액체나 곡물 등을 한꺼번에 많이 옮길 때 깔때기(funnel)를 주로 사용하는데, 사용하다보면 지구 자전의 영향으로 인해 내용물이 깔때기 출구를 통과할 때 시계방향으로 회전하면서 통과 속도가 느려지는 현상이 발생한다. 이 문제를 해결하기 위해 진동기(vibrator) 같은 부가 장치를 부착하면, 시스템이 복잡해지고 고장률도 증가할 수 있다. 어떻게 하면 깔때기의 통과 속도를 향상시킬 수 있을까?

그림 6-21 개선 대상인 깔때기

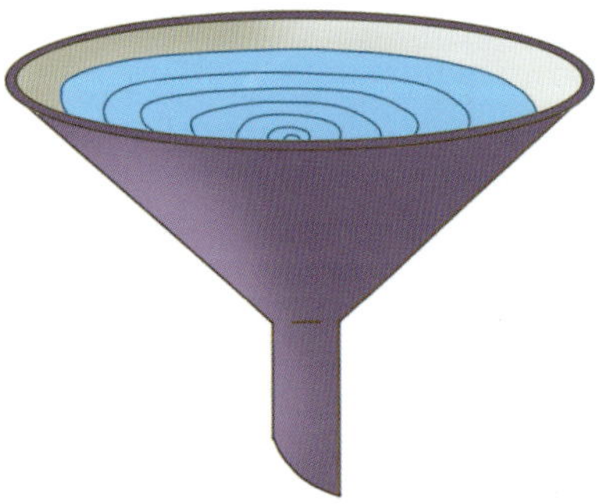

위와 같이 인식된 깔때기 문제를 기술적 모순 분석과 발명원리를 활용해서 해결하는 과정은 다음과 같다.

단계 1 : 기술적 모순 도출

표 6-40 깔때기의 기술적 모순 핵심 정의

구분	기술적 모순		
	조건	장점	단점
TC1	부가 장치를 부착하면	통과 속도 향상	시스템이 복잡함
TC2	부가장치를 부착하지 않으면	시스템이 단순함	통과 속도 저하

단계 2 : 기술적 모순 선택

표 6-41 깔때기의 기술적 모순 선택

선택한 기술적 모순	선택 이유
TC1	현재 깔때기의 통과 속도를 향상시켜서 업무 효율을 높이는 것이 급선무이므로

단계 3 : 공학 변수 선택

표 6-42 깔때기의 TC1에 포함된 공학 변수 선택

구분	개선되는 특성 (장점)	악화되는 특성 (단점)
기술적 모순(TC1)	속도	시스템의 복잡성
공학 변수	9(속도)	36(장치의 복잡성)

단계 4 : 발명원리 탐색

표 6-43 깔때기의 기술적 모순(TC1) 해결에 활용할 발명원리 탐색 결과

공학 변수		발명원리 탐색 결과
개선	9(속도)	10(사전 조치), 28(기계시스템의 대체), 4(비대칭), 34(폐기 및 재생)
악화	36(장치의 복잡성)	

단계 5 : 일반 해결안 도출

탐색된 발명원리를 활용하여 깔때기의 기술적 모순 TC1을 제거하기 위해 [표 6-44]처럼 악화되는 특성인 '장치의 복잡성'을 해결할 수 있는 아이디어를 도출한다.

표 6-44 깔때기의 기술적 모순(TC1) 해결을 위한 일반 해결안 도출

발명원리	일반 해결안
10(사전 조치)	깔때기에 어떤 사전 조치를 해서 시스템을 단순하게 만들자.
28(기계시스템 대체)	깔때기를 어떤 기계시스템으로 대체해서 시스템을 단순하게 만들자.
4(비대칭)	깔때기의 어떤 부분을 비대칭으로 만들어서 시스템을 단순하게 만들자.
34(폐기 및 재생)	깔때기의 어떤 부분을 폐기 또는 재생해서 시스템을 단순하게 만들자.

단계 6 : 특정 해결안 도출

부가 장치를 부착해도 시스템이 복잡해지지 않는 구체적인 해결안을 도출하기 위해, 4번 비대칭 원리를 적용한 일반 해결안을 기초로 [표 6-45]와 같은 특정 해결안을 도출했다.

표 6-45 깔때기의 문제 해결을 위한 특정 해결안

아이디어 스케치	설명
그림 6-22 비대칭 원리를 활용한 비대칭 깔때기 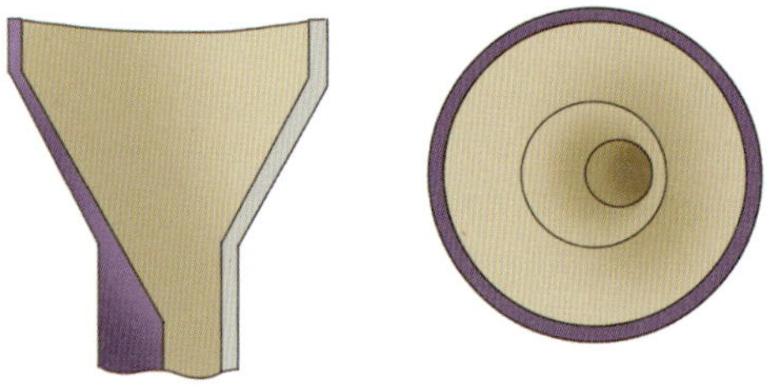 (a) 옆에서 본 단면 (b) 위에서 본 단면	깔때기 출구를 비대칭으로 만들어서 액체가 빠져나갈 때 소용돌이의 반경이 작아지게 만들면, 부가 장치 없이도 액체의 통과 속도를 향상시킬 수 있다.

6.3.5 코 필터의 기술적 모순 극복

꽃가루 알레르기가 있는 사람은 봄이 되면 몹시 괴로운데, 특히 여성의 경우에는 화장이 지워질 염려 때문에 마스크를 쓰기도 어렵다. 이런 문제를 해결하기 위해 가운데 구멍이 뚫려 있는 코 필터를 발명했는데, 필터 구멍이 작아서 호흡이 곤란하다는 소비자의 불만이 제기되었다. 그렇다고 구멍을 크게 만들면 꽃가루를 제대로 거를 수 없게 된다.

그림 6-23 코 필터

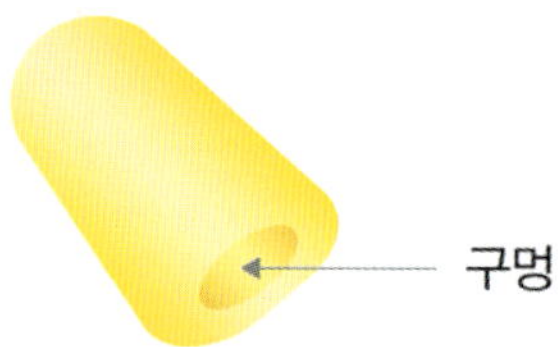

위와 같이 인식된 코 필터 문제를 기술적 모순 분석과 발명원리를 활용해서 해결하는 과정은 다음과 같다.

단계 1 : 기술적 모순 도출

표 6-46 코 필터의 기술적 모순 핵심 정의

구분	기술적 모순		
	조건	장점	단점
TC1	필터 구멍이 크면	원활한 호흡 가능	꽃가루 필터링 성능 저하
TC2	필터 구멍이 작으면	꽃가루 필터링 성능 양호	원활한 호흡 곤란

단계 2 : 기술적 모순 선택

표 6-47 코 필터의 기술적 모순 선택

선택한 기술적 모순	선택 이유
TC2	꽃가루 알레르기 때문에 사용하는 것이므로 꽃가루 필터링 성능이 좋아야 함

단계 3 : 공학 변수 선택

TC2는 개선되는 특성으로는 꽃가루 필터링 성능 향상을, 악화되는 특성으로는 원활한 호흡 곤란을 포함하고 있다. 꽃가루 필터링 성능이 좋다는 것은 코 필터가 의도된 기능을 제대로 수행한다는 것이고, 원활한 호흡이 곤란하다는 것은 코 필터를 사용했을 때 발생하는 부작용이므로, [표 6-48]과 같이 공학 변수를 선택했다.

표 6-48 코 필터의 TC2에 포함된 공학 변수 선택

구분	개선되는 특성 (장점)	악화되는 특성 (단점)
기술적 모순(TC2)	꽃가루 필터링 성능 양호	원활한 호흡 곤란
공학 변수	27(신뢰성)	31(대상물이 생성한 부작용)

단계 4 : 발명원리 탐색

표 6-49 코 필터의 기술적 모순(TC2) 해결에 활용할 발명원리 탐색 결과

공학 변수		발명원리 탐색 결과
개선	27(신뢰성)	35(속성 변환), 2(추출), 40(복합 재료), 26(복제)
악화	31(대상물이 생성한 부작용)	

단계 5 : 일반 해결안 도출

탐색된 발명원리를 활용하여 코 필터의 기술적 모순 TC2를 제거하기 위해서 [표 6-50]처럼 악화되는 특성인 '원활한 호흡 곤란'을 해결할 수 있는 아이디어를 도출한다.

표 6-50 코 필터의 기술적 모순(TC2) 해결을 위한 일반 해결안 도출

발명원리	일반 해결안
35(속성 변환)	코 필터 재질의 속성을 변화시켜서 원활한 호흡이 가능하게 만들자.
2(추출)	코 필터에서 꼭 필요한 어떤 부분만 추출해서 원활한 호흡이 가능하게 만들자. 코 필터에서 불필요한 어떤 부분을 추출해서 원활한 호흡이 가능하게 만들자.
40(복합 재료)	어떤 복합 재료로 코 필터를 만들어서 원활한 호흡이 가능하게 만들자.
26(복제)	무언가를 복제해서 코 필터를 만들어 원활한 호흡이 가능하게 만들자.

단계 6 : 특정 해결안 도출

코 필터의 구멍이 작으면서도 원활한 호흡이 가능하도록 하는 구체적인 해결안을 도출하기 위해 40번 복합 재료 원리를 적용한 일반 해결안을 기초로 [표 6-51]과 같은 특정 해결안을 도출했다.

표 6-51 코 필터의 문제 해결을 위한 특정 해결안

아이디어 스케치	설명
그림 6-24 복합 재료 원리를 활용한 코 필터 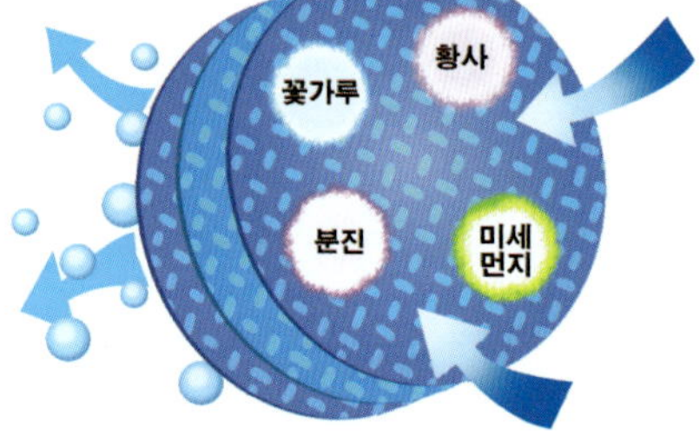	미세 섬유들이 상호 결합해서 거미줄 같은 구조 형태를 갖는 3차원 섬유 집합체인 멜트블로운(meltblown) 부직포와 일반 부직포를 겹쳐서 코 필터를 만들면, 코 필터의 구멍이 작아도 원활한 호흡에는 전혀 문제가 없다.

[그림 6-24]의 아이디어를 기초하여 실제로 S/M/S[Spunbond/Meltblown/Spunbond]라는 복합 소재를 이용해서, [그림 6-25]처럼 꽃가루 필터링 효율이 높고 인체에 무해한 3중 구조의 필터와 투명 클립으로 구성된 코 삽입형 필터인 노스크[NOSK]가 개발됐다.

그림 6-25 코 삽입형 필터, 노스크(NOSK)

학습정리

1. 모순 행렬이 무엇인지 설명하라.
2. 공학 변수가 무엇인지 설명하라.
3. 모순 행렬을 이용해서 발명원리를 탐색하는 방법에 대해 설명하라.
4. 발명원리를 활용해서 기술적 모순을 해결하는 접근법에 대해 설명하라.
5. 발명원리를 활용해서 기술적 모순을 해결하는 6단계의 단계별 주요 내용을 설명하라.

토론실습

토론의 효율을 높이려면?

토론에 앞서 먼저 자신의 생각을 포스트잇이나 작은 메모지에 작성한 후, 팀원들이 돌아가면서 각자 자신의 생각을 발표한 다음 함께 토론한다.

주제 1 모순 행렬이란?

모순 행렬이 무엇이며, 무엇을 위해 필요한 것인지 팀원들과 토론한 다음, 팀의 의견을 작성해서 발표하시오.

주제 2 발명원리로 기술적 모순 극복하기

발명원리를 활용해서 기술적 모순을 극복할 수 있는 아이디어를 도출하는 방법에 대해 팀원들과 토론한 다음, 팀의 의견을 작성해서 발표하시오.

실습과제

과제 1 교재의 기술적 모순 극복하기

한 출판사에서 대학 교재를 출판하려고 한다. 유익한 내용을 많이 담으려면 책이 두꺼워지는데, 책이 두꺼우면 휴대가 불편해서 학생들이 책을 사려 하지 않는 문제가 발생한다. 기술적 모순 분석과 발명원리를 활용해서 이 문제를 해결하는 창의적 아이디어를 도출하시오.

■ 단계 1 : 기술적 모순 도출

구분	기술적 모순		
	조건	장점	단점
TC1			
TC2			

■ 단계 2 : 기술적 모순 선택

선택한 기술적 모순	선택 이유

■ 단계 3 : 공학 변수 선택

구분	개선되는 특성(장점)	악화되는 특성(단점)
기술적 모순 (　　　　　　)		
공학 변수		

실습과제

■ 단계 4 : 발명원리 탐색

공학 변수		발명원리 탐색 결과
개선		
악화		

■ 단계 5 : 일반 해결안 도출

발명원리	일반 해결안

■ 단계 6 : 특정 해결안 도출

아이디어 스케치	설명

실습과제

과제 2 수세식 양변기의 기술적 모순 극복하기

수세식 양변기에는 악취가 올라오는 것을 방지하기 위해 U자 모양의 트랩(또는 사이펀)이 설치되어 있는데, 이 트랩으로 인해 물이 많이 낭비된다. 그렇다고 트랩을 제거하는 것은 악취 때문에 매우 불쾌하고 비위생적이다. 기술적 모순 분석과 발명원리를 활용해서 이 문제를 해결하는 창의적 아이디어를 도출하시오.

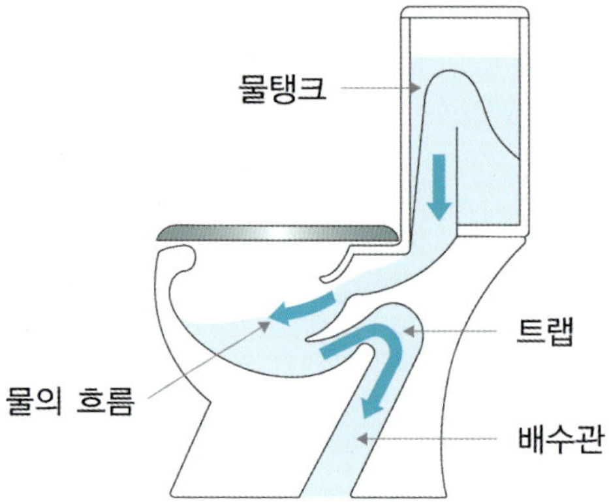

■ 단계 1 : 기술적 모순 도출

구분	기술적 모순		
	조건	장점	단점
TC1			
TC2			

■ 단계 2 : 기술적 모순 선택

선택한 기술적 모순	선택 이유

■ 단계 3 : 공학 변수 선택

구분	개선되는 특성(장점)	악화되는 특성(단점)
기술적 모순 ( )		
공학 변수		

실습과제

■ 단계 4 : 발명원리 탐색

공학 변수		발명원리 탐색 결과
개선		
악화		

■ 단계 5 : 일반 해결안 도출

발명원리	일반 해결안

■ 단계 6 : 특정 해결안 도출

아이디어 스케치	설명

실습과제

과제 3 유리 앰플 밀봉의 기술적 모순 해결하기

유리 앰플에 주사제를 주입한 후 밀봉하기 위해서는 앰플의 끝 부분을 용접해야 하는데, 불꽃의 크기를 일정하게 적절한 크기로 조절하는 것이 쉽지 않다. 용접 온도가 낮아서 불꽃이 너무 작으면 밀봉이 제대로 안 되고, 용접 온도가 높아서 불꽃이 너무 크면 주사제가 변질되는 문제가 자주 발생하는 것이다. 기술적 모순 분석과 발명원리를 활용해서 이 문제를 해결하는 창의적 아이디어를 도출하시오.

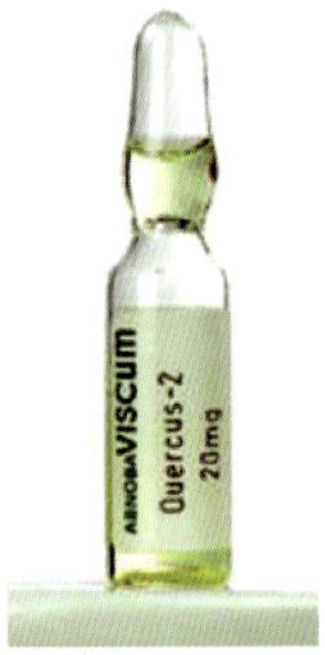

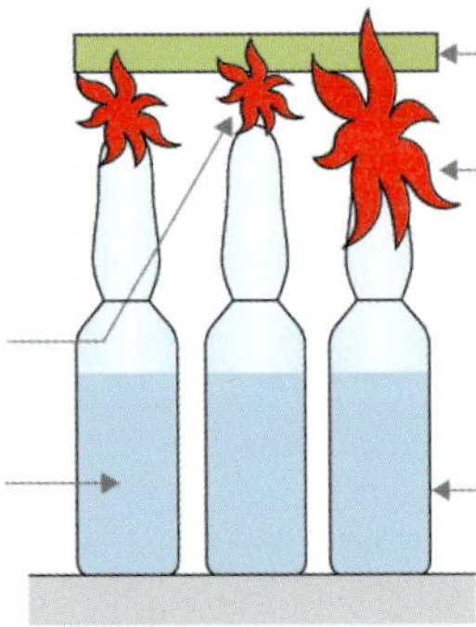

■ 단계 1 : 기술적 모순 도출

구분	기술적 모순		
	조건	장점	단점
TC1			
TC2			

■ 단계 2 : 기술적 모순 선택

선택한 기술적 모순	선택 이유

■ 단계 3 : 공학 변수 선택

구분	개선되는 특성(장점)	악화되는 특성(단점)
기술적 모순 ( )		
공학 변수		

실습과제

■ 단계 4 : 발명원리 탐색

공학 변수		발명원리 탐색 결과
개선		
악화		

■ 단계 5 : 일반 해결안 도출

발명원리	일반 해결안

■ 단계 6 : 특정 해결안 도출

아이디어 스케치	설명

실습과제

과제 4 칫솔모의 기술적 모순 해결하기

칫솔모는 너무 가늘면 칫솔질 할 때 칫솔모를 지탱하기 어렵고, 너무 굵으면 잇몸까지 닿지 않기 때문에 이 사이의 이물질을 깨끗이 제거하기 어렵다. 기술적 모순 분석과 발명원리를 활용해서 이 문제를 해결하는 창의적 아이디어를 도출하시오.

■ 단계 1 : 기술적 모순 도출

구분	기술적 모순		
	조건	장점	단점
TC1			
TC2			

■ 단계 2 : 기술적 모순 선택

선택한 기술적 모순	선택 이유

■ 단계 3 : 공학 변수 선택

구분	개선되는 특성(장점)	악화되는 특성(단점)
기술적 모순 ( )		
공학 변수		

실습과제

■ 단계 4 : 발명원리 탐색

공학 변수		발명원리 탐색 결과
개선		
악화		

■ 단계 5 : 일반 해결안 도출

발명원리	일반 해결안

■ 단계 6 : 특정 해결안 도출

아이디어 스케치	설명

PART 2

7장

모순투성이 세상에서 살아남는 법, 둘

- 분리원리로 물리적 모순 극복하기
Physical Contradiction & Separation Principles

분리원리는 트리즈의 창시자인 알트슐러가 전 세계 수백만 건의 특허 분석을 통해서 알아낸, 물리적 모순 해결에 공통적으로 사용된 원리를 정리한 것이다. 이 장에서는 분리원리가 무엇이며, 분리원리를 활용해서 물리적 모순을 극복하는 방법에 대해 설명하고, 다양한 물리적 모순 극복 사례를 제시할 것이다.

7.1 분리하자!

7.2 분리원리로 물리적 모순 극복하기

7.3 물리적 모순 극복 사례

학습정리 토론실습 실습과제

학습목표

- 분리원리가 무엇인지 설명할 수 있다.
- 4가지 분리원리의 차이점을 설명할 수 있다.
- 분리원리를 적용하기 위해 분리 질문을 할 수 있다.
- 분리원리를 활용한 물리적 모순 극복의 6단계를 나열할 수 있다.
- 분리원리를 활용해서 물리적 모순을 극복할 수 있다.

7.1

분리하자!

7.1.1 타협할 것인가? 분리할 것인가?

물리적 모순Physical Contradiction은 하나의 기술적 특성에 부과되는 상반된 요구 상황으로, 하나의 특성이 갖는 값들이 서로 충돌하는 것이다. 예를 들어 공ball의 특성 가운데 하나인 색상color의 경우, 어두운 밤에 사용하기에는 '흰색(또는 형광색)'이 좋지만, 낮에 사용하기에는 '검은색'이 좋은 상황이 바로 물리적 모순이다.

이 같은 물리적 모순 상황에 직면하면 대개 타협을 통해서 모순을 회피하려는 경향이 있다. 즉 완전히 희지도 않고 완전히 검지도 않은 회색 공을 만들거나, 검은색 공과 흰색 공을 각각 만들어서 사용자가 선택적으로 사용하도록 하는 것이다.

그림 7-1 물리적 모순 상황과 타협안

하지만 트리즈에서는 이런 타협안을 허용하지 않으며, 두 가지 상반되는 특성 값을 모두 만족시키는 해결안을 도출해서 모순을 극복해야 한다. 즉 하나의 공으로 밤낮 구분 없이 사용할 수 있어야 한다는 뜻이다. 이런 혁신적인 공을 개발하려면 어떻게 해야 할까? 그 답은 바로 '분리원리'에 있다. 트리즈에서는 분리원리를 활용하여 모순된 특성 값을 분리함으로써 물리적 모순을 극복할 수 있다.

타협하지 말고 모순을 분리하라!

모순된 요구를 분리하는 것 외에도 물리적 모순을 해결하기 위해서 모순된 요구를 동시에 둘 다 만족시키거나, 무시하고 우회하는 방법도 있지만, 여기서는 분리해서 둘 다를 만족시키는 방법에 대해서만 소개한다.

7.1.2 분리원리란?

분리원리Separation Principles란 **트리즈에서 물리적 모순을 해결하기 위해 상반되는 요구, 즉 특성 값을 분리하는 방법이다.** 고전적 트리즈에는 원래 총 11개의 분리원리가 있는데, 그 중 [표 7-1]의 4가지 원리를 가장 많이 사용한다.

표 7-1 4가지 분리원리

분리원리	분리 방법
시간 분리 (Separation in Time)	모순되는 요구를 시간에 따라 분리해서 상반되는 특성 값을 모두 만족시킨다.
공간 분리 (Separation in Space)	모순되는 요구를 공간에 따라 분리해서 상반되는 특성 값을 모두 만족시킨다.
조건 분리 (Separation on Condition)	모순되는 요구를 조건(상황)에 따라 분리해서 상반되는 특성 값을 모두 만족시킨다.
전체와 부분 분리 (Separation in System Level)	모순되는 요구를 시스템 전체와 부분으로 분리해서 상반되는 특성 값을 모두 만족시킨다.

7.1.3 시간을 분리하자

시간 분리Separation in Time란 **어떤 특성 A에 대한 상반되는 요구를 시간적으로 분리해서 모두 만족시키는 방법**으로, 어떤 시간에는 a라는 요구를 만족시키고, 다른 시간에는 −a라는 상반되는 요구를 만족시킨다. 즉 시간 분리는 시간에 따라 요구 사항을 분리해서 모순되는 요구를 모두 만족시키는 방법이다.

따라서 만약 특성 값 a 또는 −a가 항상 필요한 것이 아니라 특정 시간에만 필요하다면 시간 분리를 활용할 수 있다. 이때 a 또는 −a라는 값이 요구되는 시간이나 시점이 언제인지를 결정하는 것이 중요하다.

그림 7-2 시간 분리의 의미

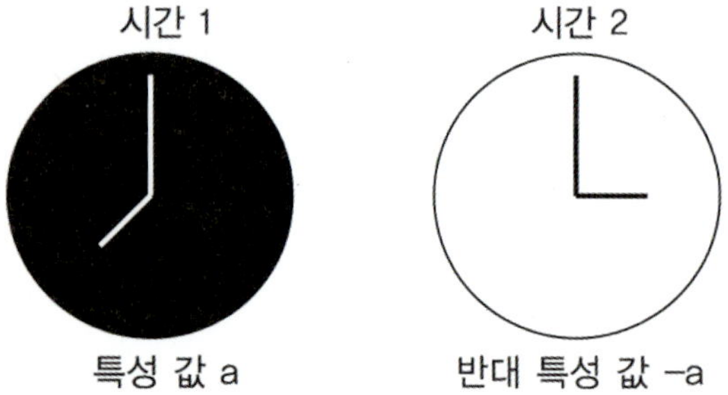

예를 들어 어떤 거리를 사람만 다니게 하면 자동차 운전자가 불편하고, 자동차만 다니게 하면 사람이 불편할 텐데, 어떻게 하면 둘 다 만족시킬 수 있을지를 생각해보자. 이미 잘 알다시피 그 해법은 신호등이다. 일정한 시간 간격으로 파란불과 빨간불이 번갈아 켜지게 해서 보행자를 기준으로 파란불일 때는 사람이, 빨간불일 때는 자동차가 지나가도록 하는 신호등이 바로 시간 분리에 의한 해결안인 것이다.

그림 7-3 신호등을 이용한 시간 분리 사례

만약 신호등 대신 육교를 설치했다면, 이는 다음에 설명할 공간 분리에 해당한다. 한편 신호등의 색이 파란색이냐 빨간색이냐에 초점을 맞춘다면 이는 조건 분리로 설명할 수도 있다. 이처럼 하나의 해결안은 관점에 따라 다른 분리원리로도 설명할 수 있다.

다음으로 다양한 시간 분리 사례들을 열거했다.

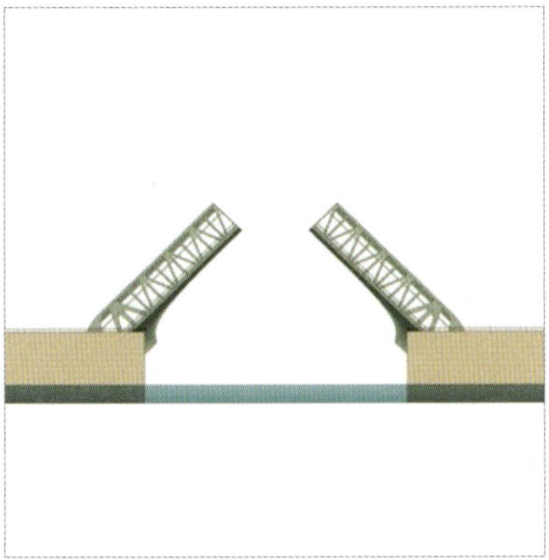

도개교

선박이 통과할 수 있도록 정해진 시간마다 다리가 위로 열리는 구조로 된 다리

바늘귀가 커지는 바늘

윗부분을 눌렀을 때만 바늘귀가 커짐

서울 광장 분수

하절기에만 가동함

- 베니싱 스프레이
- 정기 세일
- 비수기 할인
- 바이크 버스
- 점심시간 교대 식사
- 모닝 파마 할인
- 조조할인
- 강의실 활용
- 방학
- 근무시간
- 심야 전기 할인
- PC방 심야 청소년 출입 금지
- 패스트푸드 런치 메뉴
- 성수기 요금

앞에서 설명한 바와 같이 동전의 양면처럼 서로를 감추고 있는 기술적 모순과 물리적 모순처럼, 발명원리와 분리원리도 서로 무관하지 않다. 시간 분리가 필요할 때에 [표 7-2]와 같은 발명원리를 함께 활용하면 보다 효과적으로 아이디어를 도출할 수 있다.

표 7-2 시간 분리에 활용할 수 있는 발명원리

분리원리	발명원리	
시간 분리	1번 분할	7번 포개기
	9번 사전 반대 조치	10번 사전 조치
	11번 사전 예방	15번 역동성
	16번 초과나 부족 조치	18번 기계적 진동
	19번 주기적 작용	21번 고속 처리
	24번 매개체	26번 복제
	27번 일회용품	29번 공기나 유압
	34번 폐기와 재생	37번 열팽창

예를 들어 앞에서 소개한 바늘귀가 커지는 바늘은 역동성 원리를 활용한 것으로, 실을 꿸 때는 귀가 커지고, 바느질 할 때는 귀가 작아지도록 만든 것이다. 한편 이 사례는 뒤에서 설명할 조건 분리로 설명할 수도 있다.

여기서 잠깐 사자성어에서 발견한 시간 분리

간사한 꾀로 사람을 속여 희롱하거나 눈앞에 보이는 차이만 아는 어리석음을 빗댄 말이다.

7.1.4 공간을 분리하자

공간 분리Separation in Space란 **어떤 특성 A에 대한 상반되는 요구를 공간적으로 분리해서 모두 만족시키는 방법**으로, **어떤 공간에서는 a라는 요구를 만족시키고, 또 다른 공간에서는 −a라는 상반되는 요구를 만족시키는 방법**이다. 즉 공간에 따라 요구 사항을 분리해서 모순되는 요구를 모두 만족시키는 방법인 것이다.

따라서 만약 특성 값 a 또는 −a가 항상 필요한 것이 아니라 특정 공간에서만 필요하다면 공간 분리를 활용할 수 있다. 이때 a 또는 −a라는 값이 요구되는 공간이 어디인지를 결정하는 것이 중요하다.

그림 7-4 공간 분리의 의미

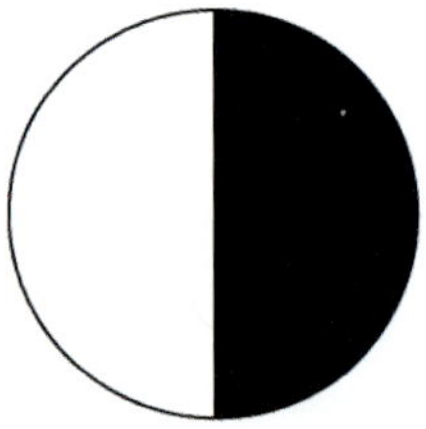

특성 값 a 반대 특성 값 -a

예를 들어 적절한 냉장고 온도는 과일이나 야채를 보관하는 데에는 5℃ 정도, 생선이나 육류를 보관하는 데에는 −18℃ 정도인데, 야채와 육류를 동시에 보관하려면 어떻게 해야 할까? 이미 잘 알다시피 냉장고 공간을 상하 또는 좌우로 분리해서, 한 칸은 −18℃를 유지하고 다른 칸은 5℃를 유지하도록 하면 된다. 바로 공간을 분리한 해결안이다.

그림 7-5 냉장고의 공간 분리 사례

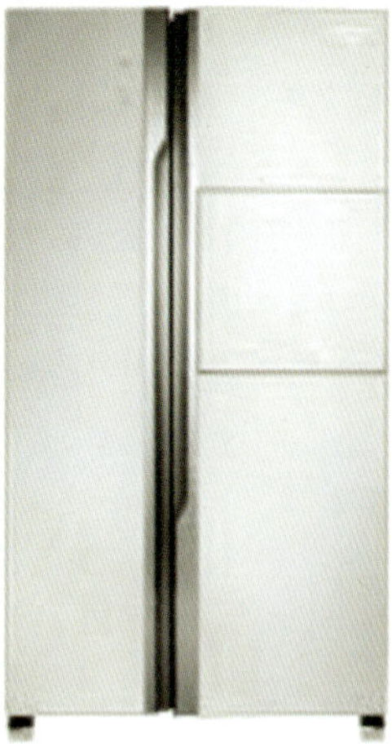

다음은 공간 분리가 적용된 사례들이다.

도시락통

하나의 도시락에 밥과 반찬, 국까지 함께 담을 수 있음

우주선의 추진로켓

추진로켓의 연료가 소모되면 자동 분리되도록 추진로켓을 우주선과 분리시킴

쇼핑카트

무거운 물건을 아랫부분에 따로 실을 수 있도록 만든 쇼핑카트

- 쇄빙선
- 지하도
- 스쿨 존
- 종이컵 홀더
- 쿠쿠 나누미
- 시내버스 전용차로
- 고가도로
- 장애인 주차구역
- 방탄조끼
- 노약자석
- 짬짜면 그릇
- 여성 전용 주차장
- 다초점 렌즈
- 비행기 1등석
- 수유실
- 육교
- 흡연 공간
- 장애인 화장실

공간 분리가 필요할 때 [표 7-3]과 같은 발명원리를 함께 활용하면 보다 효과적으로 아이디어를 도출할 수 있다.

표 7-3 공간 분리에 활용할 수 있는 발명원리

분리원리	발명원리	
공간 분리	1번 분할	2번 추출
	3번 국소적 성질	4번 비대칭
	7번 포개기	13번 반대로 하기

분리원리	발명원리	
공간 분리	14번 구형화/곡선화	17번 차원 변경
	24번 매개체	26번 복제
	30번 유연한 막/얇은 필름	40번 복합 재료

예를 들어 종이컵 홀더는 7번 포개기 원리를 활용해서 손으로 잡는 부분에만 끼워서 사용하도록 만들었고, 방탄조끼의 경우에는 2번 추출 원리를 활용해서 가장 중요한 몸통 부분을 보호하면서 가볍게 착용할 수 있도록 조끼 형태로 만든 것이다.

7.1.5 조건을 분리하자

조건 분리Separation on Condition란 **어떤 특성 A에 대한 상반되는 요구를 조건이나 상황에 따라 분리해서 모두 만족시키는 방법**으로, **어떤 조건에서는 a라는 요구를 만족시키고, 또 다른 조건에서는 −a라는 상반되는 요구를 만족시키는 방법**이다.

따라서 만약 특성 값 a 또는 −a가 항상 필요한 것이 아니라 특정 조건에서만 필요하다면, 조건 분리를 활용할 수 있다. 이때 a 또는 −a라는 값이 요구되는 조건이 무엇인지를 결정하는 것이 중요하다.

그림 7-6 조건 분리의 의미

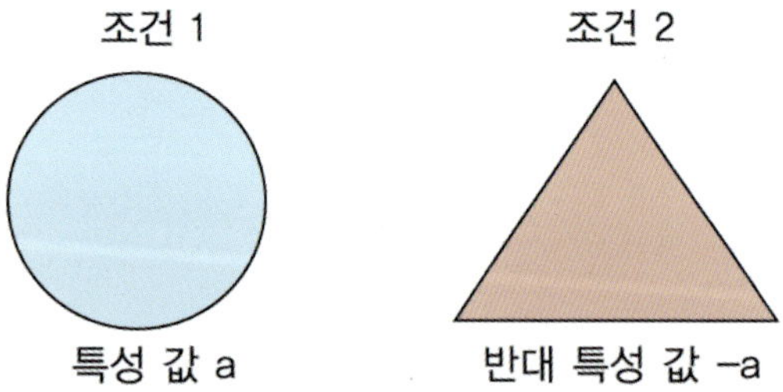

예를 들어 시중 은행들은 경기불황으로 인해 대출 금리를 내리라는 요구와 함께, 신용도가 낮은 고객도 대출해주라는 요구를 받고 있다. 이때 대출 금리를 무조건 내리면 은행의 수익 감소가 염려되고, 신용도가 낮은 고객에게 대출해 줄 경우에는 대출 상환이 염려된다. 어떻게 이 문제를 해결할 수 있을까? 흔히 쓰이는 해법은 고객의 신용도에 따라 대출 금리를 차등화하는 것이다. 즉 신용도가 높은 고객에게는 대출 금리를 할인해주고, 신용도가 낮은 고객에게는 대출은 해주되 높은 금리를 받아서, 두 가지 요구 조건을 모두 만족시킨 것이다.

다음은 조건 분리가 적용된 예들이다.

거름망

큰 것은 걸러지고 작은 것은 통과함

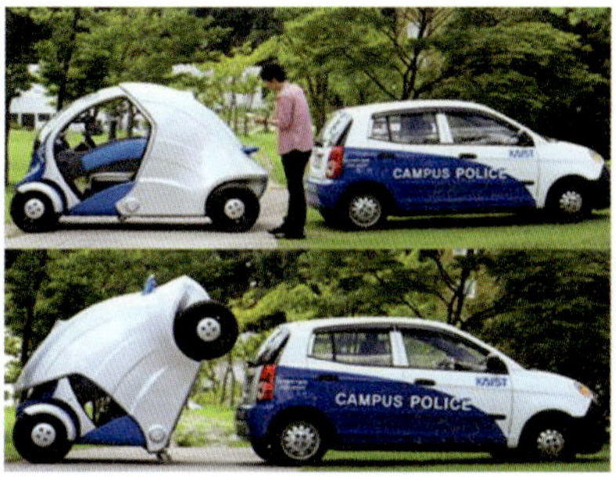

초소형 전기 자동차, 아마딜로-T

주차 공간이 부족한 경우에는 반으로 접을 수 있음

접이식 자전거

자전거를 탈 수 없는 환경에서는 쉽게 접어서 배낭처럼 맬 수 있음

- 센서등
- 자동문
- 화면 보호기
- 마술 장미
- 밝기 감지 가로등
- 채반
- 고속도로 차선제
- 센서 수도꼭지
- 조광 렌즈
- 인센티브
- 가변 차선
- 단골 고객 할인제
- 포상 휴가
- 도난 방지 출입문
- 동작 감지 CCTV
- 소주나 맥주의 온도 라벨

밝기 감지 가로등은 주변 밝기를 감지해서 어두우면 자동으로 켜지고, 밝으면 자동으로 꺼지는 가로등으로, 관점에 따라서는 시간 분리로도 볼 수 있다. 이처럼 사례에 따라서는 조건 분리와 시간 분리를 구별하는 관점이 달라질 수 있다. 조건 분리가 필요할 때는 [표 7-4]와 같은 발명원리를 함께 활용해보자.

표 7-4 조건 분리에 활용할 수 있는 발명원리

분리원리	발명원리	
조건 분리	3번 국소적 성질	7번 포개기
	15번 역동성	17번 차원 변경
	19번 주기적 작용	25번 셀프서비스
	28번 기계시스템 대체	29번 공기나 유압
	31번 구멍/다공성 물질	32번 색 변경
	35번 속성 변환	36번 상전이
	38번 활성화/산화 가속	39번 비활성화/불활성 환경

예를 들어 접을 수 있는 초소형 전기 자동차나 접이식 자전거는 7번 포개기 원리 또는 15번 역동성 원리를 활용해서 상황에 따라 접어서 주차하거나 접어서 맬 수 있도록 만든 것이다. 한편 온도에 따라 색이 변하는 마술 장미는 색 변경 원리를 활용한 것이고, 거름망은 31번 구멍/다공성 물질 원리를 활용한 것으로 볼 수 있다.

여기서 잠깐 **파충류도 활용하는 조건 분리**

위협이 닥치면 보호색으로 변하는 카멜레온 트리즈를 배운 게 아닐까?

7.1.6 전체와 부분을 분리하자

전체와 부분 분리Separation in System Level란 **어떤 특성 A에 대한 상반되는 요구를 시스템 전체와 부분에 따라 분리해서 모두 만족시키는 방법**으로, **전체적으로는 a라는 요구를 만족시키지만, 부분적으로는 −a라는 상반되는 요구를 만족시키는 방법**이다. 즉 전체와 부분으로 요구 사항을 분리해서 모순되는 요구를 모두 만족시키는 방법으로, [그림 7-7]처럼 부분적으로는 원형이지만 많은 원형이 모여서 전체적으로 사각형을 이루는 것과 같다.

그림 7-7 전체와 부분 분리의 의미

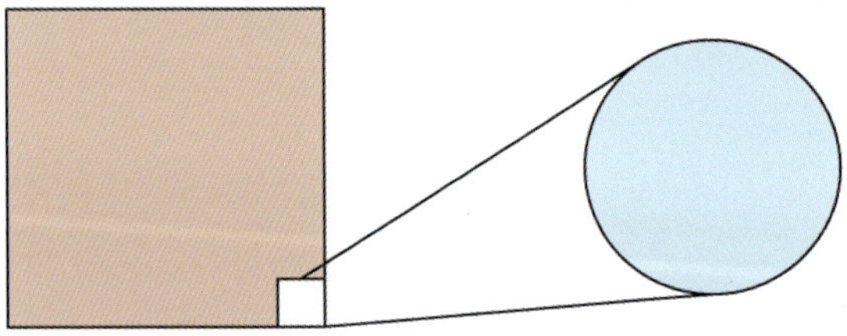

따라서 만약 특성 값 a 또는 −a가 시스템 전체에 필요한 것이 아니라 특정 부분에서만 필요하다면, 전체와 부분 분리를 활용할 수 있다. 이때 a 또는 −a라는 값이 요구되는 부분이 어디인지를 결정하는 것이 중요하다.

예를 들어 전체적으로는 광고가 없는 듯이 보이지만, 부분적으로 고객 맞춤형 광고를 표시하는 것이 좋은 예다. 광고료가 가장 비싼 첫 화면에 광고가 전혀 없기 때문에 전체적으로 광고가 없는 것처럼 보이고 접속 속도도 매우 빠르다. 그러면서도 사용자가 검색을 하면 그 검색어와 관련된 광고만 부분적으로 표시해서 사용자가 광고로 인한 불편함을 크게 느끼지 않도록 하였다.

그림 7-8 구글의 전체와 부분 분리 사례

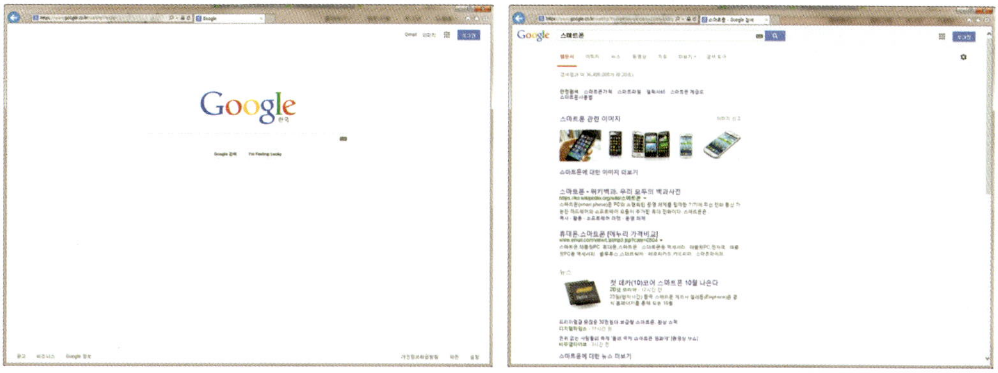

(a) 광고가 전혀 없는 첫 화면　　(b) 검색어에 맞는 고객 맞춤 광고를 표시한 화면

이처럼 전체와 부분 분리를 적용한 사례들을 좀 더 살펴보자.

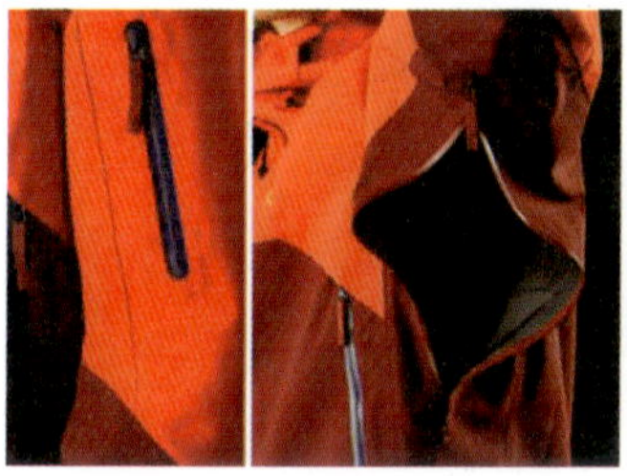

방수 재킷

겨드랑이 부분을 열 수 있어서 습기 배출이 용이하게 만든 방수 재킷

태극기

베이징 올림픽 주역들의 얼굴 사진으로 만든 태극기

피겨 스케이트날

전체적으로는 날카롭지만, 정지하기 쉽게 앞부분만 요철로 만듦

- 밧줄
- 퍼즐
- 빵 끈
- 레고 블록
- 자전거 체인
- 카드 섹션
- 동력 전달 벨트
- 아파트 현관문 렌즈 구멍
- 자동차 앞 유리 색
- 기차

전체와 부분 분리가 필요할 때는 [표 7-5]와 같은 발명원리를 함께 활용해 보자.

표 7-5 전체와 부분 분리에 활용할 수 있는 발명원리

분리원리	발명원리	
전체와 부분 분리	1번 분할	3번 국소적 성질
	5번 통합	6번 다용도
	12번 높이 맞추기	15번 역동성

분리원리	발명원리	
전체와 부분 분리	17번 차원 변경 24번 매개체 30번 얇은 막 40번 복합 재료	22번 전화위복 27번 일회용품 33번 동질성

예를 들어 피겨 스케이트 날은 3번 국소적 성질 원리를, 레고 블록은 1번 분할 원리를 활용한 것으로 볼 수 있다.

여기서 잠깐 예술가도 활용하는 전체와 부분 분리

상상력의 대가, 쥬세페 아르침볼도의 사서(Librarian)

책과 책갈피, 먼지떨이 등 도서관과 관련된 것들을 조합해서 전체적으로 사람(사서)을 표현한 작품이다.

쥬세페 아르침볼도(1527 ~ 1593)

사서(Librarian), 1566년

7.2

분리원리로 물리적 모순 극복하기

7.2.1 분리를 위한 질문

분리원리를 활용해서 아이디어를 도출하기 위해서는 먼저 [표 7-6]과 같은 분리 질문을 던져본다. 특정 물리적 모순을 극복하기 위해 어떤 분리원리를 적용해야 좋을지 미리 알 수 없기 때문에 아이디어를 도출할 때는 네 가지 분리 질문을 모두 사용하는 것이 좋다.

표 7-6 분리원리 적용을 위한 분리 질문들

분리원리	분리원리 적용 질문
시간 분리	어떤 특성 값 a가 항상 필요한가? 아니면 특정 시간에만 필요한가?
공간 분리	어떤 특성 값 a가 모든 공간에서 필요한가? 아니면 특정 공간에서만 필요한가?
조건 분리	어떤 특성 값 a가 모든 조건(상황)에서 필요한가?, 아니면 특정 조건(상황)에서만 필요한가?
전체와 부분 분리	전체적으로는 어떤 특성 값 a를 갖게 하지만, 부분적으로는 상반되는 특성 값 -a를 갖도록 하면 어떨까?

시간 분리 질문하기 : 진공청소기 사례

진공청소기의 경우, 먼지를 제거하기 위해서는 고진공 상태를 유지해서 흡인력을 높여야 하지만, 흡입력이 너무 높으면 카펫이나 침구류가 헤드에 달라붙는 문제가 발생한다. 따라서 진공청소기의 흡입력이라는 특성은 높아야하면서 동시에 낮아야 한다. 이런 물리적 모순을 해결하기 위해서 다음과 같은 시간 분리 질문을 할 수 있다. 물론 실제 상황에서는 4가지 분리 질문을 모두 해봐야 한다.

흡입력은 항상 높아야 하나? 아니면 특정 시간에만 높으면 되나?

이런 질문을 통해서 먼지를 빨아들일 때는 높은 흡입력을 유지하지만, 헤드가 이동할 때는 흡입력을 낮추자는 아이디어가 도출되었다. 이 아이디어를 기초로 공기압 조절장치를 설치해서 고진공과 저진공 상태를 주기적으로 교대함으로써 침구류에 달라붙지 않는 청소기가 개발됐다.

그림 7-9 시간 분리로 탄생한 공기압 조절 청소기

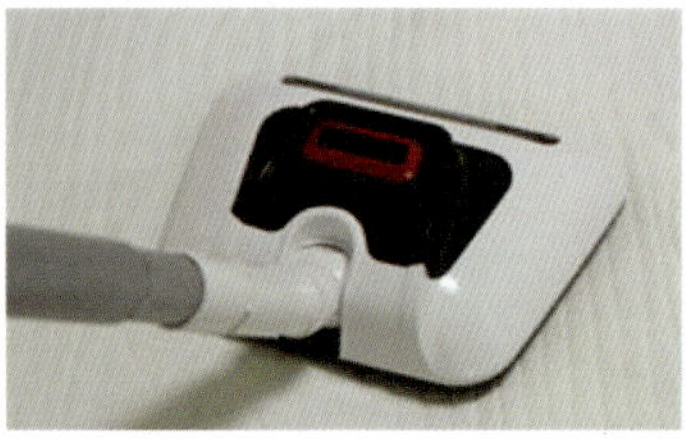

공간 분리 질문하기 : 근시용 안경 + 돋보기 사례

근시용 안경을 사용하던 중년에게 노안 증세가 나타나면 근시용 안경과 돋보기가 모두 필요하기 때문에 여간 불편한 것이 아니다. 즉 먼 곳을 볼 때는 근시용 렌즈가 필요하고, 가까운 곳을 볼 때는 원시용 렌즈가 필요한 것이다. 이런 물리적 모순을 해결하기 위해 다음과 같은 공간 분리 질문을 할 수 있다.

렌즈의 모든 부분이 원시용 렌즈일 필요가 있을까?
특정 부분만 원시용 렌즈이면 어떨까?

이런 질문을 통해서 하나의 렌즈를 여러 부분으로 나눠서 근거리와 중거리, 원거리 각각에 적합한, 여러 개의 초점이 있는 다초점 렌즈 아이디어가 도출될 수 있었다.

그림 7-10 공간 분리로 탄생한 다초점 렌즈

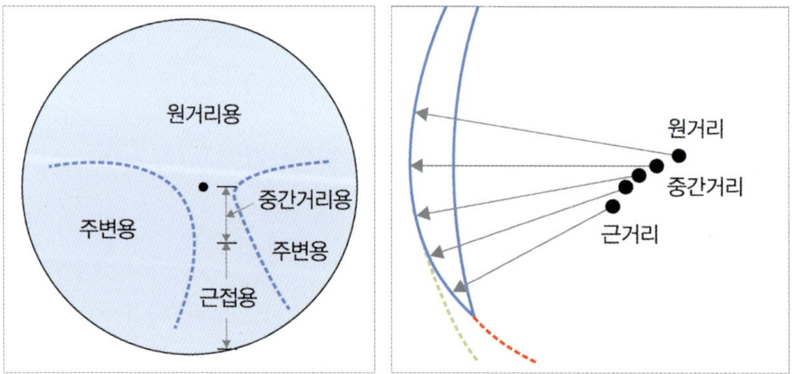

조건 분리 질문하기 : 키보드 사례

키보드를 사용할 때는 큰 것이 편리하지만, 보관하거나 휴대할 때는 작을수록 좋다. 즉 키보드의 크기라는 특성은 커야함과 동시에 작기도 해야 하는 것이다. 이런 물리적 모순을 극복하기 위해서 다음과 같은 조건 분리 질문을 할 수 있다.

키보드가 모든 상황에서 커야 할까? 아니면 사용할 때만 크면 되지 않을까?

이런 질문을 통해서 사용할 때는 펼쳐서 사용하고, 휴대할 때는 접거나 말 수 있는 다양한 키보드가 개발됐다.

그림 7-11 조건 분리로 탄생한 접이식 키보드들

전체와 부분 분리 질문하기 : 단단한 체인 + 부드러운 체인 사례

페달로부터 동력을 잘 전달하기 위해서는 자전거 체인이 단단해야 하지만, 페달과 뒷바퀴 축 사이에서 원활히 움직이기 위해서는 유연해야 한다. 즉 체인의 강도라는 특성은 단단하면서 동시에 유연해야 하는 것이다. 이런 물리적 모순을 해결하기 위해 다음과 같은 전체와 부분 분리 질문을 할 수 있다.

체인을 전체적으로는 유연하지만, 부분적으로는 단단하게 만들 수 있을까?

이와 같은 질문을 통해 단단한 강철 링크를 서로 연결하여, 부분적으로는 단단하지만 전체적으로는 유연한 자전거 체인이 개발됐다.

그림 7-12 전체와 부분 분리로 탄생한 자전거 체인

7.2.2 분리원리로 물리적 모순 극복하는 법

1장에서 설명한 바와 같이 문제 해결에는 규칙성이 있는데, 이런 규칙성을 활용해서 문제를 해결하기 위해서는 먼저 특정 문제를 일반 문제로 변환해야 한다. 트리즈에서 특정 문제를 일반 문제로 변환하는 방법은 여러 가지가 있는데, 그 가운데 하나가 바로 물리적 모순을 기반으로 문제를 일반화하는 것이다. 즉 특정 문제를 물리적 모순을 해결해야 하는 일반 문제로 변환하는 것이다.

특정 문제에서 물리적 모순을 도출했다면, [그림 7-13]에 표현한 것처럼 분리원리를 활용해서 물리적 모순을 근본적으로 제거하는 일반 해결안을 도출할 수 있다.

그림 7-13 분리원리를 활용한 물리적 모순 해결 접근법

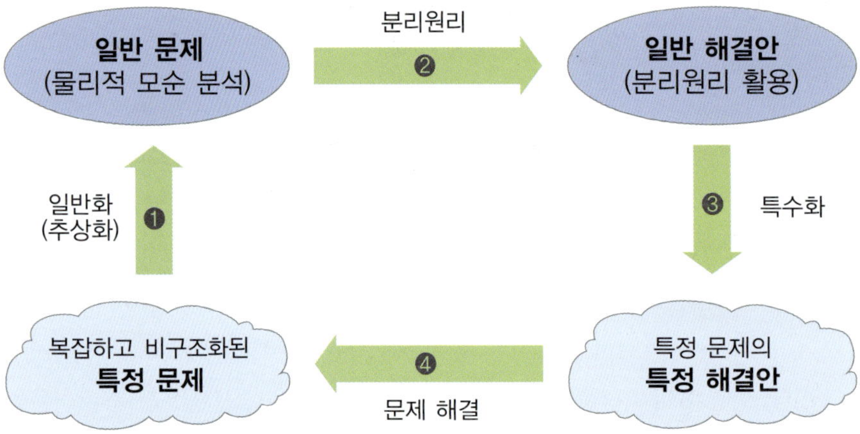

[그림 7-13]의 물리적 모순 해결 접근법을 좀 더 자세히 설명하면 다음과 같다.

❶ 복잡하고 비구조화된 특정 문제를 인식하면, 이 문제를 물리적 모순 분석을 통해 일반 문제로 모델링한다. 즉 특정 문제를 물리적 모순을 해결해야 하는 일반 문제로 변환한다.

❷ 4가지 분리원리를 각각 활용해서 일반 해결안을 도출한다.

❸ 분리원리를 활용해서 도출한 일반 해결안을 기초로, 지식과 경험을 총 동원해서 특정 해결안을 도출한다.

❹ 물리적 모순을 근본적으로 제거한 특정 해결안을 이용해서 특정 문제를 해결한다.

분리원리를 활용하여 물리적 모순을 극복할 수 있는 아이디어를 도출하는 방법을 보다 세분화하면, [그림 7-14]처럼 6단계로 진행할 수 있다.

그림 7-14 분리원리를 활용한 물리적 모순 극복 6단계

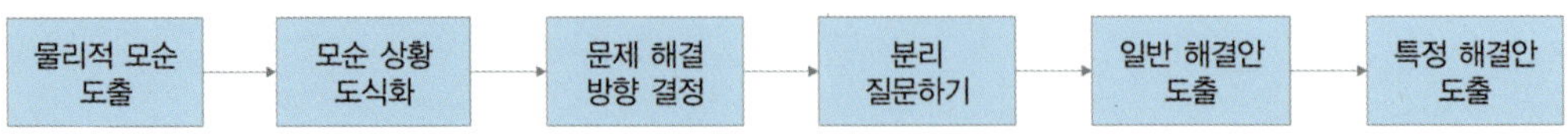

[그림 7-14]의 단계별 주요 내용을 요약하면 [표 7-7]과 같다.

표 7-7 분리원리를 활용한 물리적 모순 극복 6단계의 단계별 주요 내용

순서	단계	주요 내용
1	물리적 모순 도출	특정 문제의 핵심 영역에 포함된 물리적 모순을 찾아서 정의한다.
2	모순 상황 도식화	모순 상황과 최종 목표가 명확하도록 그림으로 표현한다.
3	문제 해결 방향 결정	물리적 모순을 극복해서 최종 목표를 달성할 수 있는 2가지 문제 해결 방향 가운데 하나를 선택한다.
4	분리 질문하기	선택한 문제 해결 방향을 기초로 분리원리를 활용해서 아이디어를 도출하기 위해 4가지 유형의 분리 질문을 해본다.
5	일반 해결안 도출	분리 질문 각각을 기초로 일반적인 해결 방향을 도출한다.
6	특정 해결안 도출	최선의 일반 해결안을 선택한 다음 특정 문제를 위한 구체적인 해결안을 도출한다.

[표 7-7]의 각 단계별로 보다 세부적인 수행 내용은 다음과 같다.

단계 1 : 물리적 모순 도출

인식된 특정 문제의 핵심 영역에 포함된 물리적 모순을 찾은 다음, [표 7-8]과 같은 형식으로 물리적 모순의 핵심만 정의한다. 즉 어떤 특성 A의 상반되는 특성 값 a와 -a가 각각 어떤 필수조건(목적)을 만족시키기 위해 필요한 것인지 정의한다.

표 7-8 물리적 모순 기록 형식

특성 (A)	특성 값 a	반대 특성 값 -a
필수 조건 (목적)	필수 조건 1	필수 조건 2

예를 들어 출입문 손잡이의 물리적 모순 가운데 하나를 [표 7-9]와 같이 정의할 수 있다.

표 7-9 출입문 손잡이의 물리적 모순

특성 (위치)	높아야 함	낮아야 함
필수 조건 (목적)	어른의 편의성을 위해서	어린이의 안전성을 위해서

일반적으로 어떤 문제에 물리적 모순이 하나만 존재하는 것이 아니므로, 문제의 근본 원인을 내포하고 있는 핵심 영역을 결정한 다음, 가장 중요한 물리적 모순을 찾아야 한다. 문제 상황이 단순한 경우라 할지라도 핵심 영역에서 물리적 모순을 찾는 것은 쉬운 일이 아니므로 많은 연습이 필요하다.

단계 2 : 모순 상황 도식화

모순 극복을 통해서 최종적으로 달성하려는 목표가 무엇인지 보다 명확히 표현하기 위해 [그림 7-15]와 같이 모순 상황을 도식화한다.

그림 7-15 모순 상황 도식화 형식

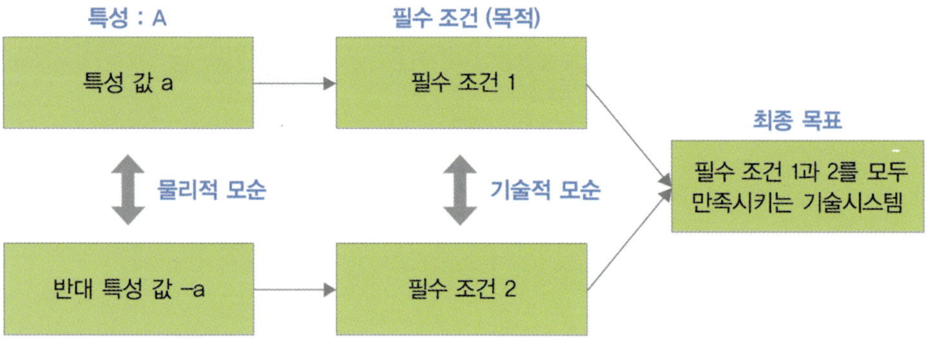

2장에서 언급한 것처럼 물리적 모순과 기술적 모순은 동전의 양면처럼 서로를 숨기고 있다. 따라서 물리적 모순 상황을 [그림 7-15]와 같은 양식으로 도식화하면 자연스럽게 기술적 모순도 함께 표현할 수 있다. 특히 궁극적으로 달성하고자 하는 최종 목표까지 함께 표현하면, 향후 문제 해결 방향을 결정할 때 매우 유익하다.

앞에서 예로 든 출입문 손잡이의 모순 상황을 도식화하면 [그림 7-16]과 같다.

그림 7-16 출입문 손잡이의 모순 상황 도식화

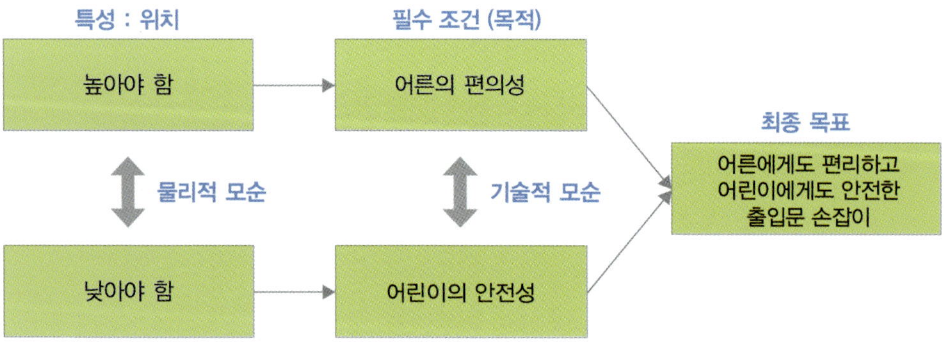

단계 3 : 문제 해결 방향 결정

모순 상황 도식화에 표현한 최종 목표를 달성하기 위한, 물리적 모순 극복을 통한 문제 해결 방향은 [그림 7-17]에서 알 수 있듯이 크게 2가지 방향이 있다. 해결 방향(1)은 특성 값 a를 유지하면서 필수 조건 2를 만족시켜서 문제를 해결하는 것이고, 해결 방향(2)는 특성 값 –a를 유지하면서 필수 조건 1을 만족시켜서 문제를 해결하는 것이다.

그림 7-17 물리적 모순 극복을 통한 문제 해결의 두 방향

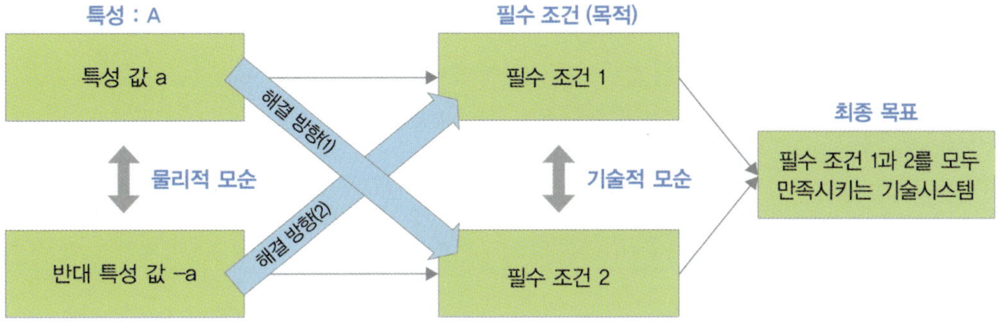

달리 말해 특성 값 a를 유지하면 필수 조건 1은 자동으로 만족되는 상황에서 필수 조건 2도 만족시켜서 최종목표를 달성하는 것이 해결 방향(1)이다. 한편 특성 값 -a를 유지하면 필수 조건 2는 자동으로 만족되므로, 필수 조건 1까지 만족시켜서 최종목표를 달성하는 것이 해결 방향(2)다. 두 가지 해결 방향 가운데 하나를 선택해서 [표 7-10]에 선택한 이유와 함께 기록한다. 기술적 모순 선택 단계에서 TC1과 TC2 가운데 하나를 선택하는 것과 마찬가지로, 어떤 해결 방향을 선택하느냐는 상황에 따라 다르며, 대개 확보된 필수 조건을 기준으로 기술시스템이 주요 기능을 수행하는 데 더 중요한 것을 선택한다.

표 7-10 문제 해결 방향 선택 기록 양식

선택한 해결 방향	선택 이유
(1) 혹은 (2)	해결 방향 (1) 또는 (2)를 선택한 이유를 간단히 작성함

예를 들어 [그림 7-18]과 같이 출입문 손잡이의 경우, 해결 방향(1)은 손잡이의 위치가 높더라도 어린이가 안전하게 열 수 있는 손잡이를 만들어서 최종 목표를 달성하는 것이다. 해결 방향(2)는 손잡이의 위치가 낮더라도 어른이 편리하게 문을 열 수 있도록 만들어서 최종 목표를 달성하는 것이다.

그림 7-18 출입문 손잡이의 2가지 문제 해결 방향

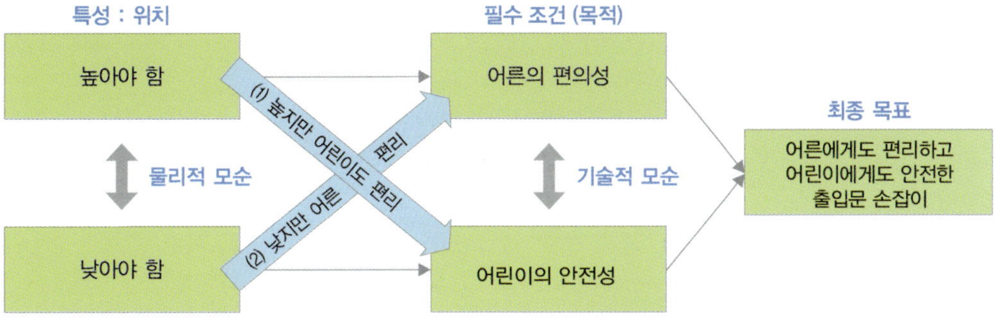

출입문 손잡이의 경우에 어린이의 안전성 확보가 우선이라면, 손잡이 위치를 낮게 만들어서 어린이의 안전성을 먼저 확보해야 하므로, [표 7-11]처럼 해결 방향(2)를 선택할 수 있다. 즉 손잡이 위치가 낮지만 어른에게도 편리한 손잡이를 고안하여 최종 목표를 달성하는 것이 바람직하다 .

표 7-11 출입문 손잡이의 문제 해결 방향 선택

선택한 해결 방향	선택 이유
(2)	어린이의 안전성 확보가 더 우선되어야 하므로

단계 4 : 분리 질문하기

문제 해결 방향이 정해지면 [표 7-6]과 같은 4가지 분리 질문을 해봄으로써 일반적인 해결안을 도출해야 한다. 이때 어떤 분리 질문을 통해서 최고의 아이디어를 도출할 수 있을지 미리 알 수 없기 때문에 모든 분리 질문을 해 보는 것이 바람직하다.

출입문 손잡이 예제의 경우, 해결 방향(2)를 기초로 [표 7-12]와 같은 분리 질문을 할 수 있다.

표 7-12 출입문 손잡이의 물리적 모순 극복을 위한 분리 질문들

분리원리	분리원리 적용 질문
시간 분리	손잡이 위치는 항상 낮아야 하나? 아니면 특정 시간에만 낮으면 되나?
공간 분리	손잡이 위치는 출입문의 모든 부분에서 낮아야 하나? 아니면 특정 부분에서만 낮으면 되나?
조건 분리	모든 조건에서 손잡이 위치가 낮아야 하나? 아니면 특정 조건에서만 낮으면 되나?
전체와 부분 분리	손잡이 위치가 전체적으로는 낮지만 부분적으로 높게 만드는 것이 가능할까?

단계 5 : 일반 해결안 도출

4가지 분리 질문을 기반으로 일반적 해결안을 도출한다. 실제로 4가지 분리원리 가운데 어떤 것이 가장 이상적인 해결 방향을 제시할지 모르기 때문에, 모든 분리 질문을 기초로 아이디어를 도출하도록 하자. 이 단계에서는 구체적인 해결안을 도출하기보다는 일반적인 문제 해결 방향의 핵심 아이디어만 간단히 기록한다.

출입문 손잡이 예제의 경우, [표 7-12]의 분리 질문을 기초로 [표 7-13]과 같은 일반 해결안을 도출할 수 있다.

표 7-13 출입문 손잡이의 물리적 모순 해결을 위한 일반 해결안 도출

분리원리	일반 해결안
시간 분리	어린이가 열 때는 손잡이 위치가 낮아지고, 어른이 열 때는 손잡이 위치가 높아지도록 만들자.
공간 분리	출입문의 공간을 분리해서 어린용 손잡이와 어른용 손잡이를 구분해서 설치하자.

분리원리	일반 해결안
조건 분리	평소에는 손잡이 위치가 낮지만, 어른이 접근하면 손잡이 위치가 자동으로 높아지도록 만들자.
전체와 부분 분리	낮은 위치에 손잡이를 설치하고, 높은 위치에 작은 보조 손잡이를 설치하자.

단계 6 : 특정 해결안 도출

특정 해결안을 유추하기 위해 먼저 일반 해결안들을 평가해서 가장 우수한 아이디어를 하나 선정한다. 특정 해결안은 물리적 모순을 극복해서 최종 목표를 달성하는 구체적 해결안으로, 자세한 아이디어 스케치 또는 사진과 함께 상세한 설명을 작성한다.

출입문 손잡이 예제의 경우, 일반 해결안 가운데 공간 분리의 아이디어를 기초로 [표 7-14]와 같은 구체적인 해결안을 도출할 수 있다.

표 7-14 출입문 손잡이의 특정 해결안

아이디어 스케치	설명
그림 7-19 공간 분리를 활용한 출입문 손잡이의 물리적 모순 해결 아이디어 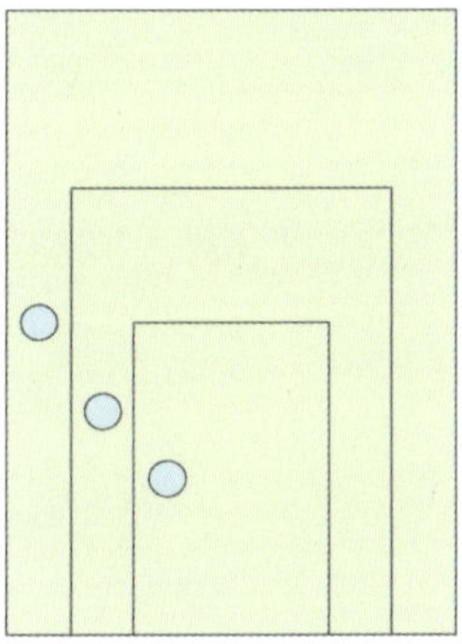	출입문 공간을 구분해서 가장 안쪽은 5세 이하 어린이를 위한 작은 문을, 중간은 10세 이하 어린이를 위한 중간 크기 문을, 밖은 어른을 위한 큰 문을 겹쳐서 만들고, 각각의 문에 손잡이를 설치한다.

[그림 7-19]의 특정 해결안을 기초로, 실제로 [그림 7-20]과 같은 '문 속의 문, 만인을 위한 출입문'을 영국의 한 회사가 개발해서 판매하고 있다. 이 아이디어는 발명원리 1번 분할 원리나 7번 포개기 원리를 활용한 것으로도 볼 수 있다.

그림 7-20 문 속의 문, 만인을 위한 출입문

7.2.3 밥 짓기의 물리적 모순 극복

가족이라고 해서 식성이 모두 같은 것은 아니다. 남편은 현미밥을 좋아하지만, 아내는 여러 가지 잡곡을 섞은 잡곡밥을 좋아한다. 그렇다고 끼니마다 두 종류의 밥을 짓는 것도 여간 번거로운 게 아니다. 이 같은 물리적 모순 상황을 극복할 수 있는 좋은 아이디어가 없을까? 이 문제를 분리원리를 활용해서 해결하는 과정은 다음과 같다.

그림 7-21 밥 짓기의 물리적 모순 상황

단계 1 : 물리적 모순 도출

표 7-15 밥 짓기의 물리적 모순

특성 (밥 종류)	현미밥	잡곡밥
필수 조건 (목적)	남편의 식성 만족	아내의 식성 만족

단계 2 : 모순 상황 도식화

그림 7-22 밥 짓기의 모순 상황 도식화

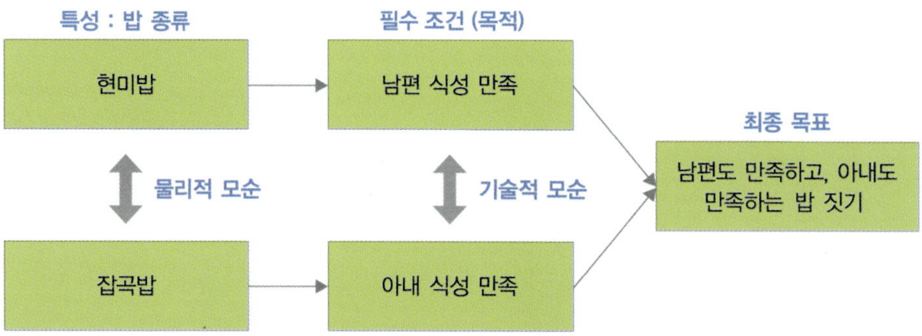

단계 3 : 문제 해결 방향 결정

그림 7-23 밥 짓기의 2가지 문제 해결 방향

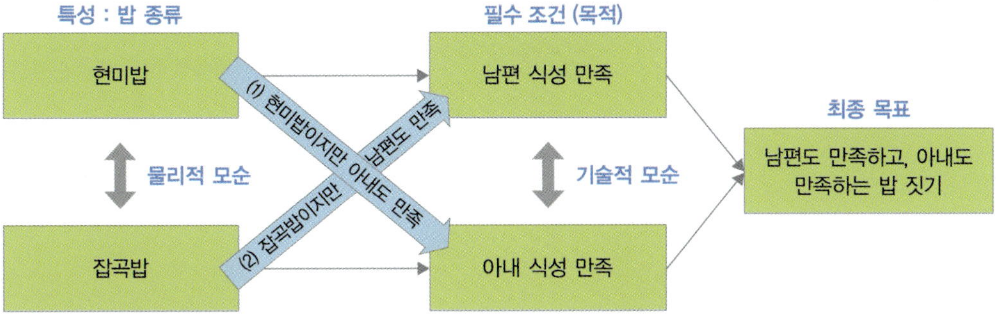

표 7-16 밥 짓기의 문제 해결 방향 선택

선택한 해결 방향	선택 이유
(1)	아내가 밥을 하는 입장에서 남편의 식성을 배려하는 것이 좋다고 판단했으므로

단계 4 : 분리 질문하기

표 7-17 밥 짓기의 물리적 모순 극복을 위한 분리 질문들

분리원리	분리원리 적용 질문
시간 분리	항상 현미밥을 지어야 하나? 아니면 특정 시간에만 지으면 되나?
공간 분리	모든 공간에서 현미밥을 지어야 하나? 아니면 특정 공간에서만 지으면 되나?
조건 분리	모든 조건에서 현미밥을 지어야 하나? 아니면 특정 조건에서만 지으면 되나?
전체와 부분 분리	전체적으로는 현미밥을 짓지만 부분적으로 잡곡밥을 짓는 방법은 없을까?

단계 5 : 일반 해결안 도출

표 7-18 밥 짓기의 물리적 모순 해결을 위한 일반 해결안 도출

분리원리	일반 해결안
시간 분리	아침에는 현미밥을 짓고, 저녁에는 잡곡밥을 짓자.
공간 분리	밥솥을 나누어 반은 현미밥을 짓고, 나머지 반은 잡곡밥을 짓자.
조건 분리	남편이 집에서 밥을 먹을 때는 현미밥을 짓고, 그렇지 않으면 잡곡밥을 짓자.
전체와 부분 분리	평일에는 현미밥을 짓지만, 주말에는 잡곡밥을 짓자.

단계 6 : 특정 해결안 도출

표 7-19 밥 짓기의 특정 해결안

아이디어 스케치	설명
그림 7-24 공간 분리를 활용한 밥 짓기의 물리적 모순 해결 아이디어 	하나의 밥솥으로 현미밥과 잡곡밥을 동시에 지을 수 있도록, 밥솥의 공간을 분리시킬 수 있는 도구를 만든다.

[그림 7-24]의 특정 해결안을 기초로, 실제로 [그림 7-25]와 같이 전기밥솥의 내부 솥을 분리시킬 수 있는 '쿠쿠 나누미(米)'라는 제품이 출시됐다. 이 아이디어는 발명원리 1번 분할 원리를 활용한 것으로도 볼 수 있다.

그림 7-25 쿠쿠 나누미

7.3

물리적 모순 극복 사례

7.3.1 시간 분리 : 소형 비행기의 물리적 모순 극복

자가용 비행기 시대가 아주 먼 미래의 얘기 같지만, 최근 개인용 소형 비행기에 대한 연구가 활발하다. 그런데 아무리 소형이라도 비행기는 날개 때문에 일반 차고에 보관하기 힘들다. 그렇다고 날개를 작게 만들면 비행하는 데 문제가 생긴다. 이런 상황에 처한 소형 비행기의 물리적 모순을 찾은 다음, 시간 분리를 활용해서 해결하는 과정은 다음과 같다.

그림 7-26 날개가 긴 소형 비행기

단계 1 : 물리적 모순 도출

표 7-20 소형 비행기의 물리적 모순

특성(날개 길이)	길어야 함	짧아야 함
필수 조건 (목적)	안전한 비행	편리한 보관

단계 2 : 모순 상황 도식화

그림 7-27 소형 비행기의 모순 상황 도식화

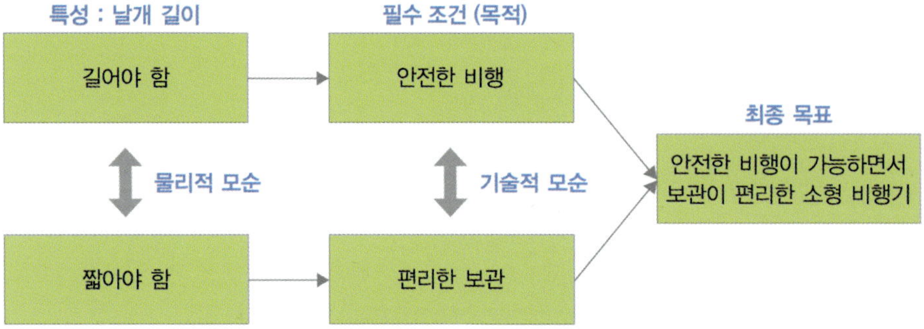

단계 3 : 문제 해결 방향 결정

그림 7-28 소형 비행기의 2가지 문제 해결 방향

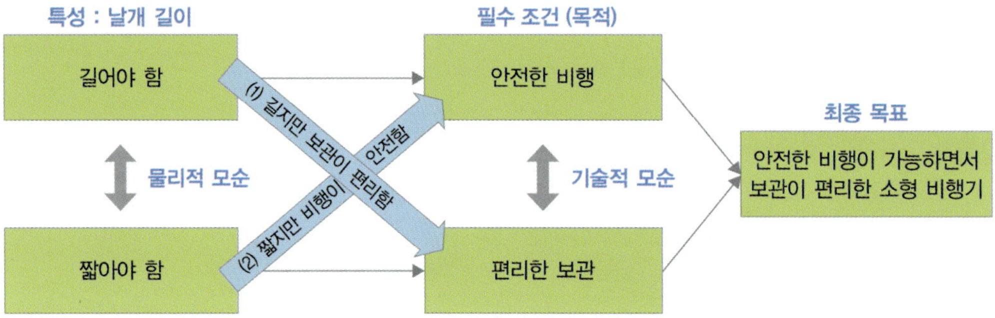

표 7-21 소형 비행기의 문제 해결 방향 선택

선택한 해결 방향	선택 이유
(1)	안전한 비행이 우선되어야 하므로

단계 4 : 분리 질문하기

표 7-22 소형 비행기의 물리적 모순 극복을 위한 분리 질문들

분리원리	분리원리 적용 질문
시간 분리	날개가 항상 길어야 하나? 아니면 특정 시간에만 길면 되나?
공간 분리	날개의 모든 부분이 길어야 하나? 아니면 특정 부분만 길면 되나?
조건 분리	모든 조건에서 날개가 길어야 하나? 아니면 특정 조건에서만 길면 되나?
전체와 부분 분리	전체적으로는 날개가 길지만 부분적으로 짧게 만들면 어떨까?

단계 5 : 일반 해결안 도출

표 7-23 소형 비행기의 물리적 모순 해결을 위한 일반 해결안 도출

분리원리	일반 해결안
시간 분리	비행할 때는 날개가 길어지고, 보관할 때는 날개가 짧아지게 만들자.
공간 분리	날개를 여러 부분으로 나누어 몸체와 붙은 부분은 길게 만들고, 나머지 부분은 짧게 만들어서 서로 연결하자.
조건 분리	하늘에서는 날개가 길어지고, 차고에서는 날개가 짧아지게 만들자. 또는 차고의 크기에 따라 날개 길이가 자동으로 조절되게 만들자.
전체와 부분 분리	부분적으로 짧게 만든 날개를 연결해서 전체적으로 길게 만들고, 날개를 접을 수 있게 만들자.

앞에서 언급한 것처럼 일반 해결안은 구체적인 아이디어가 아니므로 굳이 실현 가능성을 염두에 두고 도출할 필요는 없으며, 개념적인 차원에서 어떤 아이디어도 제안할 수 있다.

단계 6 : 특정 해결안 도출

표 7-24 소형 비행기의 특정 해결안

아이디어 스케치	설명
그림 7-29 시간 분리를 활용한 소형 비행기의 물리적 모순 해결 아이디어 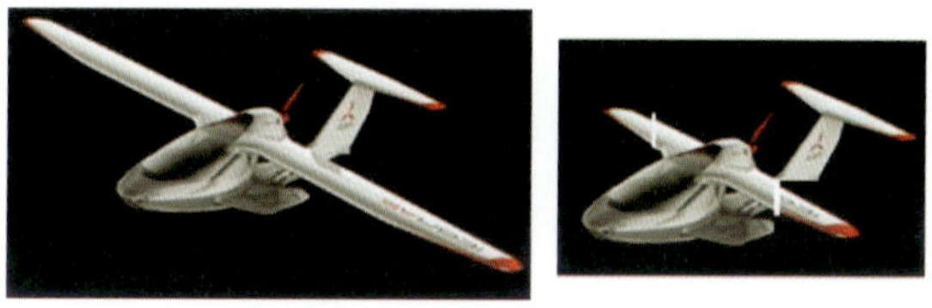 (a) 비행할 때 (b) 보관할 때	평소에는 날개가 길지만 차고에 보관할 때는 긴 날개를 접을 수 있도록 만든다.

비행하느냐 보관하느냐를 서로 다른 조건으로도 볼 수 있기 때문에, [그림 7-29]의 아이디어는 조건 분리로도 볼 수 있다. [그림 7-29]의 특정 해결안을 기초로, 미국 ICON사에서 [그림 7-30]처럼 비행 중에서는 날개가 길지만, 보관할 때는 날개를 뒤로 접을 수 있는 초소형 개인용 항공기 아이콘 A5를 출시했다. 이 아이디어는 발명원리 15번 역동성 원리로도 설명할 수 있다.

그림 7-30 초소형 개인용 항공기 아이콘 A5

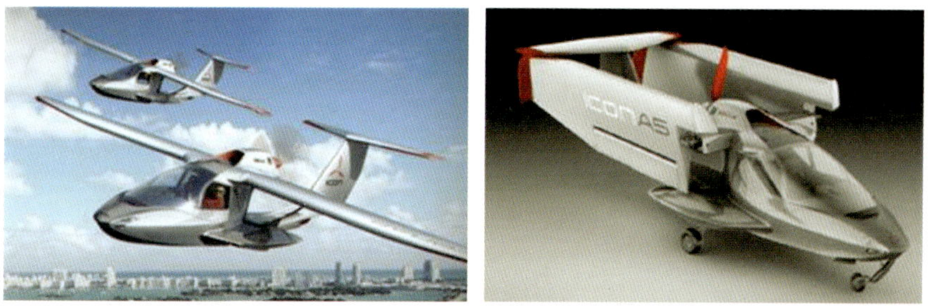

7.3.2 공간 분리 : 가습기의 물리적 모순 극복

가습기는 건조한 실내의 습도 조절에는 유용하지만, 세균 감염을 방지하기 위해 자주 세척해야 하는데, 세척이 번거롭기도 하고 쉽게 잊어버리게 된다. 이 상황에 포함된 가습기의 물리적 모순을 도출하고, 공간 분리를 활용해서 물리적 모순을 해결하는 과정을 정리하면 다음과 같다.

그림 7-31 가습기의 세척 문제

단계 1 : 물리적 모순 도출

표 7-25 가습기의 물리적 모순

특성 (세척 횟수)	자주 함	가끔 함
필수 조건 (목적)	세균 감염 방지	사용 편의성

단계 2 : 모순 상황 도식화

그림 7-32 가습기의 모순 상황 도식화

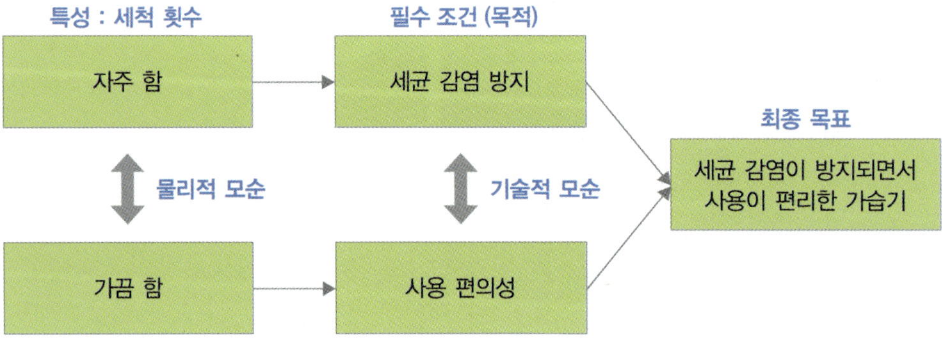

단계 3 : 문제 해결 방향 결정

그림 7-33 가습기의 2가지 문제 해결 방향

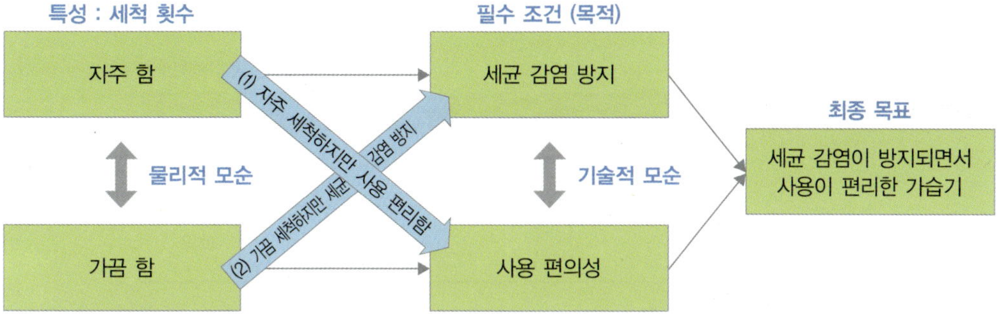

표 7-26 가습기의 문제 해결 방향 선택

선택한 해결 방향	선택 이유
(1)	건강을 위해서 세균 감염이 방지되는 것이 더 중요하므로

단계 4 : 분리 질문하기

표 7-27 가습기의 물리적 모순 극복을 위한 분리 질문들

분리원리	분리원리 적용 질문
시간 분리	세척을 항상 자주해야 하나? 아니면 특정 시점에만 자주 세척하면 되나?
공간 분리	모든 부분의 세척을 자주해야 하나? 아니면 특정 부분만 자주 세척하면 되나?
조건 분리	모든 조건에서 세척을 자주해야 하나? 아니면 특정 조건에서만 자주 세척하면 되나?
전체와 부분 분리	전체적으로 세척을 가끔 하지만 부분적으로 자주 세척하면 어떨까?

단계 5 : 일반 해결안 도출

표 7-28 가습기의 물리적 모순 해결을 위한 일반 해결안 도출

분리원리	일반 해결안
시간 분리	주기적으로 세척할 수 있도록 세척 주기를 설정할 수 있는 기능을 추가하자.
공간 분리	세균 번식의 근원이 되는 물통만 쉽게 세척할 수 있게 만들자.
조건 분리	세균에 감염되었을 때만 세척할 수 있도록, 세균 감염 여부를 알려주는 알람 기능을 추가하자.
전체와 부분 분리	전체적으로 가끔 세척하지만 물통은 쉽게 분리해서 자주 세척할 수 있도록 만들자.

단계 6 : 특정 해결안 도출

표 7-29 가습기의 특정 해결안

아이디어 스케치	설명
그림 7-34 공간 분리를 활용한 가습기의 물리적 모순 해결 아이디어 	세균 번식의 근원이 되는 물통을 쉽게 세척할 수 있도록 몸체와 분리하되, 아예 세척이 불필요하도록 물통 대신 생수용 페트병을 사용하는 가습기를 만든다. 이때 가습 기능을 뚜껑에 설치해서 페트병과 쉽게 연결할 수 있도록 만든다. 단 세균 번식을 방지하기 위해서 페트병은 한 번만 재사용하도록 한다.

[그림 7-34]의 아이디어를 기초로, [그림 7-35]와 같이 어떤 종류의 페트병과도 연결해서 사용할 수 있는 초음파 페트병 가습기가 출시됐다. 이 아이디어는 발명원리 1번 분할 원리로도 설명할 수 있다.

그림 7-35 초음파 페트병 가습기

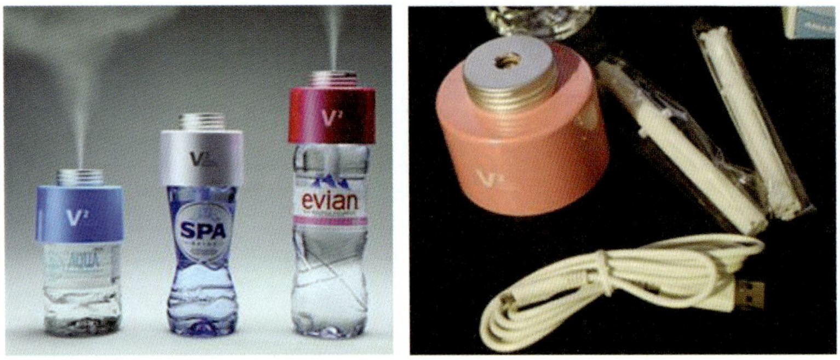

7.3.3 조건 분리 : 다리미의 물리적 모순 극복

뜨거운 다리미로 다림질을 하고 있는데 갑자기 아기가 울거나 전화가 와서 급히 자리를 뜨게 되면, 잠깐 사이에 옷을 태울 수 있다. 그렇다고 다리미 온도가 낮으면 다림질이 잘 되지 않는다. 이 상황에 포함된 다리미의 물리적 모순을 찾은 다음, 조건 분리를 활용해서 해결하는 과정은 다음과 같다.

그림 7-36 다리미의 물리적 모순 상황

단계 1 : 물리적 모순 도출

표 7-30 다리미의 물리적 모순

특성 (온도)	높아야 함	낮아야 함
필수 조건 (목적)	다리질 효율성	옷 태우는 실수 방지

단계 2 : 모순 상황 도식화

그림 7-37 다리미의 모순 상황 도식화

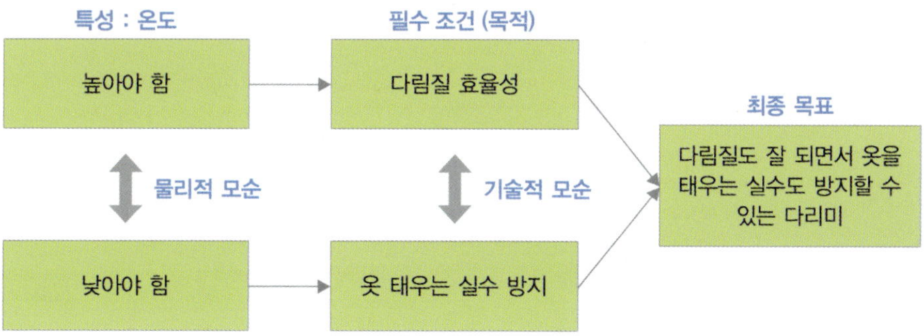

단계 3 : 문제 해결 방향 결정

그림 7-38 다리미의 2가지 문제 해결 방향

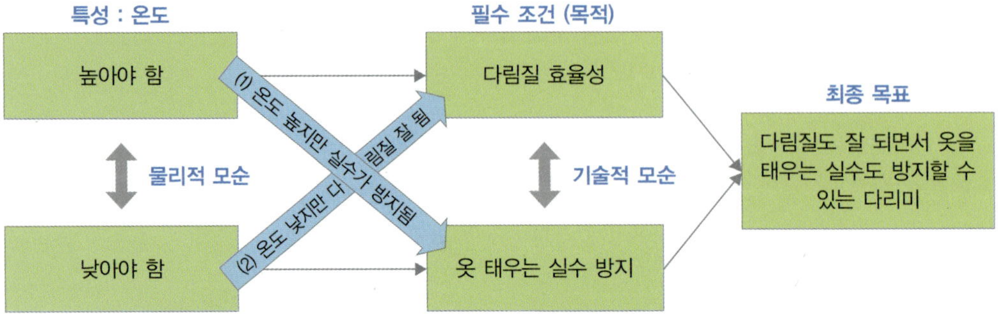

표 7-31 다리미의 문제 해결 방향 선택

선택한 해결 방향	선택 이유
(1)	다리미의 필수 기능인 다림질의 효율성이 우선되어야 하므로

단계 4 : 분리 질문하기

표 7-32 다리미의 물리적 모순 극복을 위한 분리 질문들

분리원리	분리원리 적용 질문
시간 분리	항상 온도가 높아야 하나? 아니면 특정 시간에만 높으면 되나?
공간 분리	다리미의 모든 부분의 온도가 높아야 하나? 아니면 특정 부분만 높으면 되나?
조건 분리	모든 조건에서 온도가 높아야 하나? 아니면 특정 조건에서만 높으면 되나?
전체와 부분 분리	전체적으로는 온도가 높지만 부분적으로 낮게 만들어 실수를 방지할 수 있을까?

단계 5 : 일반 해결안 도출

표 7-33 다리미의 물리적 모순 해결을 위한 일반 해결안 도출

분리원리	일반 해결안
시간 분리	일정한 시간마다 높은 온도와 낮은 온도가 교차되도록 만들자.
공간 분리	다리미 바닥을 바둑판처럼 구분해서 어떤 부분은 뜨겁고 다른 부분은 온도가 낮게 만들자.
조건 분리	손으로 잡으면 뜨거워지지만, 손을 놓으면 온도가 낮아지게 만들자.
전체와 부분 분리	전체적으로는 뜨겁지만 부분적으로 온도가 낮게 만들자.

단계 6 : 특정 해결안 도출

표 7-34 다리미의 특정 해결안

아이디어 스케치	설명
그림 7-39 조건 분리를 활용한 다리미의 물리적 모순 해결 아이디어  (a) 높은 온도 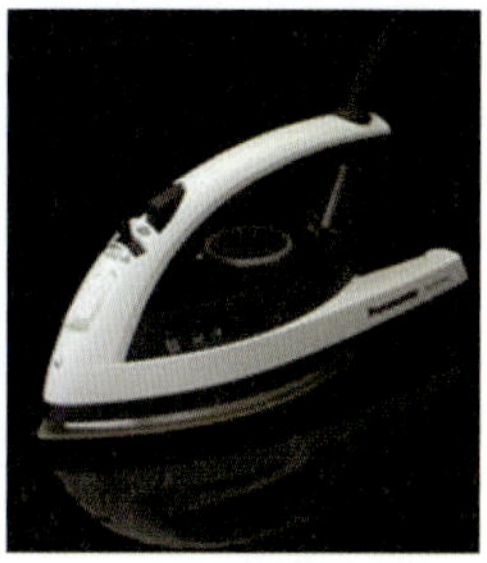 (b) 낮은 온도	다리미 손잡이에 온도 센서를 부착해서 사람이 손으로 잡으면 설정된 온도가 유지되지만, 손을 놓으면 전기가 차단되도록 만든다.

[그림 7-39]의 아이디어를 기초로 [그림 7-40]처럼 손잡이에서 손을 때면 다리미가 오뚜기처럼 저절로 일어서는 롤리 폴리Roly Poly 다리미란 이름의 콘셉트 디자인이 제안되었다. 이 아이디어의 핵심은 손잡이 안쪽에 중량물과 센서를 설치한 것이다. 손잡이를 잡으면 센서가 이를 인식하고 손잡이 안쪽의 중량물을 앞으로 이동시켜서 옷이 잘 다려지게 한다. 손잡이에서 손을 떼면 중량물이 뒤로 이동해서 다리미가 저절로 일어서게 되는 것이다. 아직 실제로 개발되지 않은 개념 수준이지만, 이 아이디어는 발명원리 15번 역동성 원리로도 설명할 수 있다.

그림 7-40 롤리 폴리 다리미란 이름의 콘셉트 디자인

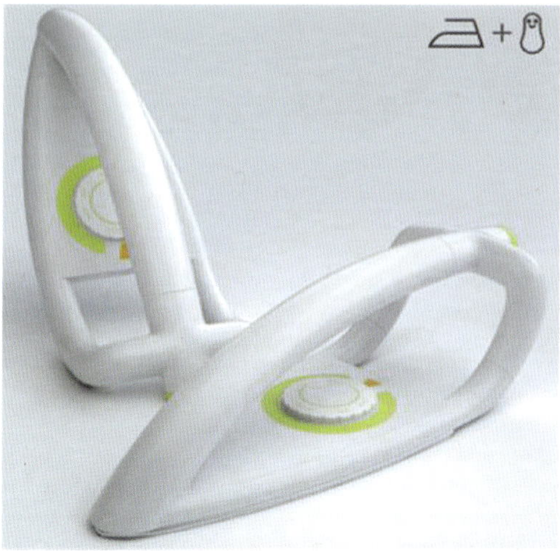

또한 [그림 7-41]은 2006년 미국 가전업체인 올리소Oliso가 개발한 올리소 오토리프트 다리미로, 조건 분리를 이용한 아이디어 상품으로 볼 수 있다. 이 제품은 다림질을 하다가 손을 놓으면 다리미 손잡이에 부착된 터치 센서가 이를 감지한다. 그러면 다리미 아랫부분의 열판 앞뒤에서 2cm 정도의 다리가 튀어나와 옷에 직접 열이 가해지는 것을 방지한다. 이 제품이 2006년 타임지가 선정한 최고의 발명품에 오르기도 했다니, 다림질하면서 옷을 태우는 사람이 의외로 많은가보다.

그림 7-41 올리소 오토리프트 다리미

7.3.4 전체와 부분 분리 : 링거 줄의 물리적 모순 극복

환경 호르몬이 들어간 PVC 링거 줄의 유해성이 공론화되면서 NON-PVC 링거 줄이 의료계의 관심을 끌고 있다. 하지만 우리나라에서는 NON-PVC 링거 줄이 현재 건강보험 급여로 인정되지 않아 환자가 비용을 지불해야 하는 문제가 있다. 이 상황에 포함된 링거 줄의 물리적 모순을 도출하고, 전체와 부분 분리를 활용해서 물리적 모순을 해결하는 과정을 정리하면 다음과 같다.

그림 7-42 환경 호르몬이 들어간 PVC 링거 줄

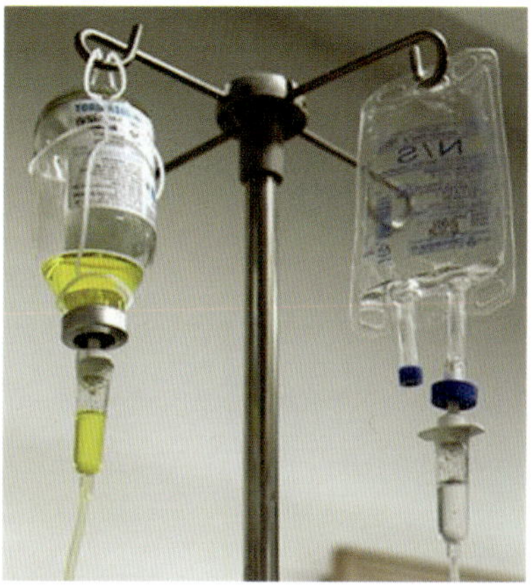

단계 1 : 물리적 모순 도출

표 7-35 링거 줄의 물리적 모순

특성 (재료)	NON-PVC	PVC
필수 조건 (목적)	환경 호르몬 방지	환자 부담 감소

단계 2 : 모순 상황 도식화

그림 7-43 링거 줄의 모순 상황 도식화

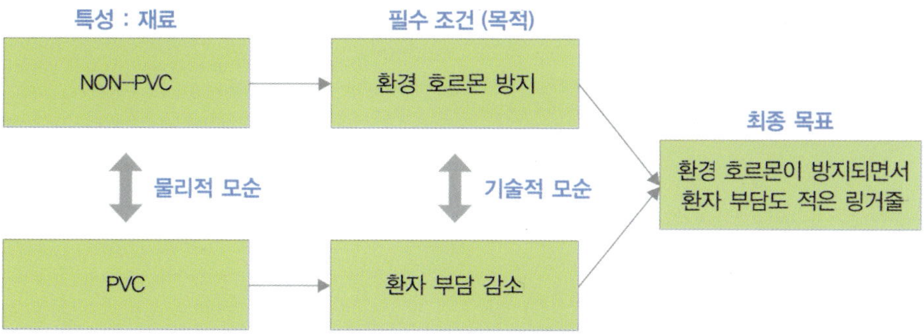

단계 3 : 문제 해결 방향 결정

그림 7-44 링거 줄의 2가지 문제 해결 방향

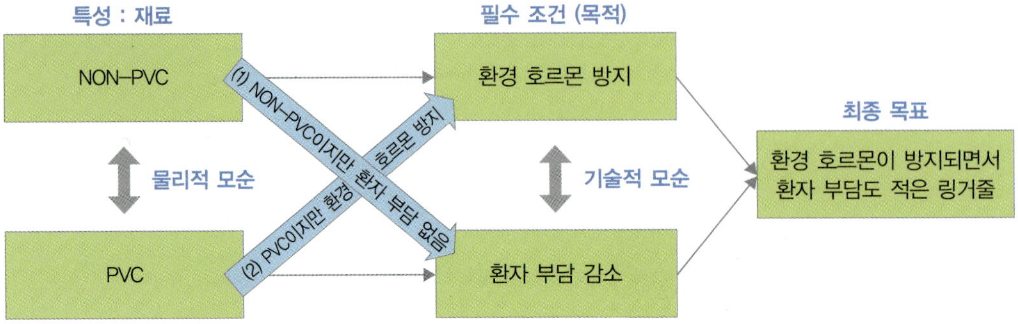

표 7-36 링거 줄의 문제 해결 방향 선택

선택한 해결 방향	선택 이유
(1)	건강을 위해서 환경 호르몬을 방지하는 것이 시급하므로

단계 4 : 분리 질문하기

표 7-37 링거 줄의 물리적 모순 극복을 위한 분리 질문들

분리원리	분리원리 적용 질문
시간 분리	항상 NON-PVC 링거 줄을 사용해야 하나? 아니면 특정 시점에만 사용하면 되나?
공간 분리	모든 부분을 NON-PVC로 만들어야 하나? 아니면 특정 부분만 NON-PVC로 만들면 되나?
조건 분리	모든 조건에서 NON-PVC 링거 줄을 사용해야 하나? 아니면 특정 조건에서만 사용하면 되나?
전체와 부분 분리	전체적으로는 PVC로 만들지만, 부분적으로 NON-PVC로 만들면 어떨까?

단계 5 : 일반 해결안 도출

표 7-38 링거 줄의 물리적 모순 해결을 위한 일반 해결안 도출

분리원리	일반 해결안
시간 분리	환경 호르몬 수치가 높은 환자에게 주사를 놓을 때는 NON-PVC 링거 줄을 사용하고, 그렇지 않을 때는 PVC 링거 줄을 사용한다.
공간 분리	약물과 접촉하는 내부는 NON-PVC로 만들고, 외부는 PVC로 만들자.
조건 분리	임산부와 중병 환자는 NON-PVC 링거 줄을 사용해도 건강보험 급여를 적용하고, 일반 환자는 건강보험 급여를 적용하지 않는다.
전체와 부분 분리	전체적으로 PVC로 만들지만, 약물이 오래 머무는 부분은 NON-PVC로 만들자.

단계 6 : 특정 해결안 도출

표 7-39 링거 줄의 특정 해결안

아이디어 스케치	설명
그림 7-45 전체와 부분 분리를 활용한 링거 줄의 물리적 모순 해결 아이디어  (a) PVC 재료 (b) NON-PVC 재료	PVC로 전체 링거 줄을 만들지만, 약물이 오래 머무는 끝 부분(주사기와 연결되는 부분)만 NON-PVC로 만든다. (발명원리 3번 국소적 성질 원리)

만약 공간 분리 원리를 적용한다면, [그림 7-46]처럼 PVC로 링거 줄을 만든 다음, 링거 줄 내부만 환경 호르몬이 방출되지 않는 NON-PVC 소재로 코팅한 링거 줄을 만드는 아이디어를 제안할 수 있다. 이 아이디어는 발명원리 33번 유연한 막 / 얇은 필름 원리로도 설명할 수 있다.

그림 7-46 공간 분리를 활용한 링거 줄의 물리적 모순 해결 아이디어

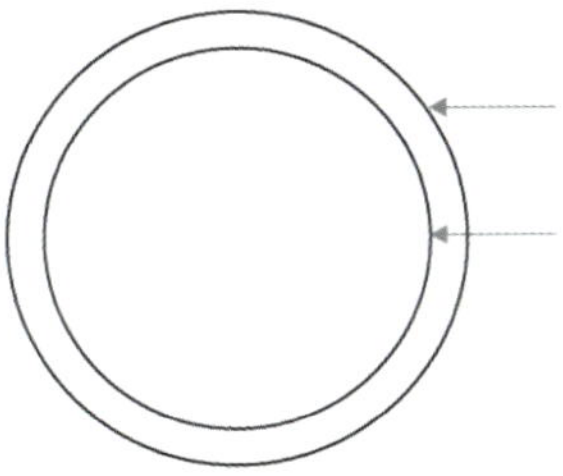

7.3.5 종합 : 쇼핑카트의 물리적 모순 극복

대형 마트에 비치되어 있는 쇼핑카트는 사람이 많은 마트 안에서 쉽게 이동하기 위해서는 작은 것이 좋지만, 많은 물건을 담기 위해서는 큰 것이 좋다. 쇼핑카트의 물리적 모순을 도출한 다음, 4가지 분리원리를 모두 활용해서 물리적 모순을 해결하는 과정을 정리하면 다음과 같다.

그림 7-47 일반 쇼핑카트

단계 1 : 물리적 모순 도출

표 7-40 쇼핑카트의 물리적 모순

특성 (크기)	작아야 함	커야 함
필수 조건 (목적)	이동 편의성	많은 물건 담기

단계 2 : 모순 상황 도식화

그림 7-48 쇼핑카트의 모순 상황 도식화

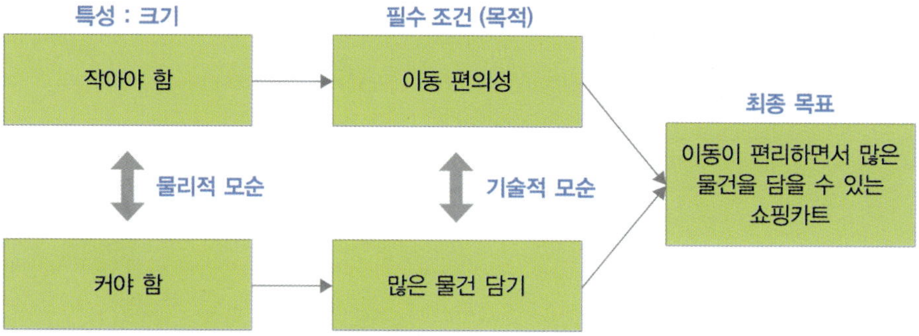

단계 3 : 문제 해결 방향 결정

그림 7-49 쇼핑카트의 2가지 문제 해결 방향

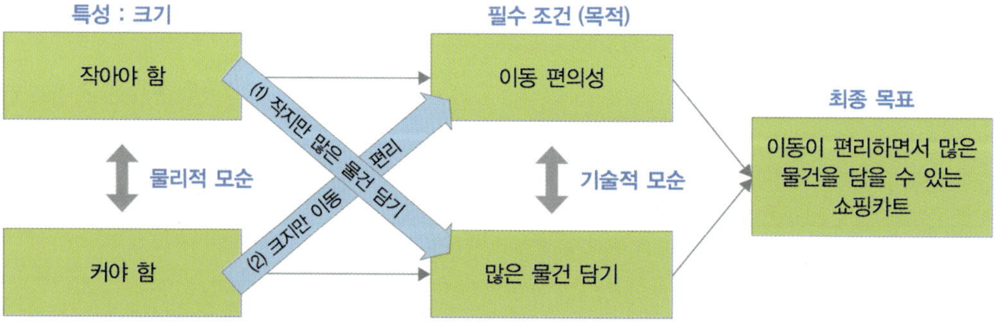

표 7-41 쇼핑카트의 문제 해결 방향 선택

선택한 해결 방향	선택 이유
(1)	사람이 많은 대형 마트에서는 다른 사람에게 불편을 주지 않고 쉽게 이동하는 것이 더 중요하다고 판단했으므로

단계 4 : 분리 질문하기

표 7-42 쇼핑카트의 물리적 모순 극복을 위한 분리 질문들

분리원리	분리원리 적용 질문
시간 분리	쇼핑카트가 항상 작아야 하나? 아니면 특정 시간에만 작으면 되나?
공간 분리	쇼핑카트의 모든 부분이 작아야 하나? 아니면 특정 부분만 작으면 되나?
조건 분리	모든 조건에서 쇼핑카트가 작아야 하나? 아니면 특정 조건에만 작으면 되나?
전체와 부분 분리	쇼핑카트가 전체적으로는 작지만 부분적으로 크게 만들면 어떨까?

단계 5 : 일반 해결안 도출

표 7-43 쇼핑카트의 물리적 모순 해결을 위한 일반 해결안 도출

분리원리	일반 해결안
시간 분리	처음에는 작지만 시간이 지남에 따라 쇼핑카트를 조금씩 늘일 수 있게 만들자.
공간 분리	쇼핑카트의 공간을 2층으로 나누고, 바구니를 작게 만들자.
조건 분리	담을 물건이 적을 때는 작지만, 물건이 많을 때는 쇼핑카트를 쉽게 늘일 수 있게 만들자.
전체와 부분 분리	전체적으로 작지만, 한 부분에 큰 봉투를 결합해서 만들자.

단계 6 : 특정 해결안 도출

표 7-44 쇼핑카트의 특정 해결안

아이디어 사진	설명
그림 7-50 시간 분리를 활용한 크기 조절형 쇼핑카트 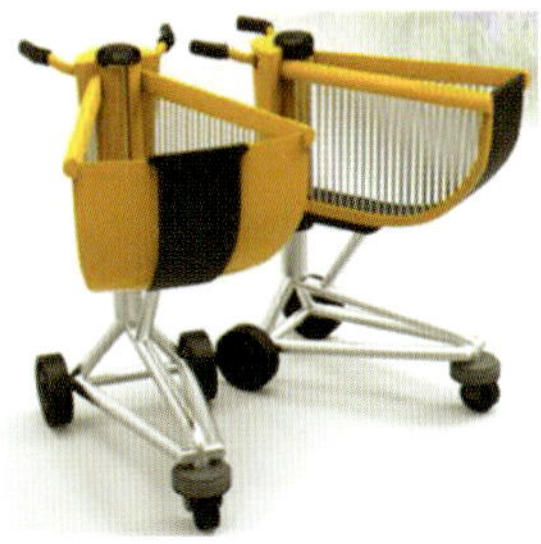	시간이 지남에 따라 물건의 양이 많아지면 손잡이를 이용해서 바구니 크기를 조금씩 늘릴 수 있게 만든다. (발명원리 15번 역동성 원리 활용)

아이디어 사진	설명
그림 7-51 공간 분리를 활용한 2층 쇼핑카트 	카트의 길이를 줄이고 대신 바구니 공간을 2층으로 구성해서, 무거운 것은 아래쪽에 가벼운 것은 위쪽에 나누어 담을 수 있도록 만든다. (발명원리 17번 차원 변경 또는 7번 포개기 원리 활용)
그림 7-52 조건 분리를 활용한 안테나 쇼핑카트 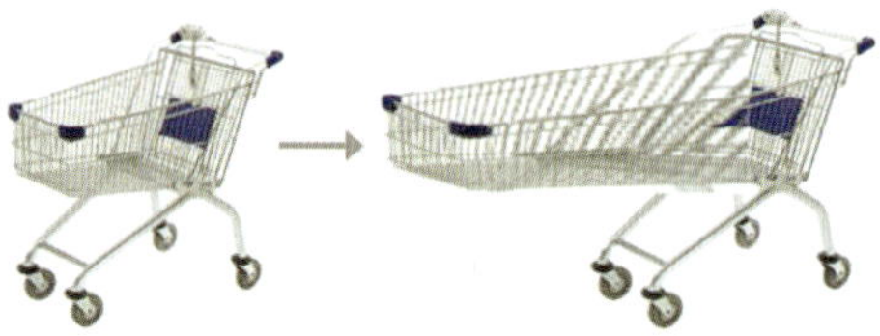	길이 조절이 가능한 안테나처럼 물건의 양에 따라 바구니의 크기를 조절할 수 있게 만든다. (발명원리 15번 역동성 원리 또는 7번 포개기 원리 활용)
그림 7-53 전체와 부분 분리를 활용한 봉투 결합 쇼핑카트 	작은 카트 뒤쪽에 큰 봉투(장바구니)를 결합해서 물건이 많을 때 봉투를 활용하도록 만든다. (발명원리 5번 통합 원리 활용)

학습정리

1. 4가지 분리원리를 각각 설명하시오.
2. 분리원리를 활용해서 물리적 모순을 극복하는 6단계를 나열하시오.
3. 시간 분리를 적용해서 도출된 아이디어의 사례를 하나 제시하시오.
4. 공간 분리를 적용하기 위해서는 어떤 질문을 해야 하는지 제시하시오.
5. 조건 분리를 활용할 때 함께 활용할 수 있는 발명원리를 나열하시오.

토론실습

토론의 효율을 높이려면?

토론에 앞서 먼저 자신의 생각을 포스트잇이나 작은 메모지에 작성한 후, 팀원들이 돌아가면서 각자 자신의 생각을 발표한 다음 함께 토론한다.

주제 1 분리원리란?

분리원리가 무엇이며, 4가지 분리원리의 차이점이 무엇인지를 팀원들과 토론한 다음, 팀의 의견을 작성해서 발표하시오.

주제 2 분리원리로 물리적 모순 극복하기

분리원리를 활용해서 물리적 모순을 극복할 수 있는 아이디어를 도출하는 방법에 대해 팀원들과 토론한 다음, 팀의 의견을 작성해서 발표하시오.

실습과제

과제 1 전기도금의 물리적 모순 극복하기

전기도금(electroplating) 공정에서 생산성을 높이기 위해 '고전류(30mA)'로 도금하면, 10분 만에 도금이 끝나지만 표면에 다공 구조가 발생해서 도금의 품질이 저하된다. 반대로 '저전류(1mA)'로 도금하면, 도금의 품질은 우수하지만 속도가 저하되어 15시간이나 소요되는 문제가 발생한다. 물리적 모순 분석과 분리원리를 활용해서 이 문제를 해결할 수 있는 창의적 아이디어를 도출하시오.

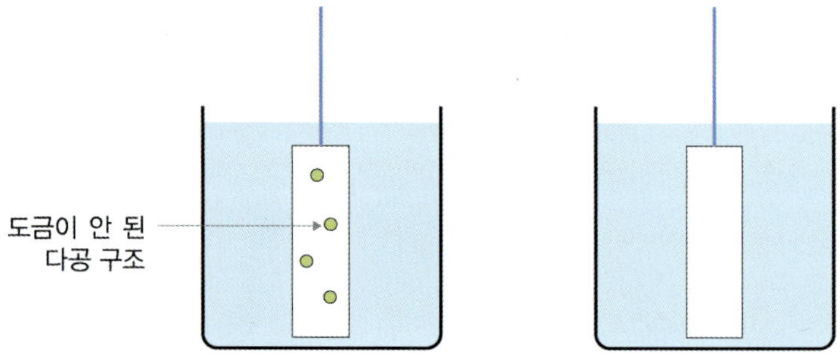

고전류(30mA), 10분　　저전류(1mA), 15시간

T/I/P 시간 분리 원리를 활용해 보세요.

■ 단계 1 : 물리적 모순 도출

특성 (　　　　　　)		
필수 조건 (목적)		

■ 단계 2 : 모순 상황 도식화

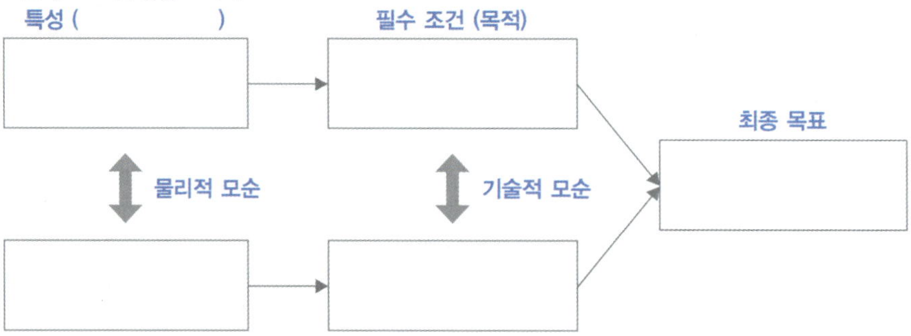

실습과제

▪ 단계 3 : 문제 해결 방향 결정

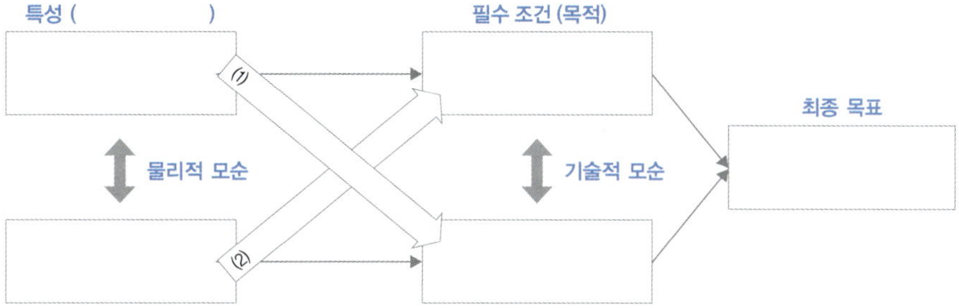

선택한 해결 방향	선택 이유

▪ 단계 4 : 분리 질문하기

분리원리	분리원리 적용 질문
시간 분리	
공간 분리	
조건 분리	
전체와 부분 분리	

▪ 단계 5 : 일반 해결안 도출

분리원리	일반 해결안
시간 분리	
공간 분리	
조건 분리	
전체와 부분 분리	

실습과제

■ 단계 6 : 특정 해결안 도출

아이디어 스케치	설명

실습과제

과제 2

칫솔모의 물리적 모순 극복하기

칫솔모가 너무 가늘면 칫솔을 움직일 때 힘을 지탱하기 어렵고, 너무 굵으면 잇몸까지 닫지 않기 때문에 이물질을 깨끗이 제거하기 어렵다. 물리적 모순 분석과 분리원리를 활용해서 이 문제를 해결할 수 있는 창의적 아이디어를 도출하시오.

T / I / P 공간 분리 원리를 활용해 보세요.

▪ 단계 1 : 물리적 모순 도출

특성 ( )		
필수 조건 (목적)		

▪ 단계 2 : 모순 상황 도식화

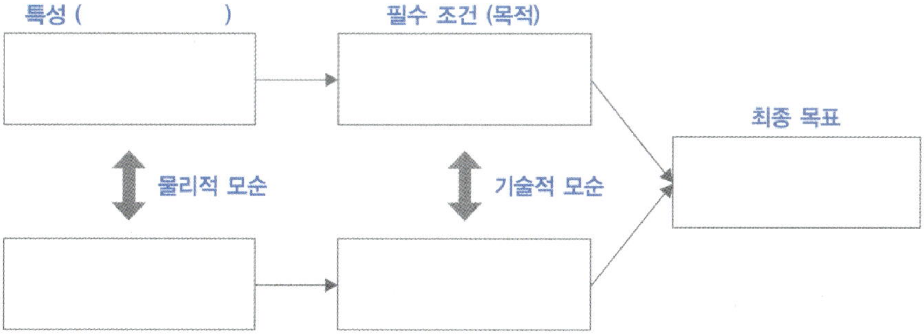

▪ 단계 3 : 문제 해결 방향 결정

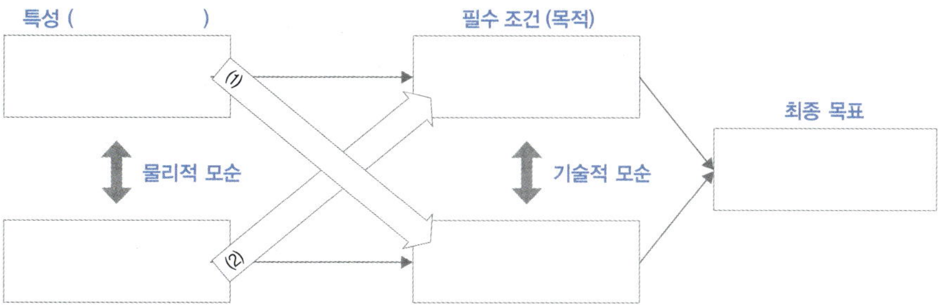

선택한 해결 방향	선택 이유

실습과제

■ 단계 4 : 분리 질문하기

분리원리	분리원리 적용 질문
시간 분리	
공간 분리	
조건 분리	
전체와 부분 분리	

■ 단계 5 : 일반 해결안 도출

분리원리	일반 해결안
시간 분리	
공간 분리	
조건 분리	
전체와 부분 분리	

■ 단계 6 : 특정 해결안 도출

아이디어 스케치	설명

실습과제

과제 3 자전거의 물리적 모순 극복하기

자전거가 속도를 내기 위해서는 바퀴가 2개인 것이 좋지만, 속도가 줄어들 때 균형을 잃지 않기 위해서는 바퀴가 3개인 것이 안전하다. 이런 상황에 포함된 자전거의 물리적 모순을 찾은 다음, 분리원리를 활용해서 이 문제를 해결할 수 있는 창의적 아이디어를 도출하시오.

T/I/P 조건 분리원리를 활용해 보세요.

▪ 단계 1 : 물리적 모순 도출

특성 ( )		
필수 조건 (목적)		

▪ 단계 2 : 모순 상황 도식화

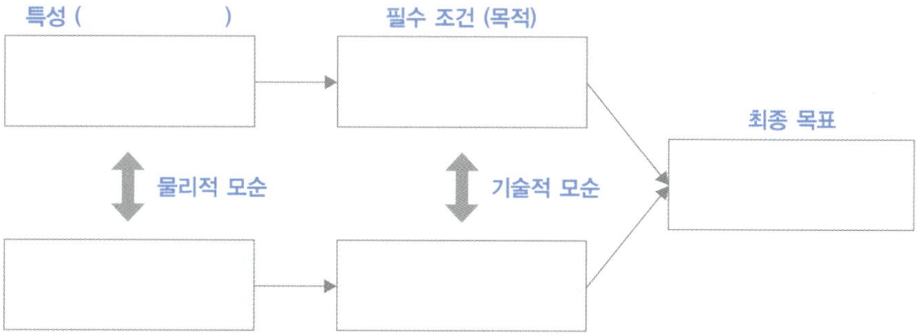

▪ 단계 3 : 문제 해결 방향 결정

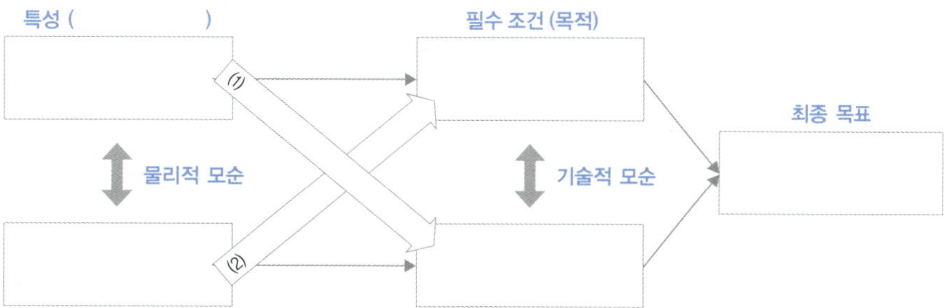

실습과제

선택한 해결 방향	선택 이유

- 단계 4 : 분리 질문하기

분리원리	분리원리 적용 질문
시간 분리	
공간 분리	
조건 분리	
전체와 부분 분리	

- 단계 5 : 일반 해결안 도출

분리원리	일반 해결안
시간 분리	
공간 분리	
조건 분리	
전체와 부분 분리	

- 단계 6 : 특정 해결안 도출

아이디어 스케치	설명

실습과제

과제 4 마우스의 물리적 모순 극복하기

GUI 환경에서 필수적인 입력 장치인 마우스의 경우, 게임을 하거나 다양한 기능을 수행하기 위해서는 여러 개의 버튼이 있는 것이 편리하지만, 버튼이 너무 많으면 잡기가 어렵고 사용이 오히려 불편할 수 있다. 이런 상황에 포함된 마우스의 물리적 모순을 찾은 다음, 적절한 분리원리를 활용해서 이 문제를 해결할 수 있는 창의적 아이디어를 도출하시오.

▪ 단계 1 : 물리적 모순 도출

특성 (　　　　　　　　)		
필수 조건 (목적)		

▪ 단계 2 : 모순 상황 도식화

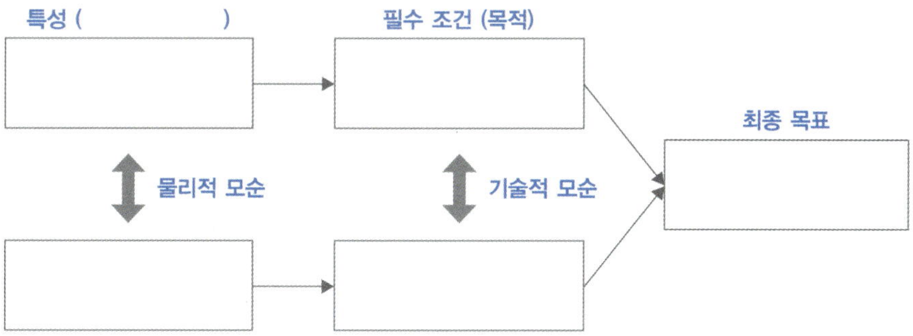

▪ 단계 3 : 문제 해결 방향 결정

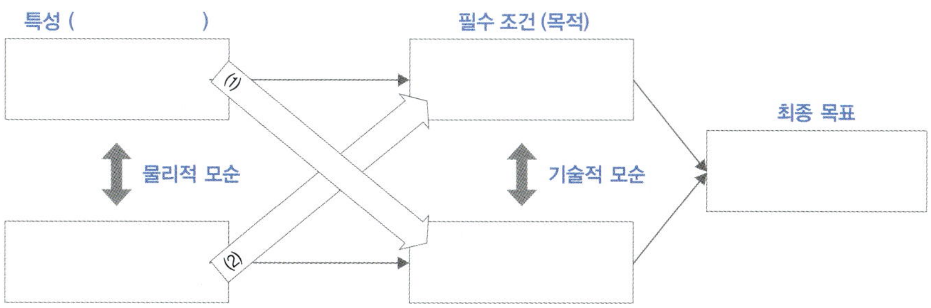

실습과제

선택한 해결 방향	선택 이유

▪ 단계 4 : 분리 질문하기

분리원리	분리원리 적용 질문
시간 분리	
공간 분리	
조건 분리	
전체와 부분 분리	

▪ 단계 5 : 일반 해결안 도출

분리원리	일반 해결안
시간 분리	
공간 분리	
조건 분리	
전체와 부분 분리	

▪ 단계 6 : 특정 해결안 도출

아이디어 스케치	설명

부록

A 모순 행렬

B 39가지 공학 변수

A 모순 행렬 contradiction matrix

악화되는 특성 →

개선되는 특성 ↓

순서	공학 변수	1 움직이는 물체의 무게	2 고정된 물체의 무게	3 움직이는 물체의 길이	4 고정된 물체의 길이	5 움직이는 물체의 면적	6 고정된 물체의 면적	7 움직이는 물체의 부피	8 고정된 물체의 부피	9 속도	10 힘 또는 세기	11 압력(응력) 또는 장력	12 모양(형상)	13 물체의 안정성	14 강도	15 움직이는 물체의 내구성(작동 지속 시간)	16 고정된 물체의 내구성(작동 지속 시간)	17 온도
1	움직이는 물체의 무게	+		15, 8, 29, 34		29, 17, 38, 34		29, 2, 40, 28		2, 8, 15, 38	8, 10, 18, 37	10, 36, 37, 40	10, 14, 35, 40	1, 35, 19, 39	28, 27, 18, 40	5, 34, 31, 35		6, 29, 4, 38
2	고정된 물체의 무게		+		10, 1, 29, 35		35, 30, 13, 2		5, 35, 14, 2		8, 10, 19, 35	13, 29, 10, 18	13, 10, 29, 14	26, 39, 1, 40	28, 2, 10, 27		2, 27, 19, 6	28, 19, 32, 22
3	움직이는 물체의 길이	8, 15, 29, 34		+		15, 17, 4		7, 17, 4, 35		13, 4, 8	17, 10, 4	1, 8, 35	1, 8, 10, 29	1, 8, 15, 34	8, 35, 29, 34	19		10, 15, 19
4	고정된 물체의 길이		35, 28, 40, 29		+		17, 7, 10, 40		35, 8, 2,14		28, 10	1, 14, 35	13, 14, 15, 7	39, 37, 35	15, 14, 28, 26		1, 10, 35	3, 35, 38, 18
5	움직이는 물체의 면적	2, 17, 29, 4		14, 15, 18, 4		+		7, 14, 17, 4		29, 30, 4, 34	19, 30, 35, 2	10, 15, 36, 28	5, 34, 29, 4	11, 2, 13, 39	3, 15, 40, 14	6, 3		2, 15, 16
6	고정된 물체의 면적		30, 2, 14, 18		26, 7, 9, 39		+				1, 18, 35, 36	10, 15, 36, 37		2, 38	40		2, 10, 19, 30	35, 39, 38
7	움직이는 물체의 부피	2, 26, 29, 40		1, 7, 4, 35		1, 7, 4, 17		+		29, 4, 38, 34	15, 35, 36, 37	6, 35, 36, 37	1, 15, 29, 4	28, 10, 1, 39	9, 14, 15, 7	6, 35, 4		34, 39, 10, 18
8	고정된 물체의 부피		35, 10, 19, 14	19, 14	35, 8, 2, 14				+		2, 18, 37	24, 35	7, 2, 35	34, 28, 35, 40	9, 14, 17, 15		35, 34, 38	35, 6, 4
9	속도	2, 28, 13, 38		13, 14, 8		29, 30, 34		7, 29, 34		+	13, 28, 15, 19	6, 18, 38, 40	35, 15, 18, 34	28, 33, 1, 18	8, 3, 26, 14	3, 19, 35, 5		28, 30, 36, 2
10	힘 또는 세기	8, 1, 37, 18	18, 13, 1, 28	17, 19, 9, 36	28, 10	19, 10, 15	1, 18, 36, 37	15, 9, 12, 37	2, 36, 18, 37	13, 28, 15, 12	+	18, 21, 11	10, 35, 40, 34	35, 10, 21	35, 10, 14, 27	19, 2		35, 10, 21
11	압력(응력) 또는 장력	10, 36, 37, 40	13, 29, 10, 18	35, 10, 36	35, 1, 14, 16	10, 15, 36, 28	10, 15, 36, 37	6, 35, 10	35, 24	6, 35, 36	36, 35, 21	+	35, 4, 15, 10	35, 33, 2, 40	9, 18, 3, 40	19, 3, 27		35, 39, 19, 2
12	모양(형상)	8, 10, 29, 40	15, 10, 26, 3	29, 34, 5, 4	13, 14, 10, 7	5, 34, 4, 10		14, 4, 15, 22	7, 2, 35	35, 15, 34, 18	35, 10, 37, 40	34, 15, 10, 14	+	33, 1, 18, 4	30, 14, 10, 40	14, 26, 9, 25		22, 14, 19, 32
13	물체의 안정성	21, 35, 2, 39	26, 39, 1, 40	13, 15, 1, 28	37	2, 11, 13	39	28, 10, 19, 39	34, 28, 35, 40	33, 15, 28, 18	10, 35, 21, 16	2, 35, 40	22, 1, 18, 4	+	17, 9, 15	13, 27, 10, 35	39, 3, 35, 23	35, 1, 32
14	강도	1, 8, 40, 15	40, 26, 27, 1	1, 15, 8, 35	15, 14, 28, 26	3, 34, 40, 29	9, 40, 28	10, 15, 14, 7	9, 14, 17, 15	8, 13, 26, 14	10, 18, 3, 14	10, 3, 18, 40	10, 30, 35, 40	13, 17, 35	+	27, 3, 26		30, 10, 40
15	움직이는 물체의 내구성(작동 지속 시간)	19, 5, 34, 31		2, 19, 9		3, 17, 19		10, 2, 19, 30		3, 35, 5	19, 2, 16	19, 3, 27	14, 26, 28, 25	13, 3, 35	27, 3, 10	+		19, 35, 39
16	고정된 물체의 내구성(작동 지속 시간)		6, 27, 19, 16		1, 40, 35				35, 34, 38					39, 3, 35, 23			+	19, 18, 36, 40
17	온도	36,22, 6, 38	22, 35, 32	15, 19, 9	15, 19, 9	3, 35, 39, 18	35, 38	34, 39, 40, 18	35, 6, 4	2, 28, 36, 30	35, 10, 3, 21	35, 39, 19, 2	14, 22, 19, 32	1, 35, 32	10, 30, 22, 40	19, 13, 39	19, 18, 36, 40	+
18	밝기(조도)	19, 1, 32	2, 35, 32	19, 32, 16		19, 32, 26		2, 13, 10		10, 13, 19	26, 19, 6		32, 30	32, 3, 27	35, 19	2, 19, 6		32, 35, 19
19	움직이는 물체의 에너지 사용량	12, 18, 28, 31		12, 28		15, 19, 25		35, 13, 18		8, 35, 35	16, 26, 21, 2	23, 14, 25	12, 2, 29	19, 13, 17, 24	5, 19, 9, 35	28, 35, 6, 18	–	19, 24, 3, 14
20	고정된 물체의 에너지 사용량		19, 9, 6, 27								36, 37			27, 4, 29, 18	35			
21	동력	8, 36, 38, 31	19, 26, 17, 27	1, 10, 35, 37		19, 38	17, 32, 13, 38	35, 6, 38	30, 6, 25	15, 35, 2	26, 2, 36, 35	22, 10, 35	29, 14, 2, 40	35, 32, 15, 31	26, 10, 28	19, 35, 10, 38	16	2, 14, 17, 25
22	에너지 손실	15, 6, 19, 28	19, 6, 18, 9	7, 2, 6, 13	6, 38, 7	15, 26, 17, 30	17, 7, 30, 18	7, 18, 23	7	16, 35, 38	36, 38			14, 2, 39, 6	26			19, 38, 7
23	물질 낭비	35, 6, 23, 40	35, 6, 22, 32	14, 29, 10, 39	10, 28,24	35, 2, 10, 31	10, 18, 39, 31	1, 29, 30, 36	3, 39, 18, 31	10, 13, 28, 38	14, 15, 18, 40	3, 36, 37, 10	29, 35, 3, 5	2, 14, 30, 40	35, 28, 31, 40	28, 27, 3, 18	27, 16, 18, 38	21, 36, 39, 31
24	정보 손실	10, 24, 35	10, 35, 5	1, 26	26	30, 26	30, 16		2, 22	26, 32						10	10	
25	시간 낭비	10, 20, 37, 35	10, 20, 26, 5	15, 2, 29	30, 24, 14, 5	26, 4, 5, 16	10, 35, 17, 4	2, 5, 34, 10	35, 16, 32, 18		10, 37, 36,5	37, 36,4	4, 10, 34, 17	35, 3, 22, 5	29, 3, 28, 18	20, 10, 28, 18	28, 20, 10, 16	35, 29, 21, 18
26	물질의 양	35, 6, 18, 31	27, 26, 18, 35	29, 14, 35, 18		15, 14, 29	2, 18, 40, 4	15, 20, 29		35, 29, 34, 28	35, 14, 3	10, 36, 14, 3	35, 14	15, 2, 17, 40	14, 35, 34, 10	3, 35, 10, 40	3, 35, 31	3, 17, 39
27	신뢰성	3, 8, 10, 40	3, 10, 8, 28	15, 9, 14, 4	15, 29, 28, 11	17, 10, 14, 16	32, 35, 40, 4	3, 10, 14, 24	2, 35, 24	21, 35, 11, 28	8, 28, 10, 3	10, 24, 35, 19	35, 1, 16, 11		11, 28	2, 35, 3, 25	34, 27, 6, 40	3, 35, 10
28	측정의 정확성	32, 35, 26, 28	28, 35, 25, 26	28, 26, 5, 16	32, 28, 3, 16	26, 28, 32, 3	26, 28, 32, 3	32, 13, 6		28, 13, 32, 24	32, 2	6, 28, 32	6, 28, 32	32, 35, 13	28, 6, 32	28, 6, 32	10, 26, 24	6, 19, 28, 24
29	제조의 정밀성	28, 32, 13, 18	28, 35, 27, 9	10, 28, 29, 37	2, 32, 10	28, 33, 29, 32	2, 29, 18, 36	32, 23, 2	25, 10, 35	10, 28, 32	28, 19, 34, 36	3, 35	32, 30, 40	30, 18	3, 27	3, 27, 40		19, 26
30	외부로부터 영향을 받는 부작용	22, 21, 27, 39	2, 22, 13, 24	17, 1, 39, 4	1, 18	22, 1, 33, 28	27, 2, 39, 35	22, 23, 37, 35	34, 39, 19, 27	21, 22, 35, 28	13, 35, 39, 18	22, 2, 37	22, 1, 3, 35	35, 24, 30, 18	18, 35, 37, 1	22, 15, 33, 28	17, 1, 40, 33	22, 33, 35, 2
31	대상물이 생성한 부작용	19, 22, 15, 39	35, 22, 1, 39	17, 15, 16, 22		17, 2, 18, 39	22, 1, 40	17, 2, 40	30, 18, 35, 4	35, 28, 3, 23	35, 28, 1, 40	2, 33, 27, 18	35, 1	35, 40, 27, 39	15, 35, 22, 2	15, 22, 33, 31	21, 39, 16, 22	22, 35, 2, 24
32	제조의 편의성	28, 29, 15, 16	1, 27, 36, 13	1, 29, 13, 17	15, 17, 27	13, 1, 26, 12	16, 40	13, 29, 1, 40	35	35, 13, 8, 1	35, 12	35, 19, 1, 37	1, 28, 13, 27	11, 13, 1	1, 3, 10, 32	27, 1, 4	35, 16	27, 26, 18
33	사용(조작)의 용이성	25, 2, 13, 15	6, 13, 1, 25	1, 17, 13, 12		1, 17, 13, 16	18, 16, 15, 39	1, 16, 35, 15	4, 18, 39, 31	18, 13, 34	28, 13 35	2, 32, 12	15, 34, 29, 28	32, 35, 30	32, 40, 3, 28	29, 3, 8, 25	1, 16, 25	26, 27, 13
34	수리의 용이성	2, 27 35, 11	2, 27, 35, 11	1, 28, 10, 25	3, 18, 31	15, 13, 32	16, 25	25, 2, 35, 11	1	34, 9	1, 11, 10	13	1, 13, 2, 4	2, 35	11, 1, 2, 9	11, 29, 28, 27	1	4, 10
35	적응력	1, 6, 15, 8	19, 15, 29, 16	35, 1, 29, 2	1, 35, 16	35, 30, 29, 7	15, 16	15, 35, 29		35, 10, 14	15, 17, 20	35, 16	15, 37, 1, 8	35, 30, 14	35, 3, 32, 6	13, 1, 35	2, 16	27, 2, 3, 35
36	장치의 복잡성	26, 30, 34, 36	2, 26, 35, 39	1, 19, 26, 24	26	14, 1, 13, 16	6, 36	34, 26, 6	1, 16	34, 10, 28	26, 16	19, 1, 35	29, 13, 28, 15	2, 22, 17, 19	2, 13, 28	10, 4, 28, 15		2, 17, 13
37	검출 및 측정의 난이도	27, 26, 28, 13	6, 13, 28, 1	16, 17, 26, 24	26	2, 13, 18, 17	2, 39, 30, 16	29, 1, 4, 16	2, 18, 26, 31	3, 4, 16, 35	30, 28, 40, 19	35, 36, 37, 32	27, 13, 1, 39	11, 22, 39, 30	27, 3, 15, 28	19, 29, 39, 25	25, 34, 6, 35	3, 27, 35, 16
38	자동화 정도	28, 26, 18, 35	28, 26, 35, 10	14, 13, 17, 28	23	17, 14, 13		35, 13, 16		28, 10	2, 35	13, 35	15, 32, 1, 13	18, 1	25, 13	6, 9		26, 2, 19
39	생산성	35, 26, 24, 37	28, 27, 15, 3	18, 4, 28, 38	30, 7, 14, 26	10, 26, 34, 31	10, 35, 17, 7	2, 6, 34, 10	35, 37, 10, 2		28, 15, 10, 36	10, 37, 14	14, 10, 34, 40	35, 3, 22, 39	29, 28, 10, 18	35, 10, 2, 18	20, 10, 16, 38	35, 21, 28, 10

18 밝기(조도)	19 움직이는 물체의 에너지 사용량	20 고정된 물체의 에너지 사용량	21 동력	22 에너지 손실	23 물질 낭비	24 정보 손실	25 시간 낭비	26 물질의 양	27 신뢰성	28 측정의 정확성	29 제조의 정밀성	30 외부로부터 영향을 받는 부작용	31 대상물이 생성한 부작용	32 제조의 편의성	33 사용(조작)의 용이성	34 수리의 용이성	35 적응력	36 장치의 복잡성	37 검출 및 측정의 난이도	38 자동화 정도	39 생산성
19, 1, 32	35, 12, 34, 31		12, 36, 18, 31	6, 2, 34, 19	5, 35, 3, 31	10, 24, 35	10, 35, 20, 28	3, 26, 18, 31	1, 3, 11, 27	28, 27, 35, 26	28, 35, 26, 18	22, 21, 18, 27	22, 35, 31, 39	27, 28, 1, 36	35, 3, 2, 24	2, 27, 28, 11	29, 5, 15, 8	26, 30, 36, 34	28, 29, 26, 32	26, 35 18, 19	35, 3, 24, 37
19, 32, 35		18, 19, 28, 1	15, 19, 18, 22	18, 19, 28, 15	5, 8, 13, 30	10, 15, 35	10, 20, 35, 26	19, 6, 18, 26	10, 28, 8, 3	18, 26, 28	10, 1, 35, 17	2, 19, 22, 37	35, 22, 1, 39	28, 1, 9	6, 13, 1, 32	2, 27, 28, 11	19, 15, 29	1, 10, 26, 39	25, 28, 17, 15	2, 26, 35	1, 28, 15, 35
32	8, 35, 24		1, 35	7, 2, 35, 39	4, 29, 23, 10	1, 24	15, 2, 29	29, 35	10, 14, 29, 40	28, 32, 4	10, 28, 29, 37	1, 15, 17, 24	17, 15	1, 29, 17	15, 29, 35, 4	1, 28, 10	14, 15, 1, 16	1, 19, 26, 24	35, 1, 26, 24	17, 24, 26, 16	14, 4, 28, 29
3, 25			12, 8	6, 28	10, 28, 24, 35	24, 26	30, 29, 14		15, 29, 28	32, 28, 3	2, 32, 10	1, 18		15, 17, 27	2, 25	3	1, 35	1, 26	26		30, 14, 7, 26
15, 32, 19, 13	19, 32		19, 10, 32, 18	15, 17, 30, 26	10, 35, 2, 39	30, 26	26, 4	29, 30, 6, 13	29, 9	26, 28, 32, 3	2, 32	22, 33, 28, 1	17, 2, 18, 39	13, 1, 26, 24	15, 17, 13, 16	15, 13, 10, 1	15, 30	14, 1, 13	2, 36, 26, 18	14, 30, 28, 23	10, 26, 34, 2
			17, 32	17, 7, 30	10, 14, 18, 39	30, 16	10, 35, 4, 18	2, 18, 40, 4	32, 35, 40, 4	26, 28, 32, 3	2, 29, 18, 36	27, 2, 39, 35	22, 1, 40	40, 16	16, 4	16	15, 16	1, 18, 36	2, 35, 30, 18	23	10, 15, 17, 7
2, 13, 10	35		35, 6, 13, 18	7, 15, 13, 16	36, 39, 34, 10	2, 22	2, 6, 34, 10	29, 30, 7	14, 1, 40, 11	25, 26, 28	25, 28, 2, 16	22, 21, 27, 35	17, 2, 40, 1	29, 1, 40	15, 13, 30, 12	10	15, 29	26, 1	29, 26, 4	35, 34, 16, 24	10, 6, 2, 34
			30, 6		10, 39, 35, 34		35, 16, 32 18	35, 3	2, 35, 16		35, 10, 25	34, 39, 19, 27	30, 18, 35, 4	35		1		1, 31	2, 17, 26		35, 37, 10, 2
10, 13, 19	8, 15, 35, 38		19, 35, 38, 2	14, 20, 19, 35	10, 13, 28, 38	13, 26		10, 19, 29, 38	11, 35, 27, 28	28, 32, 1, 24	10, 28, 32, 25	1, 28, 35, 23	2, 24, 35, 21	35, 13, 8, 1	32, 28, 13, 12	34, 2, 28, 27	15, 10, 26	10, 28, 4, 34	3, 34, 27, 16	10, 18	
	19, 17, 10	1, 16, 36, 37	19, 35, 18, 37	14, 15	8, 35, 40, 5		10, 37, 36	14, 29, 18, 36	3, 35, 13, 21	35, 10, 23, 24	28, 29, 37, 36	1, 35, 40, 18	13, 3, 36, 24	15, 37, 18, 1	1, 28, 3, 25	15, 1, 11	15, 17, 18, 20	26, 35, 10, 18	36, 37, 10, 19	2, 35	3, 28, 35, 37
	14, 24, 10, 37		10, 35, 14	2, 36, 25	10, 36, 3, 37		37, 36, 4	10, 14, 36	10, 13, 19, 35	6, 28, 25	3, 35	22, 2, 37	2, 33, 27, 18	1, 35, 16	11	2	35	19, 1, 35	2, 36, 37	35, 24	10, 14, 35, 37
13, 15, 32	2, 6, 34, 14		4, 6, 2	14	35, 29, 3, 5		14, 10, 34, 17	36, 22	10, 40, 16	28, 32, 1	32, 30, 40	22, 1, 2, 35	35, 1	1, 32, 17, 28	32, 15, 26	2, 13, 1	1, 15, 29	16, 29, 1, 28	15, 13, 39	15, 1, 32	17, 26, 34, 10
32, 3, 27, 16	13, 19	27, 4, 29, 18	32, 35, 27, 31	14, 2, 39, 6	2, 14, 30, 40		35, 27	15, 32, 35		13	18	35, 24, 30, 18	35, 40, 27, 39	35, 19	32, 35, 30	2, 35, 10, 16	35, 30, 34, 2	2, 35, 22, 26	35, 22, 39, 23	1, 8, 35	23, 35, 40, 3
35, 19	19, 35, 10	35	10, 26, 35, 28	35	35, 28, 31, 40		29, 3, 28, 10	29, 10, 27	11, 3	3, 27, 16	3, 27	18, 35, 37, 1	15, 35, 22, 2	11, 3, 10, 32	32, 40, 25, 2	27, 11, 3	15, 3, 32	2, 13, 25, 28	27, 3, 15, 40	15	29, 35, 10, 14
2, 19, 4, 35	28, 6, 35, 18		19, 10, 35, 38		28, 27, 3, 18	10	20, 10, 28, 18	3, 35, 10, 40	11, 2, 13	3	3, 27, 16, 40	22, 15, 33, 28	21, 39, 16, 22	27, 1, 4	12, 27	29, 10, 27	1, 35, 13	10, 4, 29, 15	19, 29, 39, 35	6, 10	35, 17, 14, 19
			16		27, 16, 18, 38	10	28, 20, 10, 16	3, 35, 31	34, 27, 6, 40	10, 26, 24		17, 1, 40, 33	22	35, 10	1	1	2		25, 34, 6, 35	1	20, 10, 16, 38
32, 30, 21, 16	19, 15, 3, 17		2, 14, 17, 25	21, 17, 35, 38	21, 36, 29, 31		35, 28, 21, 18	3, 17, 30, 39	19, 35, 3, 10	32, 19, 24	24	22, 33, 35, 2	22, 35, 2, 24	26, 27	26, 27	4, 10, 16	2, 18, 27	2, 17, 16	3, 27, 35, 31	26, 2, 19, 16	15, 28, 35
+	32, 1, 19	32, 35, 1, 15	32	13, 16, 1, 6	13, 1	1, 6	19, 1, 26, 17	1, 19		11, 15, 32	3, 32	15, 19	35, 19, 32, 39	19, 35, 28, 26	28, 26, 19	15, 17, 13, 16	15, 1, 19	6, 32, 13	32, 15	2, 26, 10	2, 25, 16
2, 15, 19	+	–	6, 19, 37, 18	12, 22, 15, 24	35, 24, 18, 5		35, 38, 19, 18	34, 23, 16, 18	19, 21, 11, 27	3, 1, 32		1, 35, 6, 27	2, 35, 6	28, 26, 30	19, 35	1, 15, 17, 28	15, 17, 13, 16	2, 29, 27, 28	35, 38	32, 2	12, 28, 35
19, 2, 35, 32	–	+			27, 18, 31			3, 35, 31	10, 36, 23			10, 2, 22, 37	19, 22, 18	1, 4					19, 35, 16, 25		1, 6
16, 6, 19	16, 6, 19, 37		+	10, 35, 38	28, 27, 18, 3	10, 19	35, 20, 10, 6	4, 34, 19	19, 24, 26, 31	32, 15, 2	32, 2	19, 22, 31, 2	2, 35, 18	26, 10, 34	26, 35, 10	35, 2, 10, 34	19, 17, 34	20, 19, 30, 34	19, 35, 16	28, 2, 17	28, 35, 34
1, 13, 32, 15			3, 38	+	35, 27, 2, 37	19, 10	10, 18, 32, 7	7, 18, 25	11, 10, 35	32		21, 22, 35, 2	21, 35, 2, 22		35, 32, 1	2, 19		7, 23	35, 3, 15, 23	2	28, 10, 29, 35
1, 6, 13	35, 18, 24, 5	28, 27, 12, 31	28, 27, 18, 38	35, 27, 2, 31	+		15, 18, 35, 10	6, 3, 10, 24	10, 29, 39, 35	16, 34, 31, 28	35, 10, 24, 31	33, 22, 30, 40	10, 1, 34, 29	15, 34, 33	32, 28, 2, 24	2, 35, 34, 27	15, 10, 2	35, 10, 28, 24	35, 18, 10, 13	35, 10, 18	28, 35, 10, 23
19			10, 19	19, 10		+	24, 26, 28, 32	24, 28, 35	10, 28, 23			22, 10, 1	10, 21, 22	32	27, 22				35, 33	35	13, 23, 15
1, 19, 26, 17	35, 38, 19, 18	1	35, 20, 10, 6	10, 5, 18, 32	35, 18, 10, 39	24, 26, 28, 32	+	35, 38, 18, 16	10, 30, 4	24, 34, 28, 32	24, 26, 28, 18	35, 18, 34	35, 22, 18, 39	35, 28, 34, 4	4, 28, 10, 34	32, 1, 10	35, 28	6, 29	18, 28, 32, 10	24, 28, 35, 30	
	34, 29, 16, 18	3, 35, 31	35	7, 18, 25	6, 3, 10, 24	24, 28, 35	35, 38, 18, 16	+	18, 3, 28, 40	13, 2, 28	33, 30	35, 33, 29, 31	3, 35, 40, 39	29, 1, 35, 27	35, 29, 25, 10	2, 32, 10, 25	15, 3, 29	3, 13, 27, 10	3, 27, 29, 18	8, 35	13, 29, 3, 27
11, 32, 13	21, 11, 27, 19	36, 23	21, 11, 26, 31	10, 11, 35	10, 35, 29, 39	10, 28	10, 30, 4	21, 28, 40, 3	+	32, 3, 11, 23	11, 32, 1	27, 35, 2, 40	35, 2, 40, 26		27, 17, 40	1, 11	13, 35, 8, 24	3, 13, 27, 10	3, 27, 29, 18	11, 13, 27	1, 35, 29, 38
6, 1, 32	3, 6, 32		3, 6, 32	26, 32, 27	10, 16, 31, 2		24, 34, 28, 32	2, 6, 32	5, 11, 1, 23	+		28, 24, 22, 26	3, 33, 39, 10	6, 35, 25, 18	1, 13, 17, 34	1, 32, 13, 11	13, 35, 2	27, 35, 10, 34	26, 24, 32, 28	28, 2, 10, 34	10, 34, 28, 32
3, 32	32, 2		32, 2	13, 32, 2	35, 31, 10, 24		32, 26, 28, 18	32, 30	11, 32, 1		+	26, 28, 10, 36	4, 17, 34, 26		1, 32, 35, 23	25, 10		26, 2, 18		26, 28, 18, 23	10, 18, 32, 39
1, 19, 32, 13	1, 24, 6, 27	10, 2, 22, 37	19, 22, 31, 2	21, 22, 35, 2	33, 22, 19, 40	22, 10, 2	35, 18, 34	35, 33, 29, 31	27, 24, 2, 40	28, 33, 23, 26	26, 28, 10, 18	+		24, 35, 2	2, 25, 28, 39	35, 10, 2	35, 11, 22, 31	22, 19, 29, 40	22, 19, 29, 40	33, 3, 34	22, 35, 13, 24
19, 24, 39, 32	2, 35, 6	19, 22, 18	2, 35, 18	21, 35, 2, 22	10, 1, 34	10, 21, 29	1, 22	3, 24, 39, 1	24, 2, 40, 39	3, 33, 26	4, 17, 34, 26		+					19, 1, 31	2, 21, 27, 1	2	22, 35, 18, 39
28, 24, 27, 1	28, 26, 27, 1	1, 4	27, 1, 12, 24	19, 35	15, 34, 33	32, 24, 18, 16	35, 28, 34, 4	35, 23, 1, 24		1, 35, 12, 18		24, 2		+	2, 5, 13, 16	35, 1, 11, 9	2, 13, 15	27, 26, 1	6, 28, 11, 1	8, 28, 1	35, 1, 10, 28
13, 17, 1, 24	1, 13, 24		35, 34, 2, 10	2, 19, 13	28, 32, 2, 24	4, 10, 27, 22	4, 28, 10, 34	12, 35	17, 27, 8, 40	25, 13, 2, 34	1, 32, 35, 23	2, 25, 28, 39		2, 5, 12	+	12, 26, 1, 32	15, 34, 1, 16	32, 26, 12, 17		1, 34, 12, 3	15, 1, 28
15, 1, 13	15, 1, 28, 16		15, 10, 32, 2	15, 1, 32, 19	2, 35, 34, 27		32, 1, 10, 25	2, 28, 10, 25	11, 10, 1, 16	10, 2, 13	25, 10	35, 10, 2, 16		1, 35, 11, 10	1, 12, 26, 15	+	7, 1, 4, 16	35, 1, 13, 11		34, 35, 7, 13	1, 32, 10
6, 22, 26, 1	19, 35, 29, 13		19, 1, 29	18, 15, 1	15, 10, 2, 13		35, 28	3, 35, 15	35, 13, 8, 24	35, 5, 1, 10		35, 11, 32, 31		1, 13, 31	15, 34, 1, 16	1, 16, 7, 4	+	15, 29, 37, 28	1	27, 34, 35	35, 28, 6, 37
24, 17, 13	27, 2, 29, 28		20, 19, 30, 34	10, 35, 13, 2	35, 10, 28, 29		6, 29	13, 3, 27, 10	13, 35, 1	2, 26, 10, 34	26, 24, 32	22, 19, 29, 40	19, 1	27, 26, 1, 13	27, 9, 26, 24	1, 13	29, 15, 28, 37	+	15, 10, 37, 28	15, 1, 24	12, 17, 28
2, 24, 26	35, 38	19, 35, 16	18, 1, 16, 10	35, 3, 15, 19	1, 18, 10, 24	35, 33, 27, 22	18, 28, 32, 9	3, 27, 29, 18	27, 40, 28, 8	26, 24, 32, 28		22, 19, 29, 28	2, 21	5, 28, 11, 29	2, 5	12, 26	1, 15	15, 10, 37, 28	+	34, 21	35, 18
8, 32, 19	2, 32, 13		28, 2, 27	23, 28	35, 10, 18, 5	35, 33	24, 28, 35, 30	35, 13	11, 27, 32	28, 26, 10, 34	28, 26, 18, 23	2, 33	2	1, 26, 13	1, 12, 34, 3	1, 35, 13	27, 4, 1, 35	15, 24, 10	34, 27, 25	+	5, 12, 35, 26
26, 17, 19, 1	35, 10, 38, 19	1	35, 20, 10	28, 10, 29, 35	28, 10, 35, 23	13, 15, 23		35, 38	1, 35, 10, 38	1, 10, 34, 28	18, 10, 32, 1	22, 35, 13, 24	35, 22, 18, 39	35, 28, 2, 24	1, 28, 7, 10	1, 32, 10, 25	1, 35, 28, 37	12, 17, 28, 24	35, 18, 27, 2	5, 12, 35, 26	+

B 39가지 공학 변수 39 Engineering Parameters

움직이는 물체	스스로 혹은 외부의 힘의 결과로 공간적 위치를 쉽게 변화시킬 수 있는 물체 (이동할 수 있도록 고안된 수송 수단과 물체들이 여기에 속함)
고정된 물체	스스로 혹은 외부의 힘의 결과로 공간적 위치를 쉽게 변화시키지 못하는 물체

공학 변수		설명
1	**움직이는 물체의 무게**	중력장에 의해 물체의 질량이 가하는 힘 (물체의 몸체가 지지체나 버팀목에 가하는 힘)
2	**고정된 물체의 무게**	중력장에 의해 물체의 질량이 가하는 힘 (물체의 몸체가 지지체나 버팀목, 혹은 물체가 위치한 표면에 가하는 힘)
3	**움직이는 물체의 길이**	물체의 양 끝 사이의 거리
4	**고정된 물체의 길이**	위와 동일
5	**움직이는 물체의 면적**	물체 표면의 크기 (물체 표면의 일부 혹은 물체의 내부나 외부 표면의 크기를 의미함)
6	**고정된 물체의 면적**	위와 동일
7	**움직이는 물체의 부피**	물체가 차지하는 3차원 공간 (직육면체의 부피 = 길이×폭×높이, 원통의 부피 = 밑면적×높이)
8	**고정된 물체의 부피**	위와 동일
9	**속도**	물체의 움직임의 비율 또는 위치를 바꾸는 비율 (물체가 단위 시간당 움직인 거리, 초당 회전수, 단위 시간당 공정(프로세스)이나 동작의 양 등으로 표현됨)
10	**힘 또는 세기**	시스템들 간의 상호작용의 척도 (뉴턴 물리학에서 힘 = 질량×가속도로 구하지만, 트리즈에서 물체의 상태를 변화시키기 위한 어떤 상호작용을 힘으로 간주함. 예 : 회전력)
11	**압력(응력) 또는 장력**	물체에 단위 면적당 가해진 힘 (응력은 물체가 외부에서 가해지는 힘에 저항해서 본래 모양을 유지시키려는 힘으로서, 압력에 대한 물체의 내부적 저항을 의미함)
12	**모양(형상)**	물체의 겉모습 또는 외부적 윤곽 (색깔과 내용물, 구성 물질, 위치, 방향, 크기 등의 특성을 포함함)

	공학 변수	설명
13	물체의 안정성	시스템을 구성하는 요소들 간의 정밀한 결합 정도 (마모나 화학적 분리, 분해 등은 모두 안정성을 감소시킴)
14	강도	파괴에 저항하는 힘 (물체가 변하지 않기 위해서 압력 또는 응력에 저항하는 힘)
15	움직이는 물체의 내구성 (작동 지속 시간)	시스템이 고장 나지 않고 작동할 수 있는 시간 (내구력)
16	고정된 물체의 내구성 (작동 지속 시간)	위와 동일
17	온도	물체의 열 조건, 즉 차거나 뜨거운 정도 (과학적 의미에서 온도는 분자 운동과 에너지 흐름의 지표이므로, 온도의 변화율에 영향을 미치는 열용량과 같은 온도 파라미터도 해당됨)
18	밝기(조도)	빛의 밝기를 나타내는 정도 (단위 면적당 빛의 유량이나 휘도, 빛의 품질 등과 같은 빛의 특성을 포함함)
19	움직이는 물체의 에너지 사용량	특정한 작업을 수행하기 위해서 요구되는 에너지 (고전 기계학에서는 에너지 = 힘×거리이지만, 트리즈에서는 전기와 같은 슈퍼시스템에 의해 제공되는 에너지 사용량도 포함하며, 시스템이 소비한 에너지인 흡수 동력늘 의미함)
20	고정된 물체의 에너지 사용량	위와 동일
21	동력	작업이 수행되는 동안 시스템이 발생한 에너지 (흡수 동력이 아닌 발생 동력을 의미하며, 물리학에서는 전력, 수력, 풍력 등의 에너지를 원동기에 의해 기계적 에너지로 변환해서 일으킨 힘을 의미함)
22	에너지 손실	작업이 완료되는 데 기여하지 못한 채 낭비된 에너지 (에너지 손실을 줄이기 위해서는 에너지 사용량(19번, 20번)을 개선하는 기술과는 다른 기술이 요구되므로 별도의 공학 변수로 분리함)
23	물질 낭비	시스템의 재료, 물질, 부품, 혹은 하위 시스템의 부분적, 완전한, 영구적 혹은 잠정적인 손실
24	정보 손실	시스템 내부의 혹은 시스템에 의한 정보의 부분적, 완전한, 영구적 혹은 잠정적인 손실 (아로마, 감촉 등과 같은 감각적 데이터의 손실도 포함함)
25	시간 낭비	어떤 활동이 진행되어야 하는 시간과 실제로 진행되는 시간 간의 차이 (하나의 활동이 진행되는 기간을 시간으로 보면, 시간 낭비를 개선한다는 것은 작동을 위해 소요되는 시간을 줄인다는 것을 의미하며, '사이클 타임 감소'가 일반적으로 사용 되는 용어임)
26	물질의 양	완전히, 부분적으로, 영구적 혹은 잠정적으로 변화될 수 있는 시스템의 하위 시스템 (재료, 부품)의 총량
27	신뢰성	시스템이 일반적인 상태에서 뿐만 아니라 예측할 수 없는 상황이나 조건에서도 시스템의 기능을 수행하고 유지하는 능력

	공학 변수	설명
28	**측정의 정확성**	시스템이 측정한 값이 실제 값에 얼마나 근접한가의 정도 (측정 오류를 줄이는 것이 측정의 정확성을 높이는 방법임)
29	**제조의 정밀성**	시스템이나 물체의 실제 특성 값이 특정되거나 요구된 특성 값과 일치하는 정도
30	**외부로부터 영향을 받는 부작용**	외부적으로 생성된 유해한 인자에 대한 시스템의 민감성
31	**대상물이 생성한 부작용**	물체나 시스템의 작업의 일부로 나타나는 유해한 인자 (물체나 시스템이 외부 환경에 유해한 영향을 초래하는 작용을 생성하는 것)
32	**제조의 편의성**	물체나 시스템을 제조 또는 조립하는데 있어서 얼마나 쉽고, 편안하고, 노력이 덜 들어가는지의 정도
33	**사용(조작)의 용이성**	작업이나 사용의 단순한 정도 (많은 사람이나 여러 작업 단계, 특별한 도구 등이 요구되지 않아야 용이한 것임)
34	**수리의 용이성**	시스템의 결점이나 고장, 불량을 수리하는 시간이나 방법 등이 단순한 정도
35	**적응력**	시스템이나 물체가 외부 변화에 긍정적으로 반응하는 정도 (물체나 시스템을 다양한 환경에서 여러 가지 방법으로 사용할 수 있으면 적응력이 좋은 것임)
36	**장치의 복잡성**	시스템을 구성하는 요소의 수와 다양성, 시스템 구성 요소 간의 상호작용 정도 (구성 요소 수와 다양성, 구성 요소 간의 상호작용이 많을수록 복잡한 것임)
37	**검출 및 측정의 난이도**	검출 및 측정에 요구되는 장치나 시간, 비용, 노동력 등의 정도 (허용 가능한 오차를 만족시키기 위해 측정비용이 증가하는 것도 측정의 난이도가 증가한 것으로 봄)
38	**자동화 정도**	사람의 개입 없이 시스템이나 물체가 그 기능을 수행하는 정도 (자동화의 정도가 가장 낮은 수준은 손으로 작동하는 도구이고, 가장 높은 수준은 기계가 필요한 작업이 무엇인지를 인지하고 스스로 작업하고 모니터링까지 하는 것임)
39	**생산성**	단위 시간당 시스템에 의해 수행된 기능이나 작업의 수

INDEX

INDEX